数据库技术丛书

ClickHouse Principle and Practice

ClickHouse 原理解析与应用实践

朱凯 著

机械工业出版社
China Machine Press

图书在版编目（CIP）数据

ClickHouse 原理解析与应用实践 / 朱凯著．—北京：机械工业出版社，2020.5（2025.2 重印）
（数据库技术丛书）

ISBN 978-7-111-65490-2

I. C… II. 朱… III. 数据库系统 IV. TP311.13

中国版本图书馆 CIP 数据核字（2020）第 073700 号

ClickHouse 原理解析与应用实践

出版发行：机械工业出版社（北京市西城区百万庄大街 22 号 邮政编码：100037）

责任编辑：孙海亮　　责任校对：殷　虹

印　　刷：固安县铭成印刷有限公司　　版　　次：2025 年 2 月第 1 版第 12 次印刷

开　　本：186mm×240mm 1/16　　印　　张：18.25

书　　号：ISBN 978-7-111-65490-2　　定　　价：79.00 元

客服电话：（010）88361066 68326294

Foreword 推荐序一

We released ClickHouse in open-source in 2016, four years ago. And as far as I know, this book is going to be the first published book on ClickHouse. Why do I appreciate that so much? When we released ClickHouse, we had only one goal in mind, to give people the fastest analytical DBMS in the world. But now, after a few years, I see many more opportunities. We can make ClickHouse an example of the most community and developers friendly open-source product.

According to Eric S. Raymond, there are two models of software development: the "Cathedral" and the "Bazaar" model. In the first model, the software is developed by a closed team of a few developers who "do the right thing". An example of the "Cathedral" model is SQLite that is developed mostly by a single person—Richard Hipp. In contrast, the "Bazaar" model is trying to benefit by invitation of as many independent developers as possible. An example of the "Bazaar" model is the Linux kernel. For ClickHouse, we practice the "Bazaar" model. But this model requires many efforts in building the community. These efforts are summarized in the following 8 points.

（1）The development process must be as open as possible, no secrets should be kept; we should do everything in public.

（2）The codebase must be well documented and understandable even for amateur developers. And amateur developers should be able to learn good practices from ClickHouse.

（3）We should be eager to try experimental algorithms and libraries, to be on edge and invite more enthusiastic people. As an example, today is 2020, so we are using C++20 language standard.

（4）We should move fast. Try 10 algorithms, throw off 9 of 10, and keep moving forward.

（5）To keep the codebase sane, we should define high-quality standards. And enforce these standards by automated tools in a continuous integration process, not by arguing with people.

(6) We should maintain a high accept rate of contributions. Even if a contribution is not ready, we should actively help each other. Even if the code is wrong, we keep the idea and make it right. Contributors should feel their efforts well received, and they should be proud of their contributions.

(7) ClickHouse is for everyone. You can make a product on top of ClickHouse, and use it in your company, and we will welcome it. We love our users, and we are interested in ClickHouse widespread in any possible way.

(8) We need to provide good tutorials and educational materials for potential contributors. I hope that this book helps people to understand ClickHouse architecture.

The Cathedral model is easier to manage, but the Bazaar model definitely gives more fun!

We can make ClickHouse the best educational and research product in the area of database engineering.

If you look at the architectural details of ClickHouse, you will find that most of them are nothing new. Most of them are already well researched and implemented in some other systems. What's unique in ClickHouse is the combination of these choices, how well they are integrated together, and the attention to implementation details. There are multiple books on computer science, on managing data, and so on. But you will not find many that describe the internals, the guts, and low-level details that differentiate one system from another. ClickHouse can be considered as a collection of good choices in implementation and also as a playground for experiments. And I hope that this book will guide you through these details.

ClickHouse should become a standard of good usability among database management systems.

A database management system is not an easy product to develop. And people get used to that it is neither easy to work with. Distributed systems are even harder. Working with a typical distributed system is a painful experience from the start. But we can try to break this stereotype. At least we can eliminate typical obstacles. ClickHouse is easy to set up and run, so you can start working in minutes. But what about further details like data replication, distributed set up, choosing of table engines, and indexes? Couldn't they be so simple too? Probably not. But at least they can be understandable. This book covers these details, and you will understand what is under the hood of ClickHouse.

Alexey Milovidov

Head of ClickHouse Development Team at Yandex

我们在 2016 年发布了 ClickHouse 的开源版本。据我所知，这本书将是关于 ClickHouse 的第一本正式出版的图书，对此我非常激动。因为当我们发布 ClickHouse 的时候，心中只有一个目标，即向人们提供世界上最快的分析型数据库。而现在，我看到了更多的可能性。我们可以把 ClickHouse 打造成面向社区与开发者的最友好的开源产品。

根据 Eric S.Raymond 的理论，目前主要有两种软件开发模式—— Cathedral（大教堂）模式与 Bazaar（集市）模式。在 Cathedral 模式中，软件由一个封闭的开发者小组进行开发。使用该模式开发的典型产品就是 SQLite 数据库，它是由 Richard Hipp 一个人开发的。而 Bazaar 模式则是邀请尽可能多的独立开发者进行开发，Linux 内核就是采用这种模式开发出来的。对 ClickHouse 而言，我们采用了 Bazaar 模式。采用 Bazaar 模式，需要花费很大的精力来维护开发社区。对于在开发 ClickHouse 的过程中采用 Bazaar 模式，我总结出了以下 8 点经验。

（1）整个开发流程完全公开透明，没有任何秘密。

（2）有帮助理解代码的、新手开发者也可看懂的详细文档，这样新手开发者可从 ClickHouse 代码中学到有价值的实践经验。

（3）乐于尝试新的算法与第三方库，以保持 ClickHouse 的先进性，也只有这样才能吸引更多的开发热爱者。例如，刚刚进入 2020 年，我们就在 ClickHouse 中应用了 C++20 标准。

（4）虽然需要快速迭代 ClickHouse，但是我们依然不会放低要求，比如我们为了使用 1 个算法，就会至少尝试 10 个算法。而且在选择了某个算法后，后续还会继续尝试其他更多算法，以便下次迭代时使用。

（5）为了保证代码的质量，我们始终向高标准看齐，并使用工具来确保这些标准得以实施，而不是人为干预。

（6）对于贡献者提交的补丁，我们保证有比较高的接收率。即使某个补丁还没有完成，我们也会适当参与，为贡献者提供帮助。若补丁的代码中有错误，我们会尝试修复。这样补丁的贡献者会感受到他们的努力获得了认可，并因此感到自豪。

（7）ClickHouse 是提供给所有人的，你甚至可以用 ClickHouse 来实现其他产品，也可以把它部署在自己的公司。我们爱我们的用户，我们对 ClickHouse 在任何场景下的应用都表示支持，并且有兴趣了解你的使用情况。

（8）我们希望为潜在的贡献者提供高质量的教程和参考资料。我很高兴看到这本书上市，因为它能够帮助读者理解 ClickHouse 的架构。

Cathedral 模式便于管理，但是 Bazaar 模式显然更有意思！我们可以把 ClickHouse 打造为最适合用于数据库教学与研究的产品。如果细看 ClickHouse 的架构，你会发现其中没有什么新颖的技术，其中使用的大部分技术都是经过了多年研究并已在其他数据库中实现了的成熟技术。ClickHouse 独特的地方在于其高效地将这些技术结合了起来并灵活地加以运用，在此过程中我们十分注重具体的实现方式与细节。许多图书在介绍计算机科学或数据管理的知识时并不会在细节方面进行展开，也不会对不同的系统针对底层实现进行对比，为了对此进行补充，ClickHouse 在上述两方面进行了尝试。作为一个比较好的技术实现集合，ClickHouse 特别适合用来在细节方面做性能优化实验。我希望这本书能够引导你了解这些技术细节。

ClickHouse 可以作为数据库中易用性的代表。数据库系统并不是一款容易开发的产品，这也使得人们认为数据库开发上手很难，分布式数据库的开发就更难了，甚至在刚开始使用分布式系统时会觉得非常烦琐。在开发 ClickHouse 的过程中，我们尝试打破这些固有的认识，至少扫清了一些常见的障碍。ClickHouse 上手非常容易，你可以在几分钟内安装好并开始使用。然而如果你需要使用更多的功能，如数据副本、分布式、不同的表引擎、索引等，就不会那么简单了，但这些功能在理解与学习上相对于其他数据库还是简单的。本书介绍了理解和学习 ClickHouse 的方法，也介绍了 ClickHouse 的诸多细节。通过这本书你将会透彻理解 ClickHouse 是如何运行的。

Alexey Milovidov

Yandex 公司 ClickHouse 开发团队负责人

（郑天祺译）

Foreword 推荐序二

随着数据科技的进步，数据分析师早已不再满足于传统的 T+1 式报表或需要提前设置好维度与指标的 OLAP 查询。数据分析师更希望使用可以支持任意指标、任意维度并秒级给出反馈的大数据 Ad-hoc 查询系统。这对大数据技术来说是一项非常大的挑战，传统的大数据查询引擎根本无法做到这一点。由俄罗斯的 Yandex 公司开源的 ClickHouse 脱颖而出。在第一届易观 OLAP 大赛中，在用户行为分析转化漏斗场景里，ClickHouse 比 Spark 快了近 10 倍。在随后几年的大赛中，面对各类新的大数据引擎的挑战，ClickHouse 一直稳稳地坐在冠军宝座上。同时在各种 OLAP 查询引擎评测中，ClickHouse 单表查询的速度力压现在流行的各大数据库引擎，尤其是 Ad-hoc 查询速度一直遥遥领先，因此被国内大量用户和爱好者广泛用在即席查询场景当中。

本书作者朱凯是 ClickHouse 华人社区的重要成员，多次在 ClickHouse 相关会议上进行技术分享，是国内 ClickHouse 领域的知名专家。朱凯在本书中给大家详细介绍了 ClickHouse 的使用方法、基本原理，以帮助初次使用者快速上手，搭建一套基于 ClickHouse 的即席查询引擎。

纵观数据科技发展史，从数据仓库、数据挖掘开始，逐步发展到大数据、流数据、人工智能、Ad-hoc 查询，前后经历了 30 多年，每次技术升级都让现实世界距离数据世界更近一步，各种新技术的引进也在快速改变着整个世界。这是一本关于 ClickHouse 的入门书，可以帮你从过去的 ETL 数据处理的世界进入 Ad-hoc 查询的世界。

欢迎大家通过 www.clickhouse.com.cn 加入 ClickHouse 华人社区，和我们一起沟通交流。

郭炜

ClickHouse 华人社区发起人，易观 CTO

Apache Dolphin Scheduler PPMC

推荐序三 Foreword

数据库作为数据存储与计算的核心组件，在大数据时代扮演了不可替代的核心角色。面对源源不断的新数据与层出不穷的应用场景，各式各样的数据库系统应运而生。

ClickHouse 源于俄罗斯的 Yandex 公司对数据聚合的实时需求，并逐步发展为面向现代 CPU 架构的高性能 SQL 数据库。与目前基于 Hadoop 的解决方案不同，ClickHouse 尽可能减少了第三方依赖软件，以单二进制文件形式发布，能够快速完成系统部署。ClickHouse 汇聚了大量行业领先的优化技术，这使得它比其他数据库在运行方面要快上许多倍。ClickHouse 独特的查询语言扩展以及大量的内置处理函数能够高效地完成复杂数据分析。ClickHouse 代码工整，提供了完整的用于二次开发的接口，因此受到不少开发人员的追捧，社区已经出现了不少针对元数据管理、分布式计算以及存储管理的扩展项目。

看到这本专门为中国读者撰写的关于 ClickHouse 的图书即将顺利上市，我非常高兴。这无疑能促进中国用户更好地了解并使用 ClickHouse，同时能为 ClickHouse 中文社区的发展贡献力量。因此，我要感谢所有为本书出版做出贡献的人，也要感谢广大读者对 ClickHouse 的喜爱，希望 ClickHouse 能够在中国获得更好的发展！

郑天祺（Amos Bird）博士

ClickHouse 贡献者

Foreword 推荐序四

作为面向OLAP领域的新一代解决方案，ClickHouse与OLTP系统有着显著不同。它并不谋求多个节点之间的事务一致性（ACID），而是以其独特、卓越的性能为切入点，以实现用户在海量数据下完成高效多维分析任务为诉求，而这也正是一款优秀的OLAP产品的特质（FASMI）。相信未来它会是大数据OLAP产品的主流选择。

本书作者从用户视角出发，由浅入深地对ClickHouse进行了详细讲解，涵盖从内部原理到用户使用的方方面面。对于想要了解并使用ClickHouse的用户而言，这将是一本很好的参考书；对于已经了解并使用ClickHouse的用户而言，这也是一本可供时时翻阅的进阶读物。

张健（WinterZhang）
青云数据库工程师，ClickHouse贡献者

推荐序五 Foreword

开源技术早已成为整个软件行业的基石和创新来源。开源技术的普惠性，有效降低了技术落地的门槛。ClickHouse 正是一款在大数据实时分析领域为大数据 OLAP 而生的优秀开源软件。

由于 ClickHouse 具有卓越的分析性能、极好的线性伸展和扩容性以及丰富的功能等，近些年，越来越多的企业开始将它作为实时分析引擎来使用。无论是在大数据领域还是在 DevOps 领域，只要涉及在线分析场景，ClickHouse 都能通过它那极致的性能占有一席之地。

ClickHouse 虽然年轻，但自开源以来，其社区一直保持着很高的活跃度，开发者与用户遍布全球各地。相信未来它会是大数据实时分析领域的主流选择。

本书作者从用户视角出发，剖析了 ClickHouse 的内部运行原理，并且对其功能特性进行了详细讲解。对于想了解 ClickHouse 的开发者和用户来说，这将会是一本很不错的学习指导书。

李本旺（sundyli）

BIGO 数据架构师，ClickHouse 贡献者

Praise 赞誉

在 2017 年易观举办的第一届 OLAP 大赛中，在 40 多支知名队伍中，使用 ClickHouse 的队伍成绩一直遥遥领先，ClickHouse 因此成为这届大赛中最大的黑马。此后 ClickHouse 在各大互联网公司广泛使用，发展迅猛。但时至今日，关于 ClickHouse 的完整而系统的中文资料仍然匮乏，本书的出版填补了这一空白。品读几章后，我能感受到作者写作非常认真。为作者坚持写作的精神点赞。

——易观大数据平台总监 / Apache DolphinScheduler 社区主要负责人　代立冬

曾经的 ClickHouse 就像里海怪物，无比强大却让人难以捉摸，因此吓退了很多想要尝鲜的人。而本书以生动的行文风格，通过充分的背景铺垫、严谨的原理讲解，揭开了 ClickHouse 的神秘面纱，让它成为你能驾驭的 OLAP 利器。

——ClickHouse Contributor　胡宸章

本书对于从事数据架构、数据开发和数据分析工作的读者来说是一本非常有价值的书。ClickHouse 作为一款“新鲜”的开源数据库，社区中的资料以俄语和英语版为主，中文资料匮乏。国内从业者若想使用，只能自己慢慢摸索，并进行大量测试。当时我就想，如果有一本书能对 ClickHouse 进行体系化的介绍，那会帮助我们少走很多弯路，并能快速吸取社区大量经验。

本书从开篇就深深地吸引了我。因为书中没有晦涩难懂的理论，也不是对社区资料的照搬翻译。从基础能力、核心原理到社区沉淀的实战经验，诠释出的是鲜活的场景，因此我把本书推荐给了我的团队。

能够与作者在 ClickHouse 社区中交流，能经常拜读到作者发表于“ ClickHouse 的秘密基地”公众号的文章，我感到非常荣幸。作者发表在公众号中的文章以幽默风趣的风格、拟人化的写作手法，将 ClickHouse 运行原理以故事的方式呈现出来，相信大家在品读之后都会有很大收获。

感谢作者让我在本书出版之前先睹为快。

——百分点研发总监　赵群

本书以 BI 的发展历史与趋势为背景，既介绍了 ClickHouse 的应用实践，又深入分析了它的架构设计和部分实现原理。因此本书既能够作为 BI 新手的入门指南，也能够作为中高级开发者的延伸读物，为中高级开发者实践高性能 DB 提供设计思路。推荐阅读。

——腾讯云数仓库与数据湖团队专家工程师　丁晓坤

Preface 前言

为什么要写这本书

生生不息，“折腾”不止。为什么新的技术层出不穷，一直会更替变换？因为人们总是乐于追求更加美好的事物，因此业务总会产生新的诉求。

在软件领域，技术与业务犹如一对不可拆分的双轨车道，承载着产品这辆火车稳步向前。一方面，业务的诉求必须得到满足，所以它倒逼技术提升；另一方面，技术的提升又为业务模式带来了新的可能。

在我所处的 BI 分析领域，分析软件的产品形态和底层技术就历经了几番更替。特别是在近些年，随着数字化转型浪潮的持续加温，以及“自服务”“人人都是分析师”等理念的进一步推广，分析型软件对底层 OLAP 技术的实时性提出了越来越苛刻的要求。传统数据库技术早已不堪重负，以 Hadoop 生态为代表的大数据技术也遇到了各种各样的难题。

在一次机缘巧合下我接触到了 ClickHouse，我对它最初的印象极为深刻，ROLAP、在线实时查询、完整的 DBMS、列式存储、不需要任何数据预处理、支持批量更新、具有非常完善的 SQL 支持和函数、支持高可用、不依赖 Hadoop 复杂生态、开箱即用……借助它仿佛就能解决所有的难题。在经过一番论证之后，我们用 ClickHouse 完全替换了公司现有产品的底层实现，使公司产品相关性能得到大幅提升。

ClickHouse 就是这样一款拥有卓越性能的 OLAP 数据库，是目前业界公认的 OLAP 数据库黑马，有很大的发展潜力，并且已经在许多企业的内部得到应用。

然而在使用的过程中，我发现 ClickHouse 的学习资料匮乏，除了官方手册之外，基本没有其他成体系的资料。即便是官方手册，也缺乏一些原理性的解释。虽然它早在 2016 年就进行了开源，然而截至目前，市面上也没有一本相关的书籍。

作为一名 ClickHouse 的贡献者，我觉得有义务做些什么。所以我对自己在实践和学习 ClickHouse 的过程中得到的经验进行了梳理和总结，并编写成书，分享给各位读者。与此同时，也希望将这款优秀的开源软件介绍给更多的朋友。最后，希望本书能够在各位读者应用 ClickHouse 时提供一定的帮助。

读者对象

- **商业智能分析领域的工程师**：作为一款性能卓越的 OLAP 数据库，ClickHouse 非常适合用作分析软件的底层数据库。通过阅读本书，你将快速掌握 ClickHouse 的使用方法及其核心原理，这将有助于你顺利把 ClickHouse 运用在程序中，从而为程序带来数倍至数百倍的性能提升。
- **数据分析领域的工程师**：作为分析领域的工程师，你可能会面对日志分析、用户行为分析、异常检测、流量分析等众多场景，ClickHouse 可以支撑从数十行至数万亿行数据规模的一站式分析查询工作。通过阅读本书，你将快速掌握 ClickHouse 的使用方法，这将有助于你顺利把 ClickHouse 运用在分析场景中，从而带来工作效率的提升以及软硬件成本的降低。
- **软件架构师**：作为一名软件架构师，需要持续保持敏锐的嗅觉以跟进业界的新动态。所以我向你隆重推荐 ClickHouse，它是 OLAP 数据库领域的一项新兴技术，简单易用且拥有强大的性能。通过阅读本书，你将迅速了解 ClickHouse 的核心特点和能力边界。本书对 ClickHouse 核心原理部分的讲解将有助于你进行技术选型。如果你恰好在进行 OLAP 领域相关的架构设计，那么 ClickHouse 很可能就是你一直苦苦寻觅的那剂良方。
- **计算机专业的高校学生**：大数据早已成为国家战略，现如今许多高校都开设了 Hadoop 相关的大数据课程。但 Hadoop 毕竟是十多年前的产物。在掌握 Hadoop 基础知识的同时，也应该了解业界正在运用的新兴技术。即便是没有选修大数据课程的学生，我也推荐阅读本书。因为目前在高校的教学体系中，数据库软件相关的课程大部分以介绍 OLTP 数据库为主（例如 SQL Server），然而在实际工作中，还会用到一类专门用于分析的 OLAP 数据库，ClickHouse 就是其中的佼佼者。本书深入浅出，体系化地介绍了 ClickHouse 的方方面面，非常适合作为延伸读物供相关专业的学生阅读。这将有助于大家紧跟技术潮流，提升就业竞争力。

本书特色及主要内容

这是一本全方位介绍 ClickHouse 的专业技术书，本书的问世不仅缓解了目前 ClickHouse 学习资料匮乏的局面，也纠正了网络上部分对 ClickHouse 的错误解读。

本书从时代背景、发展历程、核心概念、基础功能及核心原理等几个方面全面且深入地对 ClickHouse 进行解读。通过阅读本书，你不仅可以一站式完成对 ClickHouse 的学习，还能得到许多一手信息（例如 ClickHouse 名称的由来）。

在行文方面，本书尽可能使用浅显易懂的语言，并通过大量演示案例引导读者深入学习。在核心部分，本着一图胜千言的原则，本书配有大量的示意图例以帮助读者加深理解。

从逻辑上说，本书主体分为三大部分共11章，各章节之间以循序渐进原则来安排。

第一部分 背景篇（第1～2章），从宏观角度描述了ClickHouse出现的时代背景、发展历程以及核心特点。

第1章 阐述了ClickHouse诞生的缘由和发展历程。

第2章 快速浏览了ClickHouse的核心特性和逻辑架构，并进一步探讨了它的成功秘诀。

第二部分 基础篇（第3～5章），从使用角度介绍了ClickHouse的基础用法。

第3章 介绍了ClickHouse的安装过程，并讲解了基础封装接口和内置工具，为后续内容讲解提供演示环境。

第4章 介绍了ClickHouse的基础概念和基本操作方法，包括数据的类型、数据表的定义、数据表的基本操作（增、删、改、移等）、数据分区的基本操作（查询、删除、复制、重置、装/卸载等）。同时也介绍了DML查询的基本用法。

第5章 从内置字典和外部扩展字典两个方面对ClickHouse数据字典的工作原理和操作方法进行了介绍，尤其是ClickHouse在数据字典方面的特殊之处，本书进行了详细剖析。

第三部分 原理篇（第6～11章），从原理角度解析了ClickHouse核心功能的运行机理。

第6章 全方位深度解读了MergeTree表引擎的工作原理，包括MergeTree的基础属性和物理存储结构，以及数据分区、一级索引、二级索引、数据存储和数据标记等重要特性。

第7章 全方位深度解读了MergeTree表引擎系列中5种常用变种引擎的核心逻辑和使用方法。

第8章 介绍了除MergeTree系列之外的其余5大类共18种表引擎的核心逻辑和使用方法。

第9章 按照ClickHouse解析SQL的顺序依次介绍了WITH、FROM、SAMPLE等10余种查询子句的用法。

第10章 对副本、分片和集群的核心工作原理和使用方法进行介绍，这是实现容灾机制的必备知识。

第11章 对ClickHouse的权限管理、熔断机制、数据备份和运行监控进行剖析，以求进一步完善ClickHouse在实际工作中的安全性和健壮性。

如何阅读本书

本书会涉及分布式数据库领域的相关知识，故在阅读本书前读者应具备基础的分布式数据库的知识。另外本书假定读者对使用Java、SQL编程也有一定了解，且熟悉OLAP、分布式、多线程、集群、副本、分片等概念。

本书为照顾初学者，包含基础知识部分。如果你已经熟练掌握 ClickHouse 的基础知识，可以略过第 3～5 章的部分内容。否则，建议你顺序阅读全书。

不论是哪种类型的读者，都建议阅读第 1 章的内容，因为这部分不仅从时代背景的角度解读了 ClickHouse 的发展历程，还揭露了它的两个小秘密。通过对第 1 章的阅读，你会看到一个更加丰富立体的 ClickHouse。

与此同时，也强烈建议所有读者阅读第 6 章和第 10 章，因为这两章阐释了 ClickHouse 最为核心的部分，即 MergeTree 的核心原理，以及副本与分片的核心原理。通过阅读这两章，你对 ClickHouse 运行机理的理解会更加深刻，这将有助于你把 ClickHouse 运用得更加炉火纯青。

由于篇幅所限，本书没有包含 ClickHouse 函数、配置参数的内容。我认为，要学习这部分内容，查阅官方手册是一种更为高效的方式。

本书内容基于 ClickHouse 19.17.4.11 版本编写，演示时所用操作系统为 CentOS 7.7。书中涉及的所有演示案例，均经过实际版本验证通过。

另外，为了帮助读者更好地理解和应用书中的知识点，本书提供了专用的演示代码和部分样例数据，大家可以根据需要自行下载（https://github.com/nauu/clickhousebook）。

勘误和支持

由于水平有限，编写时间仓促，书中难免会出现一些错误或者不准确的地方，恳请读者批评指正。为此，我特意创建了一个提供在线支持与应急方案的站点 https://github.com/nauu/clickhousebook。你可以将书中的错误发布在 Bug 勘误表页面中，也可以将遇到的任何问题发布在 Q&A 页面，我将尽量在线上为你提供最满意的解答。

如果你有更多的宝贵意见，也欢迎发送邮件至出版社邮箱 214399230@qq.com，期待能够得到你的真挚反馈。

同时，你也可以关注我的微信公众号 chcave，我会在此定期分享 ClickHouse 的最新资讯、趣闻杂谈、使用经验等。

致谢

感谢我的家人。如果没有你们的悉心照顾和鼓励，我不可能完成本书。

感谢我的公司远光软件。远光软件为我提供了学习和成长的环境，书中的很多知识都来自我在远光软件的工作实践。

感谢我的挚友李根。谢谢你提出了许多宝贵的建议。

感谢我的同事兼伙伴——谢小明、彭一轩、殷雷、胡艺、陈雪莹、潘登、王涛、库生玉、李昂、何宇、张锐、陈泽华、李国威、杨柯、张琛、郑凤英、姜亚玮以及名单之外的更多朋友，感谢你们在工作中对我的照顾和支持，十分荣幸能够与你们同在一个富有激情与活力的团队。

感谢 ClickHouse 社区的伙伴——Ivan Blinkov、Alexey Milovidov、郭炜、郑天祺、张健、李本旺、高鹏、赵群、胡宸章、杨兆辉、丁晓坤、王金海以及名单之外的更多朋友，是你们的无私奉献促进了社区的发展，加速了 ClickHouse 的普及。

感谢华章鲜读的读者朋友（微信名称，排名不分先后）——濤、马尚、君 Hou、renwei、Luyung、朱熊、Duke、lansane、Lithium、xchf、陈刚、路途、一念之间、辛、李海武以及名单之外的更多朋友，是你们提供的宝贵建议帮助我提升了书稿的质量。

感谢机械工业出版社的编辑在这一年多的时间中始终支持我的写作，你们的鼓励和帮助引导我顺利完成全部书稿。

目 录 Contents

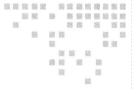

第 1 章 Chapter 1

ClickHouse 的前世今生

Google 于 2003～2006 年相继发表了三篇论文“Google File System”“Google MapReduce”和“Google Bigtable”，将大数据的处理技术带进了大众视野。2006 年开源项目 Hadoop 的出现，标志着大数据技术普及的开始，大数据技术真正开始走向普罗大众。长期以来受限于数据库处理能力而苦不堪言的各路豪杰们，仿佛发现了新大陆，于是一轮波澜壮阔的技术革新浪潮席卷而来。Hadoop 最初指代的是分布式文件系统 HDFS 和 MapReduce 计算框架，但是它一路高歌猛进，在此基础之上像搭积木一般快速发展成为一个庞大的生态（包括 Yarn、Hive、HBase、Spark 等数十种之多）。在大量数据分析场景的解决方案中，传统关系型数据库很快就被 Hadoop 生态所取代，我所处的 BI 领域就是其中之一。传统关系型数据库所构建的数据仓库，被以 Hive 为代表的大数据技术所取代，数据查询分析的手段也层出不穷，Spark、Impala、Kylin 等百花齐放。Hadoop 发展至今，早已上升成为大数据的代名词，仿佛一提到海量数据分析场景下的技术选型，就非 Hadoop 生态莫属。

然而世间并没有银弹（万全之策），Hadoop 也跳不出这个规则。虽然 Hadoop 生态化的属性带来了诸多便利性，例如分布式文件系统 HDFS 可以直接作为其他组件的底层存储（例如 HBase、Hive 等），生态内部的组件之间不用重复造轮子，只需相互借力、组合就能形成新的方案。但生态化的另一面则可以看作臃肿和复杂。Hadoop 生态下的每种组件都自成一体、相互独立，这种强强组合的技术组件有些时候显得过于笨重了。与此同时，随着现代化终端系统对时效性的要求越来越高，Hadoop 在海量数据和高时效性的双重压力下，也显得有些力不从心了。

一次机缘巧合，在研究 BI 产品技术选型的时候，我接触到了 ClickHouse，瞬间就被其惊人的性能所折服。这款非 Hadoop 生态、简单、自成一体的技术组件引起了我极大的好奇。那么 ClickHouse 究竟是什么呢？下面就让我们一探究竟，聊一聊 ClickHouse 的前世今生。

1.1 传统 BI 系统之殇

得益于 IT 技术的迅猛发展，ERP、CRM 这类 IT 系统在电力、金融等多个行业均得以实施。这些系统提供了协助企业完成日常流程办公的功能，其应用可以看作线下工作线上化的过程，这也是 IT 时代的主要特征之一，通常我们把这类系统称为联机事务处理（OLTP）系统。企业在生产经营的过程中，并不是只关注诸如流程审批、数据录入和填报这类工作。站在监管和决策层面，还需要另一种分析类视角，例如分析报表、分析决策等。而 IT 系统在早期的建设过程中多呈烟囱式发展，数据散落在各个独立的系统之内，相互割裂、互不相通。

为了解决数据孤岛的问题，人们提出了数据仓库的概念。即通过引入一个专门用于分析类场景的数据库，将分散的数据统一汇聚到一处。借助数据仓库的概念，用户第一次拥有了站在企业全局鸟瞰一切数据的视角。

随着这个概念被进一步完善，一类统一面向数据仓库，专注于提供数据分析、决策类功能的系统与解决方案应运而生。最终于 20 世纪 90 年代，有人第一次提出了 BI（商业智能）系统的概念。自此以后，人们通常用 BI 一词指代这类分析系统。相对于联机事务处理系统，我们把这类 BI 系统称为联机分析（OLAP）系统。

传统 BI 系统的设计初衷虽然很好，但实际的应用效果却不能完全令人满意。我想之所以会这样，至少有这么几个原因。

首先，传统 BI 系统对企业的信息化水平要求较高。按照传统 BI 系统的设计思路，通常只有中大型企业才有能力实施。因为它的定位是站在企业视角通盘分析并辅助决策的，所以如果企业的信息化水平不高，基础设施不完善，想要实施 BI 系统根本无从谈起。这已然把许多潜在用户挡在了门外。

其次，狭小的受众制约了传统 BI 系统发展的生命力。传统 BI 系统的主要受众是企业中的管理层或决策层。这类用户虽然通常具有较高的话语权和决策权，但用户基数相对较小。同时他们对系统的参与度和使用度不高，久而久之这类所谓的 BI 系统就沦为了领导视察、演示的“特供系统”了。

最后，冗长的研发过程滞后了需求的响应时效。传统 BI 系统需要大量 IT 人员的参与，用户的任何想法，哪怕小到只是想把一张用饼图展示的页面换成柱状图展示，可能都需要依靠 IT 人员来实现。一个分析需求从由用户大脑中产生到最终实现，可能需要几周甚至几个月的时间。这种严重的滞后性仿佛将人类带回到了飞鸽传书的古代。

1.2 现代 BI 系统的新思潮

技术普惠是科技进步与社会发展的一个显著特征。从 FM 频段到 GPS 定位乃至因特网都遵循着如此的发展规律。有时我们很难想象，这些在现今社会习以为常的技术，其实在几十年前还仅限于服务军队这类少数群体。

每一次技术普惠的浪潮，一方面扩展了技术的受众，让更多的人享受到了技术进步带来的福利；另一方面，由于更多的人接触到了新的技术，反过来也提升了技术的实用性和完善程度，加速了技术的成长与发展。

如果说汽车、火车和飞机是从物理上拉近了人与人之间的距离，那么随着互联网的兴起与风靡，世界的距离从逻辑上再一次被拉近了。现今世界的社会结构与人类行为，也已然被互联网深度改造，我们的世界逐渐变得扁平化与碎片化，节奏也越来越快。

根据一项调查，互联网用户通常都没有耐心。例如 47% 的消费者希望在 2 秒或更短的时间内完成网页加载，40% 的人放弃了加载时间超过 3 秒的网站，而页面响应时间每延迟 1 秒就可以使转换率降低 7%。实时应答、简单易用，已经是现代互联网系统的必备素质。

SaaS 模式的兴起，为传统企业软件系统的商业模式带来了新的思路，这是一次新的技术普惠。一方面，SaaS 模式将之前只服务于中大型企业的软件系统放到了互联网，扩展了它的受众；另一方面，由于互联网用户的基本特征和软件诉求，又倒逼了这些软件系统在方方面面进行革新与升级。

技术普惠，导致现代 BI 系统在设计思路上发生了天翻地覆的变化。

首先，它变得“很轻”，不再需要强制捆绑于企业数据仓库这样的庞然大物之上，就算只根据简单的 Excel 文件也能进行数据分析。

其次，它的受众变得更加多元化，几乎人人都可以成为数据分析师。现代 BI 系统不需要 IT 人员的深度参与，用户直接通过自助的形式，通过简单拖拽、搜索就能得到自己想要的分析结果。

最后，由于经过互联网化的洗礼，即便现代 BI 系统仍然私有化地部署在企业内部，只服务于企业客户，但它也必须具有快速应答、简单易用的使用体验。从某种角度来看，经过 SaaS 化这波技术普惠的洗礼，互联网帮助传统企业系统在易用性和用户体验上进行了革命性提升。

如果说 SaaS 化这波技术普惠为现代 BI 系统带来了新的思路与契机，那么背后的技术创新则保障了其思想的落地。在传统 BI 系统的体系中，背后是传统的关系型数据库技术（OLTP 数据库）。为了能够解决海量数据下分析查询的性能问题，人们绞尽脑汁，在数据仓库的基础上衍生出众多概念，例如：对数据进行分层，通过层层递进形成数据集市，从而减少最终查询的数据体量；提出数据立方体的概念，通过对数据进行预先处理，以空间换时间，提升查询性能。然而无论如何努力，设计的局限始终是无法突破的瓶颈。OLTP 技术由诞生的那一刻起就注定不是为数据分析而生的，于是很多人将目光投向了新的方向。

2003 年起，Google 陆续发表的三篇论文开启了大数据的技术普惠，Hadoop 生态由此开始一发不可收拾，数据分析开启了新纪元。从某种角度来看，以使用 Hadoop 生态为代表的这类非传统关系型数据库技术所实现的 BI 系统，可以称为现代 BI 系统。换装了大马力发动机的现代 BI 系统在面对海量数据分析的场景时，显得更加游刃有余。然而 Hadoop 技术也不是银弹，在现代BI系统的构建中仍然面临诸多挑战。在海量数据下要实现多维分析的实时应答，仍旧困难重重。（现代BI系统的典型应用场景是多维分析，某些时候可以直接使用OLAP指代这类场景。）

1.3 OLAP常见架构分类

OLAP领域技术发展至今方兴未艾，分析型数据库百花齐放。然而，看似手上拥有很多筹码的架构师们，有时候却面临无牌可打的窘境，这又是为何呢？为了回答这个问题，我们需要重温一下什么是OLAP，以及实现OLAP的几种常见思路。

之前说过，OLAP名为联机分析，又可以称为多维分析，是由关系型数据库之父埃德加·科德（Edgar Frank Codd）于1993年提出的概念。顾名思义，它指的是通过多种不同的维度审视数据，进行深层次分析。维度可以看作观察数据的一种视角，例如人类能看到的世界是三维的，它包含长、宽、高三个维度。直接一点理解，维度就好比是一张数据表的字段，而多维分析则是基于这些字段进行聚合查询。

那么多维分析通常都包含哪些基本操作呢？为了更好地理解多维分析的概念，可以使用一个立方体的图像具象化操作，如图1-1所示，对于一张销售明细表，数据立方体可以进行如下操作。

- 下钻：从高层次向低层次明细数据穿透。例如从“省”下钻到“市”，从“湖北省”穿透到“武汉”和“宜昌”。
- 上卷：和下钻相反，从低层次向高层次汇聚。例如从“市”汇聚成“省”，将“武汉”“宜昌”汇聚成“湖北”。
- 切片：观察立方体的一层，将一个或多个维度设为单个固定值，然后观察剩余的维度，例如将商品维度固定为“足球”。
- 切块：与切片类似，只是将单个固定值变成多个值。例如将商品维度固定成“足球”“篮球”和“乒乓球”。
- 旋转：旋转立方体的一面，如果要将数据映射到一张二维表，那么就要进行旋转，这就等同于行列置换。

为了实现上述这些操作，将常见的OLAP架构大致分成三类。

第一类架构称为ROLAP（Relational OLAP，关系型OLAP）。顾名思义，它直接使用关系模型构建，数据模型常使用星型模型或者雪花模型。这是最先能够想到，也是最为直接的实现方法。因为OLAP概念在最初提出的时候，就是建立在关系型数据库之上的。多维分析的操作，可以直接转换成SQL查询。例如，通过上卷操作查看省份的销售额，就可以转换成类似下面的SQL语句：

```
SELECT SUM(价格) FROM 销售数据表 GROUP BY 省
```

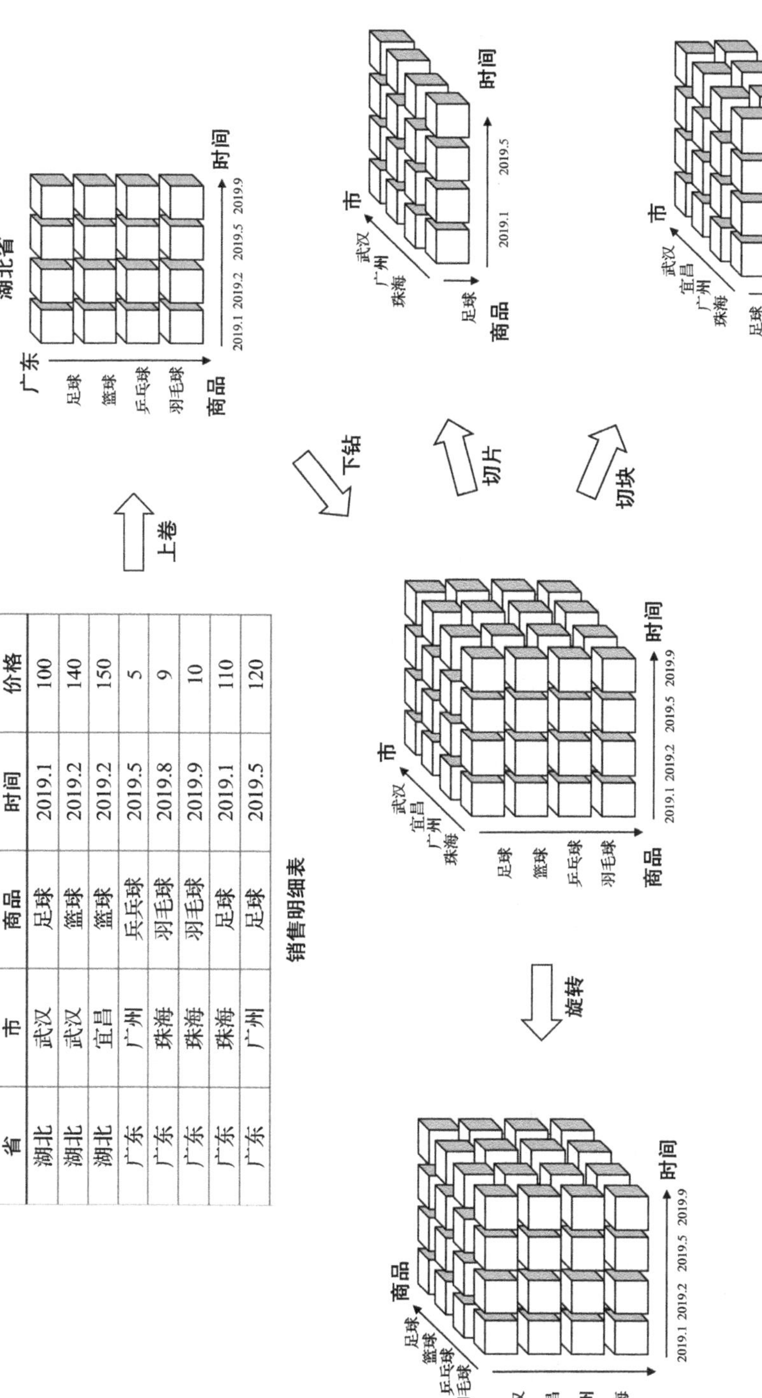

省	市	商品	时间	价格
湖北	武汉	足球	2019.1	100
湖北	武汉	篮球	2019.2	140
湖北	宜昌	篮球	2019.2	150
广东	广州	乒乓球	2019.5	5
广东	珠海	羽毛球	2019.8	9
广东	珠海	羽毛球	2019.9	10
广东	珠海	足球	2019.1	110
广东	广州	足球	2019.5	120

图 1-1　多维分析的常见操作

但是这种架构对数据的实时处理能力要求很高。试想一下，如果对一张存有上亿行数据的数据表同时执行数十个字段的 GROUP BY 查询，将会发生什么事情？

第二类架构称为 MOLAP（Multidimensional OLAP，多维型 OLAP）。它的出现是为了缓解 ROLAP 性能问题。MOLAP 使用多维数组的形式保存数据，其核心思想是借助预先聚合结果，使用空间换取时间的形式最终提升查询性能。也就是说，用更多的存储空间换得查询时间的减少。其具体的实现方式是依托立方体模型的概念。首先，对需要分析的数据进行建模，框定需要分析的维度字段；然后，通过预处理的形式，对各种维度进行组合并事先聚合；最后，将聚合结果以某种索引或者缓存的形式保存起来（通常只保留聚合后的结果，不存储明细数据）。这样一来，在随后的查询过程中，就可以直接利用结果返回数据。但是这种架构也并不完美。维度预处理可能会导致数据的膨胀。这里可以做一次简单的计算，以图 1-1 中所示的销售明细表为例。如果数据立方体包含了 5 个维度（字段），那么维度组合的方式则有 2^5（2^n，n= 维度个数）个。例如，省和市两个维度的组合就有 < 湖北，武汉 >、< 湖北、宜昌 >、< 武汉、湖北 >、< 宜昌、湖北 > 等。可想而知，当维度数据基数较高的时候，（高基数意味着重复相同的数据少。）其立方体预聚合后的数据量可能会达到 10 到 20 倍的膨胀。一张千万级别的数据表，就有可能膨胀到亿级别的体量。人们意识到这个问题之后，虽然也实现了一些能够降低膨胀率的优化手段，但并不能完全避免。另外，由于使用了预处理的形式，数据立方体会有一定的滞后性，不能实时进行数据分析。而且，立方体只保留了聚合后的结果数据，导致无法查询明细数据。

第三类架构称为 HOLAP（Hybrid OLAP，混合架构的 OLAP）。这种思路可以理解成 ROLAP 和 MOLAP 两者的集成。这里不再展开，我们重点关注 ROLAP 和 MOLAP。

1.4 OLAP 实现技术的演进

在介绍了 OLAP 几种主要的架构之后，再来看看它们背后技术的演进过程。我把这个演进过程简单划分成两个阶段。

第一个可以称为传统关系型数据库阶段。在这个阶段中，OLAP 主要基于以 Oracle、MySQL 为代表的一众关系型数据实现。在 ROLAP 架构下，直接使用这些数据库作为存储与计算的载体；在 MOLAP 架构下，则借助物化视图的形式实现数据立方体。在这个时期，不论是 ROLAP 还是 MOLAP，在数据体量大、维度数目多的情况下都存在严重的性能问题，甚至存在根本查询不出结果的情况。

第二个可以称为大数据技术阶段。由于大数据处理技术的普及，人们开始使用大数据技术重构 ROLAP 和 MOLAP。以 ROLAP 架构为例，传统关系型数据库就被 Hive 和 SparkSQL 这类新兴技术所取代。虽然，以 Spark 为代表的分布式计算系统，相比 Oracle 这类传统数据库而言，在面向海量数据的处理性能方面已经优秀很多，但是直接把它们作为面向终端用户的在线查询系统还是太慢了。我们的用户普遍缺乏耐心，如果一个查询响应需要几十秒甚至数分钟才能返回，那么这套方案就完全行不通。再看 MOLAP 架构，MOLAP 背后也转为依托 MapReduce 或 Spark 这类新兴技术，将其作为立方体的计算引擎，加速立方体的构建过程。其预聚合结果的存储载体也转向 HBase 这类高性能分布式数据库。大数据技术阶段，主流 MOLAP 架构已经能够在亿万级数据的体量下，实现毫秒级的查询响应时间。尽管如此，MOLAP 架构依然存在维度爆炸、数据同步实时性不高的问题。

不难发现，虽然 OLAP 在经历了大数据技术的洗礼之后，其各方面性能已经有了脱胎换骨式的改观，但不论是 ROLAP 还是 MOLAP，仍然存在各自的痛点。

如果单纯从模型角度考虑，很明显 ROLAP 架构更胜一筹。因为关系模型拥有最好的"群众基础"，也更简单且容易理解。它直接面向明细数据查询，由于不需要预处理，也就自然没有预处理带来的负面影响（维度组合爆炸、数据实时性、更新问题）。那是否存在这样一种技术，它既使用 ROLAP 模型，同时又拥有比肩 MOLAP 的性能呢？

1.5　一匹横空出世的黑马

我从 2012 年正式进入大数据领域，开始从事大数据平台相关的基础研发工作。2016 年我所在的公司启动了战略性创新产品的规划工作，自此我开始将工作重心转到设计并研发一款具备现代化 SaaS 属性的 BI 分析类产品上。为了实现人人都是分析师的最终目标，这款 BI 产品必须至少具备如下特征。

- **一站式**：下至数百条数据的个人 Excel 表格，上至数亿级别的企业数据，都能够在系统内部被直接处理。
- **自服务，简单易用**：面向普通用户而非专业 IT 人员，通过简单拖拽或搜索维度，就能完成初步的分析查询。分析内容可以是自定义的，并不需要预先固定好。
- **实时应答**：无论数据是什么体量级别，查询必须在毫秒至 1 秒内返回。数据分析是一个通过不断提出假设并验证假设的过程，只有做到快速应答，这种分析过程的路径才算正确。
- **专业化、智能化**：需要具备专业化程度并具备智能化的提升空间，需要提供专业的数学方法。

为了满足上述产品特性，我们在进行底层数据库技术选型的时候可谓是绞尽脑汁。上文曾提及，以 Spark 为代表的新一代 ROLAP 方案虽然可以一站式处理海量数据，但无法真正做到实时应答和高并发，它更适合作为一个后端的查询系统。而新一代的 MOLAP 方案虽然解决了大部分查询性能的瓶颈问题，能够做到实时应答，但数据膨胀和预处理等问题依然没有被很好解决。除了上述两类方案之外，也有一种另辟蹊径的选择，即摒弃 ROLAP 和 MOALP 转而使用搜索引擎来实现 OLAP 查询，ElasticSearch 是这类方案的代表。ElasticSearch 支持实时更新，在百万级别数据的场景下可以做到实时聚合查询，但是随着数据体量的继续增大，它的查询性能也将捉襟见肘。

难道真的是鱼与熊掌不可兼得了吗？直到有一天，在查阅一份 Spark 性能报告的时候，我不经意间看到了一篇性能对比的博文。Spark 的对手是一个我从来没有见过的陌生名字，在 10 亿条测试数据的体量下，Spark 这个我心目中的绝对王者，居然被对手打得落花流水，查询响应时间竟然比对手慢数 90% 之多。而对手居然只使用了一台配有 i5 CPU、16GB 内存和 SSD 磁盘的普通 PC 电脑。我揉了揉眼睛，定了定神，这不是做梦。ClickHouse 就这样进入了我的视野。

1.5.1 天下武功唯快不破

我对 ClickHouse 的最初印象极为深刻，其具有 ROLAP、在线实时查询、完整的 DBMS、列式存储、不需要任何数据预处理、支持批量更新、拥有非常完善的 SQL 支持和函数、支持高可用、不依赖 Hadoop 复杂生态、开箱即用等许多特点。特别是它那夸张的查询性能，我想大多数刚接触 ClickHouse 的人也一定会因为它的性能指标而动容。在一系列官方公布的基准测试对比中，ClickHouse 都遥遥领先对手，这其中不乏一些我们耳熟能详的名字。

所有用于对比的数据库都使用了相同配置的服务器，在单个节点的情况下，对一张拥有 133 个字段的数据表分别在 1000 万、1 亿和 10 亿三种数据体量下执行基准测试，基准测试的范围涵盖 43 项 SQL 查询。在 1 亿数据集体量的情况下，ClickHouse 的平均响应速度是 Vertica 的 2.63 倍、InfiniDB 的 17 倍、MonetDB 的 27 倍、Hive 的 126 倍、MySQL 的 429 倍以及 Greenplum 的 10 倍。详细的测试结果可以查阅 https://clickhouse.yandex/benchmark.html。

1.5.2 社区活跃

ClickHouse 是一款开源软件，遵循 Apache License 2.0 协议，所以它可以被免费使用。同时它的开源社区也非常跃度，截至本书完稿时，其在全球范围内拥有接近 400 位贡献者。从本书动笔至初稿完成，ClickHouse 已经完成了 10 多个版本的发布，并不是我写得慢，而是它的版本发布频率确实惊人，基本保持着每个月发布一次版本的更新频率。友好的开源协议、活跃的社区加上积极的响应，意味着我们可以及时获取最新特性并得到修复缺陷的补丁。

1.6 ClickHouse 的发展历程

ClickHouse 背后的研发团队是来自俄罗斯的 Yandex 公司。这是一家俄罗斯本土的互联网企业，于 2011 年在纳斯达克上市，它的核心产品是搜索引擎。根据最新的数据显示，Yandex 占据了本国 47% 以上的搜索市场，是现今世界上最大的俄语搜索引擎。Google 是它的直接竞争对手。

众所周知，在线搜索引擎的营收来源非常依赖流量和在线广告业务。所以，通常搜索引擎公司为了更好地帮助自身及用户分析网络流量，都会推出自家的在线流量分析产品，例如 Google 的 Google Analytics、百度的百度统计。Yandex 也不例外，Yandex.Metrica 就是这样一款用于在线流量分析的产品（https://metrica.yandex.com）。

ClickHouse 就是在这样的产品背景下诞生的，伴随着 Yandex.Metrica 业务的发展，其底层架构历经四个阶段，一步一步最终形成了大家现在所看到的 ClickHouse。纵观这四个阶段的发展，俨然是数据分析产品形态以及 OLAP 架构历史演进的缩影。通过了解这段演进过程，我们能够更透彻地了解 OLAP 面对的挑战，以及 ClickHouse 能够解决的问题。

1.6.1　顺理成章的 MySQL 时期

作为一款在线流量分析产品，对其功能的要求自然是分析流量了。早期的 Yandex.Metrica 以提供固定报表的形式帮助用户进行分析，例如分析访问者使用的设备、访问者来源的分布之类。其实这也是早期分析类产品的典型特征之一，分析维度和场景是固定的，新的分析需求往往需要 IT 人员参与。

从技术角度来看，当时还处于关系型数据库称霸的时期，所以 Yandex 在内部其他产品中使用了 MySQL 数据库作为统计信息系统的底层存储软件。Yandex.Metrica 的第一版架构顺理成章延续了这套内部稳定成熟的 MySQL 方案，并将其作为它的数据存储和分析引擎的解决方案。

因为 Yandex 内部的这套 MySQL 方案使用了 MyISAM 表引擎，所以 Yandex.Metrica 也延续了表引擎的选择。这类分析场景更关注数据写入和查询的性能，不关心事务操作（MyISAM 表引擎不支持事务特性）。相比 InnoDB 表引擎，MyISAM 表引擎在分析场景中具有更好的性能。

业内有一个常识性的认知，按顺序存储的数据会拥有更高的查询性能。因为读取顺序文件会用更少的磁盘寻道和旋转延迟时间（这里主要指机械磁盘），同时顺序读取也能利用操作系统层面文件缓存的预读功能，所以数据库的查询性能与数据在物理磁盘上的存储顺序息息相关。然而这套 MySQL 方案无法做到顺序存储。

MyISAM 表引擎使用 B+ 树结构存储索引，而数据则使用另外单独的存储文件（InnoDB 表引擎使用 B+ 树同时存储索引和数据，数据直接挂载在叶子节点中）。如果只考虑单线程的写入场景，并且在写入过程中不涉及数据删除或者更新操作，那么数据会依次按照写入的顺序被写入文件并落至磁盘。然而现实的场景不可能如此简单。

流量的数据采集链路是这样的：网站端的应用程序首先通过 Yandex 提供的站点 SDK 实时采集数据并发送到远端的接收系统，再由接收系统将数据写入 MySQL 集群。整个过程都是实时进行的，并且数据接收系统是一个分布式系统，所以它们会并行、随机将数据写入 MySQL 集群。这最终导致了数据在磁盘中是完全随机存储的，并且会产生大量的磁盘碎片。

市面上一块典型的 7200 转 SATA 磁盘的 IOPS（每秒能处理的请求数）仅为 100 左右，也就是说每秒只能执行 100 次随机读取。假设一次随机读取返回 10 行数据，那么查询 100000 行记录则需要至少 100 秒，这种响应时间显然是不可接受的。

RAID 可以提高磁盘 IOPS 性能，但并不能解决根本问题。SSD 随机读取性能很高，但是考虑到硬件成本和集群规模，不可能全部采取 SSD 存储。

随着时间的推移，MySQL 中的数据越来越多（截至 2011 年，存储的数据超过 5800 亿行）。虽然 Yandex 又额外做了许多优化，成功地将 90% 的分析报告控制在 26 秒内返回，但是这套技术方案越来越显得力不从心。

1.6.2 另辟蹊径的 Metrage 时期

由于 MySQL 带来的局限性，Yandex 自研了一套全新的系统并命名为 Metrage。Metrage 在设计上与 MySQL 完全不同，它选择了另外一条截然不同的道路。首先，在数据模型层面，它使用 Key-Value 模型（键值对）代替了关系模型；其次，在索引层面，它使用 LSM 树代替了 B+ 树；最后，在数据处理层面，由实时查询的方式改为了预处理的方式。

LSM 树也是一种非常流行的索引结构，发源于 Google 的 Big Table，现在最具代表性的使用 LSM 树索引结构的系统是 HBase。LSM 本质上可以看作将原本的一棵大树拆成了许多棵小树，每一批次写入的数据都会经历如下过程。首先，会在内存中构建出一棵小树，构建完毕即算写入成功（这里会通过预写日志的形式，防止因内存故障而导致的数据丢失）。写入动作只发生在内存中，不涉及磁盘操作，所以极大地提升了数据写入性能。其次，小树在构建的过程中会进行排序，这样就保证了数据的有序性。最后，当内存中小树的数量达到某个阈值时，就会借助后台线程将小树刷入磁盘并生成一个小的数据段。在每个数据段中，数据局部有序。也正因为数据有序，所以能够进一步使用稀疏索引来优化查询性能。借助 LSM 树索引，可使得 Metrage 引擎在软硬件层面同时得到优化（磁盘顺序读取、预读缓存、稀疏索引等），最终有效提高系统的综合性能。

如果仅拥有索引结构的优化，还不足以从根本上解决性能问题。Metrage 设计的第二个重大转变是通过预处理的方式，将需要分析的数据预先聚合。这种做法类似数据立方体的思想，首先对分析的具体场景实施立方体建模，框定所需的维度和度量以形成数据立方体；接着预先计算立方体内的所有维度组合；最后将聚合的结果数据按照 Key-Value 的形式存储。这样一来，对于固定分析场景，就可以直接利用数据立方体的聚合结果立即返回相关数据。这套系统的实现思路和现今的一些 MOLAP 系统如出一辙。

通过上述一系列的转变，Metrage 为 Yandex.Metrica 的性能带来了革命性提升。截至 2015 年，在 Metrage 内存储了超过 3 万亿行的数据，其集群规模超过了 60 台服务器，查询性能也由先前的 26 秒降低到了惊人的 1 秒以内。然而，使用立方体这类预先聚合的思路会带来一个新的问题，那就是维度组合爆炸，因为需要预先对所有的维度组合进行计算。那么维度组合的方式具体有多少种呢？它的计算公式是 2^N（N = 维度数量）。可以做一次简单的计算，例如 5 个维度的组合方式会有 $2^5=32$ 种，而 9 个维度的组合方式则会多达 $2^9=512$ 种，这是一种指数级的增长方式。维度组合的爆炸会直接导致数据膨胀，有时候这种膨胀可能会多达 10~20 倍。

1.6.3 自我突破的 OLAPServer 时期

如果说 Metrage 系统是弥补 Yandex.Metrica 性能瓶颈的产物，那么 OLAPServer 系统的诞生，则是产品形态升级倒逼的结果。在 Yandex.Metrica 的产品初期，它只支持固定报表的分析功能。随着时间的推移，这种固定化的分析形式早已不能满足用户的诉求，于是 Yandex.Metrica 计划推出自定义分析报告的功能。然而 Metrage 系统却无法满足这类自定义的分析场景，因为它需要预先聚合，并且只提供了内置的 40 多种固定分析场景。单独为每一个用户提供面向个人的预聚合功能显然是不切实际的。在这种背景下，Yandex.Metrica 的研发团队只有寻求自我突破，于是自主研发了 OLAPServer 系统。

OLAPServer 系统被设计成专门处理自定义报告这类临时性分析需求的系统，与 Metrage 系统形成互补的关系。结合之前两个阶段的建设经验，OLAPServer 在设计思路上可以说是取众家之长。在数据模型方面，它又换回了关系模型，因为相比 Key-Value 模型，关系模型拥有更好的描述能力。使用 SQL 作为查询语言，也将会拥有更好的“群众基础”。而在存储结构和索引方面，它结合了 MyISAM 和 LSM 树最精华的部分。在存储结构上，它与 MyISAM 表引擎类似，分为了索引文件和数据文件两个部分。在索引方面，它并没有完全沿用 LSM 树，而是使用了 LSM 树所使用到的稀疏索引。在数据文件的设计上，则沿用了 LSM 树中数据段的思想，即数据段内数据有序，借助稀疏索引定位数据段。在有了上述基础之后，OLAPServer 又进一步引入了列式存储的思想，将索引文件和数据文件按照列字段的粒度进行了拆分，每个列字段各自独立存储，以此进一步减少数据读取的范围。

虽然 OLAPServer 在实时聚合方面的性能相比 MySQL 有了质的飞跃，但从功能的完备性角度来看，OLAPServer 还是差了一个量级。如果说 MySQL 可以称为数据库管理系统（DBMS），那么 OLAPServer 只能称为数据库。因为 OLAPServer 的定位只是和 Metrage 形成互补，所以它缺失了一些基本的功能。例如，它只有一种数据类型，即固定长度的数值类型，且没有 DBMS 应有的基本管理功能（DDL 查询等）。

1.6.4　水到渠成的 ClickHouse 时代

现在，一个新的选择题摆在了 Yandex.Metrica 研发团队的面前，实时聚合还是预先聚合？预先聚合方案在查询性能方面带来了质的提升，成功地将之前的报告查询时间从 26 秒降低到了 1 秒以内，但同时它也带来了新的难题。

（1）由于预先聚合只能支持固定的分析场景，所以它无法满足自定义分析的需求。

（2）维度组合爆炸会导致数据膨胀，这样会造成不必要的计算和存储开销。因为用户并不一定会用到所有维度的组合，那些没有被用到的组合将会成为浪费的开销。

（3）流量数据是在线实时接收的，所以预聚合还需要考虑如何及时更新数据。

经过这么一分析，预先聚合的方案看起来似乎也没有那么完美。这是否表示实时聚合的方案更优呢？实时聚合方案意味着一切查询都是动态、实时的，从用户发起查询的那一刻起，整个过程需要在一秒内完成并返回，而在这个查询过程的背后，可能会涉及数亿行数据的处理。如果做不到这么快的响应速度，那么这套方案就不可行，因为用户都讨厌等待。很显然，如果查询性可以得到保障，实时聚合会是一个更为简洁的架构。由于 OLAPServer 的成功使用经验，选择倾向于实时聚合这一方。

OLAPServer 在查询性能方面并不比 Metrage 差太多，在查询的灵活性方面反而更胜一筹。于是 Yandex.Metrica 研发团队以 OLAPServer 为基础进一步完善，以实现一个完备的数据库管理系统（DBMS）为目标，最终打造出了 ClickHouse，并于 2016 年开源。纵览 Yandex.Metrica 背后技术的发展历程，ClickHouse 的出现似乎是一个水到渠成的结果。

ClickHouse 的发展历程如表 1-1 所示。

表 1-1 ClickHouse 的发展历程

发展历程	OLAP 架构	Yandex.Metrica 产品形态
顺理成章的 MySQL 时期	ROLAP	固定报告
另辟蹊径的 Metrage 时期	MOLAP	固定报告
自我突破的 OLAPServer 时期	HOLAP(Metrage +OLAPServer)	自助报告
水到渠成的 ClickHouse 时代	ROLAP	自助报告

1.7 ClickHouse 的名称含义

经过上一节的介绍，大家知道了 ClickHouse 由雏形发展至今一共经历了四个阶段。它的初始设计目标是服务自己公司的一款名叫 Yandex.Metrica 的产品。Metrica 是一款 Web 流量分析工具，基于前方探针采集行为数据，然后进行一系列的数据分析，类似数据仓库的 OLAP 分析。而在采集数据的过程中，一次页面 click（点击），会产生一个 event（事件）。至此，整个系统的逻辑就十分清晰了，那就是基于页面的点击事件流，面向数据仓库进行 OLAP 分析。所以 ClickHouse 的全称是 Click Stream，Data WareHouse，简称 ClickHouse，如图 1-2 所示。

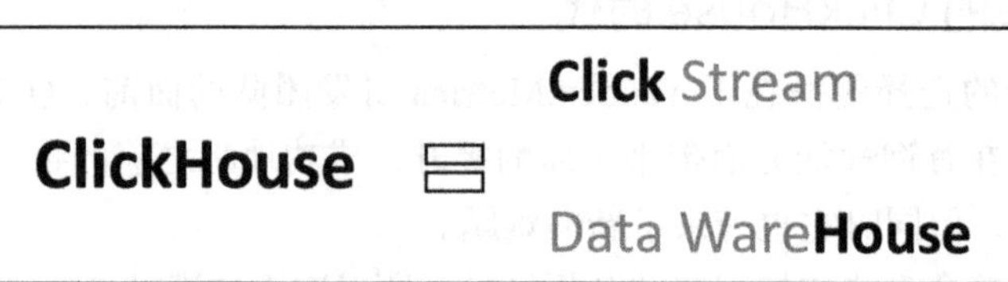

图 1-2 ClickHouse 名称缩写的含义

1.8 ClickHouse 适用的场景

因为 ClickHouse 在诞生之初是为了服务 Yandex 自家的 Web 流量分析产品 Yandex. Metrica，所以在存储数据超过 20 万亿行的情况下，ClickHouse 做到了 90% 的查询都能够在 1 秒内返回的惊人之举。随后，ClickHouse 进一步被应用到 Yandex 内部大大小小数十个其他的分析场景中。可以说 ClickHouse 具备了人们对一款高性能 OLAP 数据库的美好向往，所以它基本能够胜任各种数据分析类的场景，并且随着数据体量的增大，它的优势也会变得越为明显。

ClickHouse 非常适用于商业智能领域（也就是我们所说的 BI 领域），除此之外，它也能够被广泛应用于广告流量、Web、App 流量、电信、金融、电子商务、信息安全、网络游戏、物联网等众多其他领域。

1.9　ClickHouse 不适用的场景

ClickHouse 作为一款高性能 OLAP 数据库，虽然足够优秀，但也不是万能的。我们不应该把它用于任何 OLTP 事务性操作的场景，因为它有以下几点不足。

- 不支持事务。
- 不擅长根据主键按行粒度进行查询（虽然支持），故不应该把 ClickHouse 当作 Key-Value 数据库使用。
- 不擅长按行删除数据（虽然支持）。

这些弱点并不能视为 ClickHouse 的缺点，事实上其他同类高性能的 OLAP 数据库同样也不擅长上述的这些方面。因为对于一款 OLAP 数据库而言，上述这些能力并不是重点，只能说这是为了极致查询性能所做的权衡。

1.10　有谁在使用 ClickHouse

除了 Yandex 自己以外，ClickHouse 还被众多商业公司或研究组织成功地运用到了它们的生产环境。欧洲核子研究中心（CERN）将它用于保存强对撞机试验后记录下的数十亿事件的测量数据，并成功将先前查找数据的时间由几个小时缩短到几秒。著名的 CDN 服务厂商 CloudFlare 将 ClickHouse 用于 HTTP 的流量分析。国内的头条、阿里、腾讯和新浪等一众互联网公司对 ClickHouse 也都有涉猎。更多详情可以参考 ClickHouse 官网的案例介绍（https://clickhouse.yandex/）。

1.11　本章小结

本章开宗明义，介绍了作为一线从业者的我在经历 BI 系统从传统转向现代的过程中的所思所想，以及如何在机缘巧合之下发现了令人印象深刻的 ClickHouse。本章抽丝剥茧，揭开了 ClickHouse 诞生的缘由。原来 ClickHouse 背后的研发团队是来自俄罗斯的 Yandex 公司，Yandex 为了支撑 Web 流量分析产品 Yandex.Metrica，在历经 MySQL、Metrage 和 OLAPServer 三种架构之后，集众家之所长，打造出了 ClickHouse。在下一章，我们将进一步详细介绍 ClickHouse 的架构，对它的核心特点进行深入探讨。

Chapter 2 第2章

ClickHouse 架构概述

随着业务的迅猛增长，Yandex.Metrica 目前已经成为世界第三大 Web 流量分析平台，每天处理超过 200 亿个跟踪事件。能够拥有如此惊人的体量，在它背后提供支撑的 ClickHouse 功不可没。ClickHouse 已经为 Yandex.Metrica 存储了超过 20 万亿行的数据，90% 的自定义查询能够在 1 秒内返回，其集群规模也超过了 400 台服务器。虽然 ClickHouse 起初只是为了 Yandex.Metrica 而研发的，但由于它出众的性能，目前也被广泛应用于 Yandex 内部其他数十个产品上。

初识 ClickHouse 的时候，我曾产生这样的感觉：它仿佛违背了物理定律，没有任何缺点，是一个不真实的存在。一款高性能、高可用 OLAP 数据库的一切诉求，ClickHouse 似乎都能满足，这股神秘的气息引起了我极大的好奇。但是刚从 Hadoop 生态转向 ClickHouse 的时候，我曾有诸多的不适应，因为它和我们往常使用的技术“性格”迥然不同。如果把数据库比作汽车，那么 ClickHouse 俨然就是一辆手动挡的赛车。它在很多方面不像其他系统那样高度自动化。ClickHouse 的一些概念也与我们通常的理解有所不同，特别是在分片和副本方面，有些时候数据的分片甚至需要手动完成。在进一步深入使用 ClickHouse 之后，我渐渐地理解了这些设计的目的。某些看似不够自动化的设计，反过来却在使用中带来了极大的灵活性。与 Hadoop 生态的其他数据库相比，ClickHouse 更像一款“传统”MPP 架构的数据库，它没有采用 Hadoop 生态中常用的主从架构，而是使用了多主对等网络结构，同时它也是基于关系模型的 ROLAP 方案。这一章就让我们抽丝剥茧，看看 ClickHouse 都有哪些核心特性。

2.1 ClickHouse 的核心特性

ClickHouse 是一款 MPP 架构的列式存储数据库，但 MPP 和列式存储并不是什么“稀罕”的设计。拥有类似架构的其他数据库产品也有很多，但是为什么偏偏只有 ClickHouse 的性能如此出众呢？通过上一章的介绍，我们知道了 ClickHouse 发展至今的演进过程。它一共经历了四个阶段，每一次阶段演进，相比之前都进一步取其精华去其糟粕。可以说 ClickHouse 汲取了各家技术的精髓，将每一个细节都做到了极致。接下来将介绍 ClickHouse 的一些核心特性，正是这些特性形成的合力使得 ClickHouse 如此优秀。

2.1.1 完备的 DBMS 功能

ClickHouse 拥有完备的管理功能，所以它称得上是一个 DBMS（Database Management System，数据库管理系统），而不仅是一个数据库。作为一个 DBMS，它具备了一些基本功能，如下所示。

- DDL（数据定义语言）：可以动态地创建、修改或删除数据库、表和视图，而无须重启服务。
- DML（数据操作语言）：可以动态查询、插入、修改或删除数据。
- 权限控制：可以按照用户粒度设置数据库或者表的操作权限，保障数据的安全性。
- 数据备份与恢复：提供了数据备份导出与导入恢复机制，满足生产环境的要求。
- 分布式管理：提供集群模式，能够自动管理多个数据库节点。

这里只列举了一些最具代表性的功能，但已然足以表明为什么 Click House 称得上是 DBMS 了。

2.1.2 列式存储与数据压缩

列式存储和数据压缩，对于一款高性能数据库来说是必不可少的特性。一个非常流行的观点认为，如果你想让查询变得更快，最简单且有效的方法是减少数据扫描范围和数据传输时的大小，而列式存储和数据压缩就可以帮助我们实现上述两点。列式存储和数据压缩通常是伴生的，因为一般来说列式存储是数据压缩的前提。

按列存储与按行存储相比，前者可以有效减少查询时所需扫描的数据量，这一点可以用一个示例简单说明。假设一张数据表 A 拥有 50 个字段 A1～A50，以及 100 行数据。现在需要查询前 5 个字段并进行数据分析，则可以用如下 SQL 实现：

```
SELECT A1, A2, A3, A4, A5 FROM A
```

如果数据按行存储，数据库首先会逐行扫描，并获取每行数据的所有 50 个字段，再从每一行数据中返回 A1～A5 这 5 个字段。不难发现，尽管只需要前面的 5 个字段，但由于数据是按行进行组织的，实际上还是扫描了所有的字段。如果数据按列存储，就不会发生这样的问题。由于数据按列组织，数据库可以直接获取 A1～A5 这 5 列的数据，从而避免了多余的数据扫描。

按列存储相比按行存储的另一个优势是对数据压缩的友好性。同样可以用一个示例简单说明压缩的本质是什么。假设有两个字符串 abcdefghi 和 bcdefghi，现在对它们进行压缩，如下所示：

```
压缩前：abcdefghi_bcdefghi
压缩后：abcdefghi_(9,8)
```

可以看到，压缩的本质是按照一定步长对数据进行匹配扫描，当发现重复部分的时候就进行编码转换。例如上述示例中的 (9，8)，表示如果从下划线开始向前移动 9 个字节，会匹配到 8 个字节长度的重复项，即这里的 bcdefghi。

真实的压缩算法自然比这个示例更为复杂，但压缩的实质就是如此。数据中的重复项越多，则压缩率越高；压缩率越高，则数据体量越小；而数据体量越小，则数据在网络中的传输越快，对网络带宽和磁盘 IO 的压力也就越小。既然如此，那怎样的数据最可能具备重复的特性呢？答案是属于同一个列字段的数据，因为它们拥有相同的数据类型和现实语义，重复项的可能性自然就更高。

ClickHouse 就是一款使用列式存储的数据库，数据按列进行组织，属于同一列的数据会被保存在一起，列与列之间也会由不同的文件分别保存（这里主要指 MergeTree 表引擎，表引擎会在后续章节详细介绍）。数据默认使用 LZ4 算法压缩，在 Yandex.Metrica 的生产环境中，数据总体的压缩比可以达到 8∶1（未压缩前 17PB，压缩后 2PB）。列式存储除了降低 IO 和存储的压力之外，还为向量化执行做好了铺垫。

2.1.3 向量化执行引擎

坊间有句玩笑，即“能用钱解决的问题，千万别花时间”。而业界也有种调侃如出一辙，即“能升级硬件解决的问题，千万别优化程序”。有时候，你千辛万苦优化程序逻辑带来的性能提升，还不如直接升级硬件来得简单直接。这虽然只是一句玩笑不能当真，但硬件层面的优化确实是最直接、最高效的提升途径之一。向量化执行就是这种方式的典型代表，这项寄存器硬件层面的特性，为上层应用程序的性能带来了指数级的提升。

向量化执行，可以简单地看作一项消除程序中循环的优化。这里用一个形象的例子比喻。小胡经营了一家果汁店，虽然店里的鲜榨苹果汁深受大家喜爱，但客户总是抱怨制作果汁的速度太慢。小胡的店里只有一台榨汁机，每次他都会从篮子里拿出一个苹果，放到榨汁机内等待出汁。如果有 8 个客户，每个客户都点了一杯苹果汁，那么小胡需要重复循环 8 次上述的榨汁流程，才能榨出 8 杯苹果汁。如果制作一杯果汁需要 5 分钟，那么全部制作完毕则需要 40 分钟。为了提升果汁的制作速度，小胡想出了一个办法。他将榨汁机的数量从 1 台增加到了 8 台，这么一来，他就可以从篮子里一次性拿出 8 个苹果，分别放入 8 台榨汁机同时榨汁。此时，小胡只需要 5 分钟就能够制作出 8 杯苹果汁。为了制作 *n* 杯果汁，非向量化执行的方式是用 1 台榨汁机重复循环制作 *n* 次，而向量化执行的方式是用 *n* 台榨汁机只执行 1 次。

为了实现向量化执行，需要利用 CPU 的 SIMD 指令。SIMD 的全称是 Single Instruction

Multiple Data，即用单条指令操作多条数据。现代计算机系统概念中，它是通过数据并行以提高性能的一种实现方式（其他的还有指令级并行和线程级并行），它的原理是在 CPU 寄存器层面实现数据的并行操作。

在计算机系统的体系结构中，存储系统是一种层次结构。典型服务器计算机的存储层次结构如图 2-1 所示。一个实用的经验告诉我们，存储媒介距离 CPU 越近，则访问数据的速度越快。

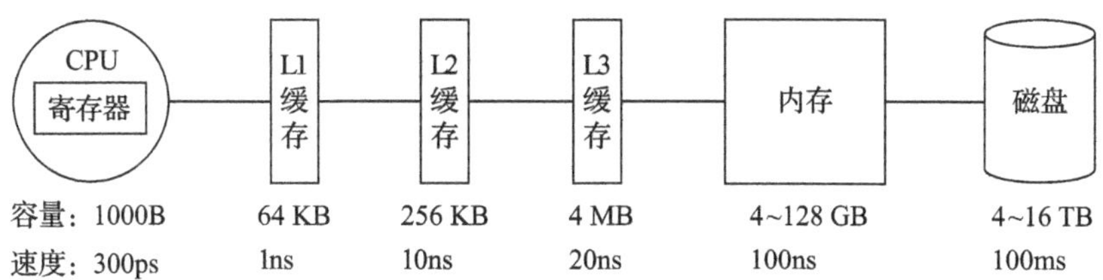

图 2-1　距离 CPU 越远，数据的访问速度越慢

从上图中可以看到，从左向右，距离 CPU 越远，则数据的访问速度越慢。从寄存器中访问数据的速度，是从内存访问数据速度的 300 倍，是从磁盘中访问数据速度的 3000 万倍。所以利用 CPU 向量化执行的特性，对于程序的性能提升意义非凡。

ClickHouse 目前利用 SSE4.2 指令集实现向量化执行。

2.1.4　关系模型与 SQL 查询

相比 HBase 和 Redis 这类 NoSQL 数据库，ClickHouse 使用关系模型描述数据并提供了传统数据库的概念（数据库、表、视图和函数等）。与此同时，ClickHouse 完全使用 SQL 作为查询语言（支持 GROUP BY、ORDER BY、JOIN、IN 等大部分标准 SQL），这使得它平易近人，容易理解和学习。因为关系型数据库和 SQL 语言，可以说是软件领域发展至今应用最为广泛的技术之一，拥有极高的“群众基础”。也正因为 ClickHouse 提供了标准协议的 SQL 查询接口，使得现有的第三方分析可视化系统可以轻松与它集成对接。在 SQL 解析方面，ClickHouse 是大小写敏感的，这意味着 SELECT a 和 SELECT A 所代表的语义是不同的。

关系模型相比文档和键值对等其他模型，拥有更好的描述能力，也能够更加清晰地表述实体间的关系。更重要的是，在 OLAP 领域，已有的大量数据建模工作都是基于关系模型展开的（星型模型、雪花模型乃至宽表模型）。ClickHouse 使用了关系模型，所以将构建在传统关系型数据库或数据仓库之上的系统迁移到 ClickHouse 的成本会变得更低，可以直接沿用之前的经验成果。

2.1.5 多样化的表引擎

也许因为Yandex.Metrica的最初架构是基于MySQL实现的，所以在ClickHouse的设计中，能够察觉到一些MySQL的影子，表引擎的设计就是其中之一。与MySQL类似，ClickHouse也将存储部分进行了抽象，把存储引擎作为一层独立的接口。截至本书完稿时，ClickHouse共拥有合并树、内存、文件、接口和其他6大类20多种表引擎。其中每一种表引擎都有着各自的特点，用户可以根据实际业务场景的要求，选择合适的表引擎使用。

通常而言，一个通用系统意味着更广泛的适用性，能够适应更多的场景。但通用的另一种解释是平庸，因为它无法在所有场景内都做到极致。

在软件的世界中，并不会存在一个能够适用任何场景的通用系统，为了突出某项特性，势必会在别处有所取舍。其实世间万物都遵循着这样的道理，就像信天翁和蜂鸟，虽然都属于鸟类，但它们各自的特点却铸就了完全不同的体貌特征。信天翁擅长远距离飞行，环绕地球一周只需要1至2个月的时间。因为它能够长时间处于滑行状态，5天才需要扇动一次翅膀，心率能够保持在每分钟100至200次之间。而蜂鸟能够垂直悬停飞行，每秒可以挥动翅膀70～100次，飞行时的心率能够达到每分钟1000次。如果用数据库的场景类比信天翁和蜂鸟的特点，那么信天翁代表的可能是使用普通硬件就能实现高性能的设计思路，数据按粗粒度处理，通过批处理的方式执行；而蜂鸟代表的可能是按细粒度处理数据的设计思路，需要高性能硬件的支持。

将表引擎独立设计的好处是显而易见的，通过特定的表引擎支撑特定的场景，十分灵活。对于简单的场景，可直接使用简单的引擎降低成本，而复杂的场景也有合适的选择。

2.1.6 多线程与分布式

ClickHouse几乎具备现代化高性能数据库的所有典型特征，对于可以提升性能的手段可谓是一一用尽，对于多线程和分布式这类被广泛使用的技术，自然更是不在话下。

如果说向量化执行是通过数据级并行的方式提升了性能，那么多线程处理就是通过线程级并行的方式实现了性能的提升。相比基于底层硬件实现的向量化执行SIMD，线程级并行通常由更高层次的软件层面控制。现代计算机系统早已普及了多处理器架构，所以现今市面上的服务器都具备良好的多核心多线程处理能力。由于SIMD不适合用于带有较多分支判断的场景，ClickHouse也大量使用了多线程技术以实现提速，以此和向量化执行形成互补。

如果一个篮子装不下所有的鸡蛋，那么就多用几个篮子来装，这就是分布式设计中分而治之的基本思想。同理，如果一台服务器性能吃紧，那么就利用多台服务的资源协同处理。为了实现这一目标，首先需要在数据层面实现数据的分布式。因为在分布式领域，存在一条金科玉律——计算移动比数据移动更加划算。在各服务器之间，通过网络传输数据的成本是高昂的，所以相比移动数据，更为聪明的做法是预先将数据分布到各台服务器，将数据的计算查询直接下推到数据所在的服务器。ClickHouse 在数据存取方面，既支持分区（纵向扩展，利用多线程原理），也支持分片（横向扩展，利用分布式原理），可以说是将多线程和分布式的技术应用到了极致。

2.1.7 多主架构

HDFS、Spark、HBase 和 Elasticsearch 这类分布式系统，都采用了 Master-Slave 主从架构，由一个管控节点作为 Leader 统筹全局。而 ClickHouse 则采用 Multi-Master 多主架构，集群中的每个节点角色对等，客户端访问任意一个节点都能得到相同的效果。这种多主的架构有许多优势，例如对等的角色使系统架构变得更加简单，不用再区分主控节点、数据节点和计算节点，集群中的所有节点功能相同。所以它天然规避了单点故障的问题，非常适合用于多数据中心、异地多活的场景。

2.1.8 在线查询

ClickHouse 经常会被拿来与其他的分析型数据库作对比，比如 Vertica、SparkSQL、Hive 和 Elasticsearch 等，它与这些数据库确实存在许多相似之处。例如，它们都可以支撑海量数据的查询场景，都拥有分布式架构，都支持列存、数据分片、计算下推等特性。这其实也侧面说明了 ClickHouse 在设计上确实吸取了各路奇技淫巧。与其他数据库相比，ClickHouse 也拥有明显的优势。例如，Vertica 这类商用软件价格高昂；SparkSQL 与 Hive 这类系统无法保障 90% 的查询在 1 秒内返回，在大数据量下的复杂查询可能会需要分钟级的响应时间；而 Elasticsearch 这类搜索引擎在处理亿级数据聚合查询时则显得捉襟见肘。

正如 ClickHouse 的“广告词”所言，其他的开源系统太慢，商用的系统太贵，只有 Clickouse 在成本与性能之间做到了良好平衡，即又快又开源。ClickHouse 当之无愧地阐释了“在线”二字的含义，即便是在复杂查询的场景下，它也能够做到极快响应，且无须对数据进行任何预处理加工。

2.1.9 数据分片与分布式查询

数据分片是将数据进行横向切分，这是一种在面对海量数据的场景下，解决存储和查询瓶颈的有效手段，是一种分治思想的体现。ClickHouse 支持分片，而分片则依赖集群。每个集群由 1 到多个分片组成，而每个分片则对应了 ClickHouse 的 1 个服务节点。分片的数量上限取决于节点数量（1 个分片只能对应 1 个服务节点）。

ClickHouse 并不像其他分布式系统那样，拥有高度自动化的分片功能。ClickHouse 提供了本地表（Local Table）与分布式表（Distributed Table）的概念。一张本地表等同于一份数据的分片。而分布式表本身不存储任何数据，它是本地表的访问代理，其作用类似分库中间件。借助分布式表，能够代理访问多个数据分片，从而实现分布式查询。

这种设计类似数据库的分库和分表，十分灵活。例如在业务系统上线的初期，数据体量并不高，此时数据表并不需要多个分片。所以使用单个节点的本地表（单个数据分片）即可满足业务需求，待到业务增长、数据量增大的时候，再通过新增数据分片的方式分流数据，并通过分布式表实现分布式查询。这就好比一辆手动挡赛车，它将所有的选择权都交到了使用者的手中。

2.2 ClickHouse的架构设计

目前ClickHouse公开的资料相对匮乏，比如在架构设计层面就很难找到完整的资料，甚至连一张整体的架构图都没有。我想这就是它为何身为一款开源软件，但又显得如此神秘的原因之一吧。即便如此，我们还是能从一些零散的材料中找到一些蛛丝马迹。接下来会说明ClickHouse底层设计中的一些概念，这些概念可以帮助我们了解ClickHouse。

2.2.1 Column与Field

Column和Field是ClickHouse数据最基础的映射单元。作为一款百分之百的列式存储数据库，ClickHouse按列存储数据，内存中的一列数据由一个Column对象表示。Column对象分为接口和实现两个部分，在IColumn接口对象中，定义了对数据进行各种关系运算的方法，例如插入数据的insertRangeFrom和insertFrom方法、用于分页的cut，以及用于过滤的filter方法等。而这些方法的具体实现对象则根据数据类型的不同，由相应的对象实现，例如ColumnString、ColumnArray和ColumnTuple等。在大多数场合，ClickHouse都会以整列的方式操作数据，但凡事也有例外。如果需要操作单个具体的数值（也就是单列中的一行数据），则需要使用Field对象，Field对象代表一个单值。与Column对象的泛化设计思路不同，Field对象使用了聚合的设计模式。在Field对象内部聚合了Null、UInt64、String和Array等13种数据类型及相应的处理逻辑。

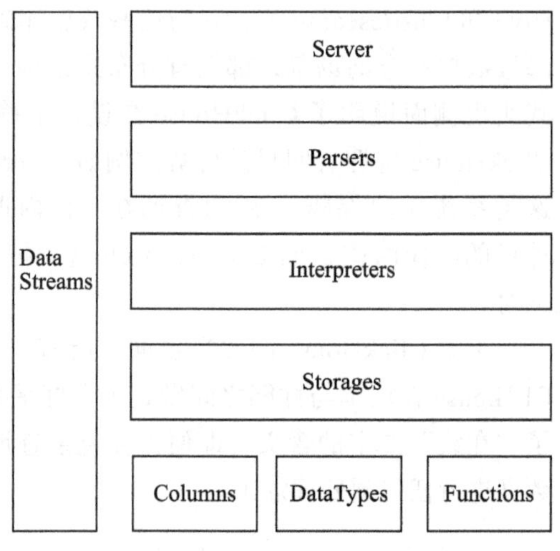

图2-2 ClickHouse架构设计中的核心模块

2.2.2 DataType

数据的序列化和反序列化工作由DataType负责。IDataType接口定义了许多正反序列化的方法，它们成对出现，例如serializeBinary和deserializeBinary、serializeTextJSON和deserializeTextJSON等，涵盖了常用的二进制、文本、JSON、XML、CSV和Protobuf等多种格式类型。IDataType 也使用了泛化的设计模式，具体方法的实现逻辑由对应数据类型的实例承载，例如 DataTypeString、DataTypeArray 及 DataTypeTuple 等。

DataType 虽然负责序列化相关工作，但它并不直接负责数据的读取，而是转由从 Column 或 Field 对象获取。在 DataType 的实现类中，聚合了相应数据类型的 Column 对象和 Field 对象。例如，DataTypeString 会引用字符串类型的 ColumnString，而 DataTypeArray 则会引用数组类型的 ColumnArray，以此类推。

2.2.3 Block 与 Block 流

ClickHouse 内部的数据操作是面向 Block 对象进行的，并且采用了流的形式。虽然 Column 和 Field 组成了数据的基本映射单元，但对应到实际操作，它们还缺少了一些必要的信息，比如数据的类型及列的名称。于是 ClickHouse 设计了 Block 对象，Block 对象可以看作数据表的子集。Block 对象的本质是由数据对象、数据类型和列名称组成的三元组，即 Column、DataType 及列名称字符串。Column 提供了数据的读取能力，而 DataType 知道如何正反序列化，所以 Block 在这些对象的基础之上实现了进一步的抽象和封装，从而简化了整个使用的过程，仅通过 Block 对象就能完成一系列的数据操作。在具体的实现过程中，Block 并没有直接聚合 Column 和 DataType 对象，而是通过 ColumnWithTypeAndName 对象进行间接引用。

有了 Block 对象这一层封装之后，对 Block 流的设计就是水到渠成的事情了。流操作有两组顶层接口：IBlockInputStream 负责数据的读取和关系运算，IBlockOutputStream 负责将数据输出到下一环节。Block 流也使用了泛化的设计模式，对数据的各种操作最终都会转换成其中一种流的实现。IBlockInputStream 接口定义了读取数据的若干个 read 虚方法，而具体的实现逻辑则交由它的实现类来填充。

IBlockInputStream 接口总共有 60 多个实现类，它们涵盖了 ClickHouse 数据摄取的方方面面。这些实现类大致可以分为三类：第一类用于处理数据定义的 DDL 操作，例如 DDLQueryStatusInputStream 等；第二类用于处理关系运算的相关操作，例如 LimitBlockInputStream、JoinBlockInputStream 及 AggregatingBlockInputStream 等；第三类则是与表引擎呼应，每一种表引擎都拥有与之对应的 BlockInputStream 实现，例如 MergeTreeBaseSelectBlockInputStream（MergeTree 表引擎）、TinyLogBlockInputStream（TinyLog 表引擎）及 KafkaBlockInputStream（Kafka 表引擎）等。

IBlockOutputStream 的设计与 IBlockInputStream 如出一辙。IBlockOutputStream 接口同样也定义了若干写入数据的 write 虚方法。它的实现类比 IBlockInputStream 要少许多，一共只有 20 多种。这些实现类基本用于表引擎的相关处理，负责将数据写入下一环节或者最终目的地，例如 MergeTreeBlockOutputStream 、TinyLogBlockOutputStream 及 StorageFileBlockOutputStream 等。

2.2.4 Table

在数据表的底层设计中并没有所谓的Table对象，它直接使用IStorage接口指代数据表。表引擎是ClickHouse的一个显著特性，不同的表引擎由不同的子类实现，例如IStorageSystemOneBlock（系统表）、StorageMergeTree（合并树表引擎）和StorageTinyLog（日志表引擎）等。IStorage接口定义了DDL（如ALTER、RENAME、OPTIMIZE和DROP等）、read和write方法，它们分别负责数据的定义、查询与写入。在数据查询时，IStorage负责根据AST查询语句的指示要求，返回指定列的原始数据。后续对数据的进一步加工、计算和过滤，则会统一交由Interpreter解释器对象处理。对Table发起的一次操作通常都会经历这样的过程，接收AST查询语句，根据AST返回指定列的数据，之后再将数据交由Interpreter做进一步处理。

2.2.5 Parser与Interpreter

Parser和Interpreter是非常重要的两组接口：Parser分析器负责创建AST对象；而Interpreter解释器则负责解释AST，并进一步创建查询的执行管道。它们与IStorage一起，串联起了整个数据查询的过程。Parser分析器可以将一条SQL语句以递归下降的方法解析成AST语法树的形式。不同的SQL语句，会经由不同的Parser实现类解析。例如，有负责解析DDL查询语句的ParserRenameQuery、ParserDropQuery和ParserAlterQuery解析器，也有负责解析INSERT语句的ParserInsertQuery解析器，还有负责SELECT语句的ParserSelectQuery等。

Interpreter解释器的作用就像Service服务层一样，起到串联整个查询过程的作用，它会根据解释器的类型，聚合它所需要的资源。首先它会解析AST对象；然后执行“业务逻辑”(例如分支判断、设置参数、调用接口等)；最终返回IBlock对象，以线程的形式建立起一个查询执行管道。

2.2.6 Functions与Aggregate Functions

ClickHouse主要提供两类函数——普通函数和聚合函数。普通函数由IFunction接口定义，拥有数十种函数实现，例如FunctionFormatDateTime、FunctionSubstring等。除了一些常见的函数（诸如四则运算、日期转换等）之外，也不乏一些非常实用的函数，例如网址提取函数、IP地址脱敏函数等。普通函数是没有状态的，函数效果作用于每行数据之上。当然，在函数具体执行的过程中，并不会一行一行地运算，而是采用向量化的方式直接作用于一整列数据。

聚合函数由IAggregateFunction接口定义，相比无状态的普通函数，聚合函数是有状态的。以COUNT聚合函数为例，其AggregateFunctionCount的状态使用整型UInt64记录。聚合函数的状态支持序列化与反序列化，所以能够在分布式节点之间进行传输，以实现增量计算。

2.2.7 Cluster 与 Replication

ClickHouse 的集群由分片（Shard）组成，而每个分片又通过副本（Replica）组成。这种分层的概念，在一些流行的分布式系统中十分普遍。例如，在 Elasticsearch 的概念中，一个索引由分片和副本组成，副本可以看作一种特殊的分片。如果一个索引由 5 个分片组成，副本的基数是 1，那么这个索引一共会拥有 10 个分片（每 1 个分片对应 1 个副本）。

如果你用同样的思路来理解 ClickHouse 的分片，那么很可能会在这里栽个跟头。ClickHouse 的某些设计总是显得独树一帜，而集群与分片就是其中之一。这里有几个与众不同的特性。

（1）ClickHouse 的 1 个节点只能拥有 1 个分片，也就是说如果要实现 1 分片、1 副本，则至少需要部署 2 个服务节点。

（2）分片只是一个逻辑概念，其物理承载还是由副本承担的。

代码清单 2-1 所示是 ClickHouse 的一份集群配置示例，从字面含义理解这份配置的语义，可以理解为自定义集群 ch_cluster 拥有 1 个 shard（分片）和 1 个 replica（副本），且该副本由 10.37.129.6 服务节点承载。

代码清单2-1　自定义集群ch_cluster的配置示例

```
<ch_cluster>
    <shard>
        <replica>
            <host>10.37.129.6</host>
            <port>9000</port>
        </replica>
    </shard>
</ch_cluster>
```

从本质上看，这组 1 分片、1 副本的配置在 ClickHouse 中只有 1 个物理副本，所以它正确的语义应该是 1 分片、0 副本。分片更像是逻辑层的分组，在物理存储层面则统一使用副本代表分片和副本。所以真正表示 1 分片、1 副本语义的配置，应该改为 1 个分片和 2 个副本，如代码清单 2-2 所示。

代码清单2-2　1分片、1副本的集群配置

```
<ch_cluster>
    <shard>
        <replica>
            <host>10.37.129.6</host>
            <port>9000</port>
        </replica>
        <replica>
            <host>10.37.129.7</host>
            <port>9000</port>
        </replica>
```

```
        </shard>
    </ch_cluster>
```

副本与分片将在第 10 章详细介绍。

2.3 ClickHouse 为何如此之快

很多用户心中一直会有这样的疑问，为什么 ClickHouse 这么快？前面的介绍对这个问题已经做出了科学合理的解释。比方说，因为 ClickHouse 是列式存储数据库，所以快；也因为 ClickHouse 使用了向量化引擎，所以快。这些解释都站得住脚，但是依然不能消除全部的疑问。因为这些技术并不是秘密，世面上有很多数据库同样使用了这些技术，但是依然没有 ClickHouse 这么快。所以我想从另外一个角度来探讨一番 ClickHouse 的秘诀到底是什么。

首先向各位读者抛出一个疑问：在设计软件架构的时候，做设计的原则应该是自顶向下地去设计，还是应该自下而上地去设计呢？在传统观念中，或者说在我的观念中，自然是自顶向下的设计，通常我们都被教导要做好顶层设计。而 ClickHouse 的设计则采用了自下而上的方式。ClickHouse 的原型系统早在 2008 年就诞生了，在诞生之初它并没有宏伟的规划。相反它的目的很单纯，就是希望能以最快的速度进行 GROUP BY 查询和过滤。他们是如何实践自下而上设计的呢？

2.3.1 着眼硬件，先想后做

首先从硬件功能层面着手设计，在设计伊始就至少需要想清楚如下几个问题。

- 我们将要使用的硬件水平是怎样的？包括 CPU、内存、硬盘、网络等。
- 在这样的硬件上，我们需要达到怎样的性能？包括延迟、吞吐量等。
- 我们准备使用怎样的数据结构？包括 String、HashTable、Vector 等。
- 选择的这些数据结构，在我们的硬件上会如何工作？

如果能想清楚上面这些问题，那么在动手实现功能之前，就已经能够计算出粗略的性能了。所以，基于将硬件功效最大化的目的，ClickHouse 会在内存中进行 GROUP BY，并且使用 HashTable 装载数据。与此同时，他们非常在意 CPU L3 级别的缓存，因为一次 L3 的缓存失效会带来 70～100ns 的延迟。这意味着在单核 CPU 上，它会浪费 4000 万次 / 秒的运算；而在一个 32 线程的 CPU 上，则可能会浪费 5 亿次 / 秒的运算。所以别小看这些细节，一点一滴地将它们累加起来，数据是非常可观的。正因为注意了这些细节，所以 ClickHouse 在基准查询中能做到 1.75 亿次 / 秒的数据扫描性能。

2.3.2 算法在前，抽象在后

常有人念叨："有时候，选择比努力更重要。"确实，路线选错了再努力也是白搭。在

ClickHouse 的底层实现中，经常会面对一些重复的场景，例如字符串子串查询、数组排序、使用 HashTable 等。如何才能实现性能的最大化呢？算法的选择是重中之重。以字符串为例，有一本专门讲解字符串搜索的书，名为“Handbook of Exact String Matching Algorithms”，列举了 35 种常见的字符串搜索算法。各位猜一猜 ClickHouse 使用了其中的哪一种？答案是一种都没有。这是为什么呢？因为性能不够快。在字符串搜索方面，针对不同的场景，ClickHouse 最终选择了这些算法：对于常量，使用 Volnitsky 算法；对于非常量，使用 CPU 的向量化执行 SIMD，暴力优化；正则匹配使用 re2 和 hyperscan 算法。性能是算法选择的首要考量指标。

2.3.3　勇于尝鲜，不行就换

除了字符串之外，其余的场景也与它类似，ClickHouse 会使用最合适、最快的算法。如果世面上出现了号称性能强大的新算法，ClickHouse 团队会立即将其纳入并进行验证。如果效果不错，就保留使用；如果性能不尽人意，就将其抛弃。

2.3.4　特定场景，特殊优化

针对同一个场景的不同状况，选择使用不同的实现方式，尽可能将性能最大化。关于这一点，其实在前面介绍字符串查询时，针对不同场景选择不同算法的思路就有体现了。类似的例子还有很多，例如去重计数 uniqCombined 函数，会根据数据量的不同选择不同的算法：当数据量较小的时候，会选择 Array 保存；当数据量中等的时候，会选择 HashSet；而当数据量很大的时候，则使用 HyperLogLog 算法。

对于数据结构比较清晰的场景，会通过代码生成技术实现循环展开，以减少循环次数。接着就是大家熟知的大杀器——向量化执行了。SIMD 被广泛地应用于文本转换、数据过滤、数据解压和 JSON 转换等场景。相较于单纯地使用 CPU，利用寄存器暴力优化也算是一种降维打击了。

2.3.5　持续测试，持续改进

如果只是单纯地在上述细节上下功夫，还不足以构建出如此强大的 ClickHouse，还需要拥有一个能够持续验证、持续改进的机制。由于 Yandex 的天然优势，ClickHouse 经常会使用真实的数据进行测试，这一点很好地保证了测试场景的真实性。与此同时，ClickHouse 也是我见过的发版速度最快的开源软件了，差不多每个月都能发布一个版本。没有一个可靠的持续集成环境，这一点是做不到的。正因为拥有这样的发版频率，ClickHouse 才能够快速迭代、快速改进。

所以 ClickHouse 的黑魔法并不是一项单一的技术，而是一种自底向上的、追求极致性能的设计思路。这就是它如此之快的秘诀。

2.4 本章小结

本章我们快速浏览了世界第三大Web流量分析平台Yandex.Metrica背后的支柱ClickHouse的核心特性和逻辑架构。通过对核心特性部分的展示，ClickHouse如此强悍的缘由已初见端倪，列式存储、向量化执行引擎和表引擎都是它的撒手锏。在架构设计部分，则进一步展示了ClickHouse的一些设计思路，例如Column、Field、Block和Cluster。了解这些设计思路，能够帮助我们更好地理解和使用ClickHouse。最后又从另外一个角度探讨了ClickHouse如此之快的秘诀。下一章将介绍如何安装、部署ClickHouse。

第 3 章 Chapter 3

安装与部署

古人云，“工欲善其事，必先利其器也”。在正式介绍ClickHouse具体功能之前，首先需要搭建它的运行环境。相较于Hadoop生态中的一些系统，ClickHouse的安装显得尤为简单，它自成一体，在单节点的情况下不需要额外的系统依赖（集群需要使用ZooKeeper，这将在第10章介绍）。在本章中，我们将会了解到ClickHouse安装和部署的相关知识。

3.1 ClickHouse的安装过程

ClickHouse支持运行在主流64位CPU架构（X86、AArch和PowerPC）的Linux操作系统之上，可以通过源码编译、预编译压缩包、Docker镜像和RPM等多种方法进行安装。由于篇幅有限，本节着重讲解离线RPM的安装方法。更多的安装方法请参阅官方手册，此处不再赘述。

3.1.1 环境准备

在这个示例中，演示服务器的操作系统为CentOS 7.7，而ClickHouse选用19.17.4.11版本。在正式安装之前，我们还需要做一些准备工作。

1. 下载RPM安装包

用于安装的RPM包可以从下面两个仓库中任选一个进行下载：

```
https://repo.yandex.ru/clickhouse/rpm/stable/x86_64/
https://packagecloud.io/altinity/clickhouse
```

需要下载以下4个安装包文件：

```
clickhouse-client-19.17.4.11-1.el7.x86_64.rpm
clickhouse-common-static-19.17.4.11-1.el7.x86_64.rpm
clickhouse-server-19.17.4.11-1.el7.x86_64.rpm
clickhouse-server-common-19.17.4.11-1.el7.x86_64.rpm
```

2. 关闭防火墙并检查环境依赖

首先，考虑到后续的集群部署，通常建议关闭本机的防火墙，在CentOS 7下关闭防火墙的方法如下：

```
--关闭防火墙
systemctl stop firewalld.service
--禁用开机启动项
systemctl disable firewalld.service
```

接着，需要验证当前服务器的CPU是否支持SSE 4.2指令集，因为向量化执行需要用到这项特性：

```
# grep -q sse4_2 /proc/cpuinfo && echo "SSE 4.2 supported" || echo "SSE 4.2 not supported"
SSE 4.2 supported
```

如果不支持SSE指令集，则不能直接使用先前下载的预编译安装包，需要通过源码编译特定的版本进行安装。

3. 设置FQDN

现在需要为服务器设置FQDN：

```
# hostnamectl --static set-hostname ch5.nauu.com
```

验证修改是否生效：

```
# hostname -f
ch5.nauu.com
```

最后需要配置hosts文件，配置后的效果如下：

```
# cat /etc/hosts
……
10.37.129.10 ch5.nauu.com  ch5
```

3.1.2 安装ClickHouse

1. 安装执行

假设已经将待安装的RPM文件上传到了服务器的/chbase/setup路径下，此时进入该目录：

```
# cd /chbase/setup
```

执行如下命令后即可安装RPM文件：

```
# rpm -ivh ./*.rpm
Preparing...                          ################################# [100%]
Updating / installing...
    1:clickhouse-server-common-19.17.4.################################# [ 25%]
    2:clickhouse-common-static-19.17.4.################################# [ 50%]
    3:clickhouse-server-19.17.4.11-1.el################################# [ 75%]
Create user clickhouse.clickhouse with datadir /var/lib/clickhouse
    4:clickhouse-client-19.17.4.11-1.el################################# [100%]
Create user clickhouse.clickhouse with datadir /var/lib/clickhouse
```

因为是离线安装，在安装的过程中可能会出现缺少依赖包的情况，例如：

```
error: Failed dependencies:
    libicudata.so.42()(64bit) is needed by ……
```

此时需要将这些缺失的依赖补齐。

2. 目录结构

程序在安装的过程中会自动构建整套目录结构，接下来分别说明它们的作用。

首先是核心目录部分：

（1）/etc/clickhouse-server：服务端的配置文件目录，包括全局配置 config.xml 和用户配置 users.xml 等。

（2）/var/lib/clickhouse：默认的数据存储目录（通常会修改默认路径配置，将数据保存到大容量磁盘挂载的路径）。

（3）/var/log/clickhouse-server：默认保存日志的目录（通常会修改路径配置，将日志保存到大容量磁盘挂载的路径）。

接着是配置文件部分：

（1）/etc/security/limits.d/clickhouse.conf：文件句柄数量的配置，默认值如下所示。

```
# cat /etc/security/limits.d/clickhouse.conf
clickhouse      soft    nofile  262144
clickhouse      hard    nofile  262144
```

该配置也可以通过 config.xml 的 max_open_files 修改。

（2）/etc/cron.d/clickhouse-server：cron 定时任务配置，用于恢复因异常原因中断的 ClickHouse 服务进程，其默认的配置如下。

```
# cat /etc/cron.d/clickhouse-server
# */10 * * * * root (which service > /dev/null 2>&1 && (service clickhouse-server
  condstart ||:)) || /etc/init.d/clickhouse-server condstart > /dev/null 2>&1
```

可以看到，在默认的情况下，每隔 10 分钟就会使用 condstart 尝试启动一次 ClickHouse 服务，而 condstart 命令的启动逻辑如下所示。

```
is_running || service_or_func start
```

如果 ClickHouse 服务正在运行，则跳过；如果没有运行，则通过 start 启动。

最后是一组在 /usr/bin 路径下的可执行文件：

（1）clickhouse：主程序的可执行文件。

（2）clickhouse-client：一个指向 ClickHouse 可执行文件的软链接，供客户端连接使用。

（3）clickhouse-server：一个指向 ClickHouse 可执行文件的软链接，供服务端启动使用。

（4）clickhouse-compressor：内置提供的压缩工具，可用于数据的正压反解。

3. 启动服务

在启动服务之前，建议修改默认的数据保存目录，将它切换到大容量磁盘挂载的路径。打开 config.xml 配置文件，修改数据保存的地址：

```
<path>/chbase/data/</path>
<tmp_path>/chbase/data/tmp/</tmp_path>
<user_files_path>/chbase/data/user_files/</user_files_path>
```

正因为修改了默认的存储路径，所以需要将该目录的 Owner 设置为 clickhouse 用户：

```
# chown clickhouse.clickhouse  /chbase/data/ -R
```

clickhouse 用户由安装程序自动创建，启动脚本会基于此用户启动服务。

在上述准备工作全部完成之后，就可以启动 ClickHouse 了。有两种启动方式：

首先是基于默认配置启动，其启动命令如下。

```
# service clickhouse-server start
Start clickhouse-server service: Path to data directory in /etc/clickhouse-
    server/config.xml: /chbase/data/
DONE
```

在这种启动方式下，会默认读取 /etc/clickhouse-server/config.xml 配置文件。

其次是基于指定配置启动，在这种方式下需要手动切换到 clickhouse 用户启动。

```
# su clickhouse
This account is currently not available.
```

如果切换用户出现了上述的异常情况，这是由于 clickhouse 用户当前还未激活导致，可用如下命令将其激活：

```
# usermod -s /bin/bash clickhouse
```

再次切换到 clickhouse 用户并基于指定配置启动：

```
# clickhouse-server --config-file=/etc/clickhouse-server/config-ch5.xml
```

在启动成功之后，就可以使用客户端测试连接了：

```
# clickhouse-client
ClickHouse client version 19.17.4.11.
```

```
Connecting to localhost:9000 as user default.
:) show databases;
┌─name────────┐
│ default     │
│ system      │
└─────────────┘
2 rows in set. Elapsed: 0.001 sec.
```

至此，单节点的安装过程就全部完成了。如果需要安装新的节点，重复上述安装过程即可。在新节点安装完成之后，记得在 /etc/hosts 中添加每台服务器节点的 FQDN，例如：

```
# cat /etc/hosts
……
10.37.129.10 ch5.nauu.com  ch5
--新节点
10.37.129.13 ch6.nauu.com  ch6
```

4. 版本升级

在使用离线 RPM 安装包安装后，可以直接通过 rpm 命令升级：

```
# cd /chbase/setup
# rpm -Uvh ./*.rpm
Preparing...                          ################################# [100%]
……
```

在升级的过程中，原有的 config.xml 等配置均会被保留。基于其他安装方法的升级方案，请参阅官方手册。

3.2 客户端的访问接口

ClickHouse 的底层访问接口支持 TCP 和 HTTP 两种协议，其中，TCP 协议拥有更好的性能，其默认端口为 9000，主要用于集群间的内部通信及 CLI 客户端；而 HTTP 协议则拥有更好的兼容性，可以通过 REST 服务的形式被广泛用于 JAVA、Python 等编程语言的客户端，其默认端口为 8123。通常而言，并不建议用户直接使用底层接口访问 ClickHouse，更为推荐的方式是通过 CLI 和 JDBC 这些封装接口，因为它们更加简单易用。

3.2.1 CLI

CLI（Command Line Interface）即命令行接口，其底层是基于 TCP 接口进行通信的，是通过 clickhouse-client 脚本运行的。它拥有两种执行模式。

1. 交互式执行

交互式执行可以广泛用于调试、运维、开发和测试等场景，它的使用方法是直接运行 clickhouse-client 进行登录，具体如下所示：

```
# clickhouse-client
ClickHouse client version 19.17.4.11.
Connecting to localhost:9000 as user default.
Connected to ClickHouse server version 19.17.4 revision 54428.
```

在登录之后，便可以使用 SQL 进行一问一答的交互式查询了，例如：

```
SELECT bar(number,0,4) FROM numbers(4)
```

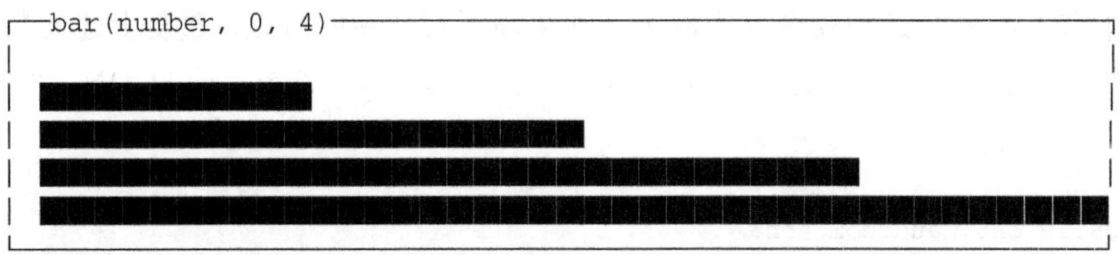

通过交互式执行的 SQL 语句，相关查询结果会统一被记录到 ~/.clickhouse-client-history 文件，该记录可以作为审计之用，例如：

```
# cat ~/.clickhouse-client-history
show database;
show databases;
SELECT bar(number,0,10) FROM numbers(10)
```

可以看到，执行记录的顺序是由下至上，从新到旧。

2. 非交互式执行

非交互式模式主要用于批处理场景，诸如对数据的导入和导出等操作。在执行脚本命令时，需要追加 --query 参数指定执行的 SQL 语句。在导入数据时，它可以接收操作系统的 stdin 标准输入作为写入的数据源。例如以文件作为数据源：

```
# cat /chbase/test_fetch.tsv | clickhouse-client --query "INSERT INTO test_fetch FORMAT TSV"
```

cat 命令读取的文件流，将会作为 INSERT 查询的数据输入。而在数据导出时，则可以将输出流重定向到文件：

```
# clickhouse-client --query="SELECT * FROM test_fetch" > /chbase/test_fetch.tsv
```

在上述脚本执行后，SELECT 查询的结果集将输出到 test_fetch.tsv 文件。

在默认的情况下，clickhouse-client 一次只能运行一条 SQL 语句，如果需要执行多次查询，则需要在循环中重复执行，这显然不是一种高效的方式。此时可以追加 --multiquery 参数，它可以支持一次运行多条 SQL 查询，多条查询语句之间使用分号间隔，例如：

```
# clickhouse-client -h 10.37.129.10 --multiquery --query="SELECT 1;SELECT 2;SELECT 3;"
1
2
3
```

多条 SQL 的查询结果集会依次按顺序返回。

3. 重要参数

除了上述两种运行模式之外，这里再列举一些 clickhouse-client 的重要参数，它们分别是：

（1）--host / -h：服务端的地址，默认值为 localhost。如果修改了 config.xml 内的 listen_host，则需要依靠此参数指定服务端地址，例如下面所示的代码。

```
# clickhouse-client -h 10.37.129.10
```

（2）--port：服务端的 TCP 端口，默认值为 9000。如果要修改 config.xml 内的 tcp_port，则需要使用此参数指定。

（3）--user / -u：登录的用户名，默认值为 default。如果使用非 default 的其他用户名登录，则需要使用此参数指定，例如下面所示代码。关于自定义用户的介绍将在第 11 章展开。

```
# clickhouse-client -h 10.37.129.10 -u user_test
```

（4）--password：登录的密码，默认值为空。如果在用户定义中未设置密码，则不需要填写（例如默认的 default 用户）。

（5）--database / -d：登录的数据库，默认值为 default。

（6）--query / -q：只能在非交互式查询时使用，用于指定 SQL 语句。

（7）--multiquery / -n：在非交互式执行时，允许一次运行多条 SQL 语句，多条语句之间以分号间隔。

（8）--time / -t：在非交互式执行时，会打印每条 SQL 的执行时间，例如下面所示代码。

```
# clickhouse-client -h 10.37.129.10 -n -t --query="SELECT 1;SELECT 2;"
  1
  0.002
  2
  0.001
```

完整的参数列表，可以通过 --help 查阅。

3.2.2 JDBC

ClickHouse 支持标准的 JDBC 协议，底层基于 HTTP 接口通信。使用下面的 Maven 依赖，即可为 Java 程序引入官方提供的数据库驱动包：

```
<dependency>
    <groupId>ru.yandex.clickhouse</groupId>
    <artifactId>clickhouse-jdbc</artifactId>
    <version>0.2.4</version>
</dependency>
```

该驱动有两种使用方式。

1. 标准形式

标准形式是我们常用的方式，通过 JDK 原生接口获取连接，其关键参数如下：

- JDBC Driver Class 为 ru.yandex.clickhouse.ClickHouseDriver;
- JDBC URL 为 jdbc:clickhouse://<host>:<port>[/<database>]。

接下来是一段伪代码用例：

```
// 初始化驱动
Class.forName("ru.yandex.clickhouse.ClickHouseDriver");
// url
String url = "jdbc:clickhouse://ch5.nauu.com:8123/default";
// 用户名密码
String user = "default";
String password = "";
// 登录
Connection con = DriverManager.getConnection(url, username, password);
Statement stmt = con.createStatement();
// 查询
ResultSet rs = stmt.executeQuery("SELECT 1");
rs.next();
System.out.printf("res "+rs.getInt(1));
```

2. 高可用模式

高可用模式允许设置多个 host 地址，每次会从可用的地址中随机选择一个进行连接，其 URL 声明格式如下：

```
jdbc:clickhouse://<first-host>:<port>,<second-host>:<port>[,…]/<database>
```

在高可用模式下，需要通过 BalancedClickhouseDataSource 对象获取连接，接下来是一段伪代码用例：

```
//多个地址使用逗号分隔
String url1 = "jdbc:clickhouse://ch8.nauu.com:8123,ch5.nauu.com:8123/default";
//设置JDBC参数
ClickHouseProperties clickHouseProperties = new ClickHouseProperties();
clickHouseProperties.setUser("default");
//声明数据源
BalancedClickhouseDataSource balanced = new BalancedClickhouseDataSource(url1,
    clickHouseProperties);

//对每个host进行ping操作，排除不可用的dead连接
balanced.actualize();
//获得JDBC连接
Connection con = balanced.getConnection();
Statement stmt = con.createStatement();

//查询
ResultSet rs = stmt.executeQuery("SELECT 1 , hostName()");
```

```
rs.next();
System.out.println("res "+rs.getInt(1)+","+rs.getString(2));
```

由于篇幅所限，所以本小节只介绍了两个典型的封装接口，即 CLI（基于 TCP）和 JDBC（基于 HTTP）。但 ClickHouse 的访问接口并不仅限于此，它还拥有原生的 C++、ODBC 接口及众多第三方的集成接口（Python、NodeJS、Go、PHP 等），如果想进一步了解可参阅官方手册。

3.3　内置的实用工具

ClickHouse 除了提供基础的服务端与客户端程序之外，还内置了 clickhouse-local 和 clickhouse-benchmark 两种实用工具，现在分别说明它们的作用。

3.3.1　clickhouse-local

clickhouse-local 可以独立运行大部分 SQL 查询，不需要依赖任何 ClickHouse 的服务端程序，它可以理解成是 ClickHouse 服务的单机版微内核，是一个轻量级的应用程序。clickhouse-local 只能够使用 File 表引擎（关于表引擎的更多介绍在后续章节展开），它的数据与同机运行的 ClickHouse 服务也是完全隔离的，相互之间并不能访问。

clickhouse-local 是非交互式运行的，每次执行都需要指定数据来源，例如通过 stdin 标准输入，以 echo 打印作为数据来源：

```
# echo -e "1\n2\n3" | clickhouse-local -q "CREATE TABLE test_table (id Int64)
  ENGINE = File(CSV, stdin); SELECT id FROM test_table;"
1
2
3
```

也可以借助操作系统的命令，实现对系统用户内存用量的查询：

```
# ps aux | tail -n +2 | awk '{ printf("%s\t%s\n", $1, $4) }' | clickhouse-
  local -S "user String, memory Float64" -q "SELECT user, round(sum(memory), 2)
  as memoryTotal FROM table GROUP BY user ORDER BY memoryTotal DESC FORMAT Pretty"
```

user	memoryTotal
nauu	42.7
root	20.4
clickho+	1.8

clickhouse-local 的核心参数如下所示：

（1）-S / --structure：表结构的简写方式，例如以下两种声明的效果是相同的。

```
--使用-S简写
clickhouse-local -S "id Int64"
--使用DDL
clickhouse-local -q "CREATE TABLE test_table (id Int64) ENGINE = File(CSV, stdin)"
```

（2）-N / --table：表名称，默认值是 table，例如下面的代码。

```
clickhouse-local -S "id Int64" -N "test_table" -q "SELECt id FROM test_table"
```

（3） if / --input-format：输入数据的格式，默认值是 TSV，例如下面的代码。

```
echo -e "1\n2\n3" | clickhouse-local -S "id Int64" -if "CSV" -N "test_table"
```

（4）-f / --file：输入数据的地址，默认值是 stdin 标准输入。

（5）-q / --query：待执行的 SQL 语句，多条语句之间以分号间隔。

完整的参数列表可以通过 --help 查阅。

3.3.2 clickhouse-benchmark

clickhouse-benchmark 是基准测试的小工具，它可以自动运行 SQL 查询，并生成相应的运行指标报告，例如执行下面的语句启动测试：

```
# echo "SELECT * FROM system.numbers LIMIT 100" | clickhouse-benchmark -i 5
    Loaded 1 queries.
```

执行之后，按照指定的参数该查询会执行 5 次：

```
Queries executed: 5.
```

执行完毕后，会出具包含 QPS、RPS 等指标信息的报告：

```
localhost:9000, queries 5, QPS: 1112.974, RPS: 111297.423, MiB/s: 0.849, result
RPS: 111297.423, result MiB/s: 0.849.
```

还会出具各百分位的查询执行时间：

```
0.000%          0.001 sec.
10.000%         0.001 sec.
20.000%         0.001 sec.
30.000%         0.001 sec.
40.000%         0.001 sec.
50.000%         0.001 sec.
60.000%         0.001 sec.
70.000%         0.001 sec.
80.000%         0.001 sec.
90.000%         0.001 sec.
95.000%         0.001 sec.
99.000%         0.001 sec.
```

```
99.900%          0.001 sec.
99.990%          0.001 sec.
```

可以指定多条SQL进行测试，此时需要将SQL语句定义在文件中：

```
# cat ./multi-sqls
SELECT * FROM system.numbers LIMIT 100
SELECT * FROM system.numbers LIMIT 200
```

在multi-sqls文件内定义了两条SQL，按照定义的顺序它们会依次执行：

```
# clickhouse-benchmark -i 5 < ./multi-sqls
Loaded 2 queries.
……
```

接下来列举clickhouse-benchmark的一些核心参数：

（1）-i / --iterations：SQL查询执行的次数，默认值是0。

（2）-c / --concurrency：同时执行查询的并发数，默认值是1。

（3）-r / --randomize：在执行多条SQL语句的时候，按照随机顺序执行，例如下面的语句。

```
clickhouse-benchmark -r 1 -i 5  < ./multi-sqls
```

（4）-h / --host：服务端地址，默认值是localhost。clickhouse-benchmark支持对比测试，此时需要通过此参数声明两个服务端的地址，例如下面的语句。

```
# echo "SELECT * FROM system.numbers LIMIT 100" | clickhouse-benchmark -i 5
-h localhost -h localhost
    Loaded 1 queries.
    Queries executed: 5.
```

在这个用例中，使用-h参数指定了两个相同的服务地址（在真实场景中应该声明两个不同的服务），基准测试会分别执行2次，生成相应的指标报告：

```
--第一个服务
localhost:9000, queries 2, QPS: 848.154, RPS: 84815.412, MiB/s: 0.647, result
    RPS: 84815.412, result MiB/s: 0.647.
--第二个服务
localhost:9000, queries 3, QPS: 1147.579, RPS: 114757.949, MiB/s: 0.876, result
    RPS: 114757.949, result MiB/s: 0.876.
```

在对比测试中，clickhouse-benchmark会通过抽样的方式比较两组查询指标的差距，在默认的情况下，置信区间为99.5%：

```
0.000%          0.001 sec.      0.001 sec.
10.000%         0.001 sec.      0.001 sec.
20.000%         0.001 sec.      0.001 sec.
......
99.990%         0.001 sec.      0.001 sec.

No difference proven at 99.5% confidence
```

由于在这个示例中指定的两个对比服务相同，所以在 99.5% 置信区间下它们没有区别。

（5）--confidence：设置对比测试中置信区间的范围，默认值是 5(99.5%)，它的取值范围有 0(80%)、1(90%)、2(95%)、3(98%)、4(99%) 和 5(99.5%)。

完整的参数列表，可以通过 --help 查阅。

3.4 本章小结

本章首先介绍了基于离线 RPM 包安装 ClickHouse 的整个过程。接着介绍了 ClickHouse 的两种访问接口，其中 TCP 端口拥有更好的访问性能，而 HTTP 端口则拥有更好的兼容性。但是在日常应用的过程中，更推荐使用基于它们之上实现的封装接口。所以接下来，我们又分别介绍了两个典型的封装接口，其中 CLI 接口是基于 TCP 封装的，它拥有交互式和非交互式两种运行模式。而 JDBC 接口是基于 HTTP 封装的，是一种标准的数据库访问接口。最后介绍了 ClickHouse 内置的几种实用工具。从下一章开始将正式介绍 ClickHouse 的功能，首先会从数据定义开始。

第4章 Chapter 4

数据定义

对于一款可以处理海量数据的分析系统而言，支持DML查询实属难能可贵。有人曾笑言：解决问题的最好方法就是恰好不需要。在海量数据的场景下，许多看似简单的操作也会变得举步维艰，所以一些系统会选择做减法以规避一些难题。而ClickHouse支持较完备的DML语句，包括INSERT、SELECT、UPDATE和DELETE。虽然UPDATE和DELETE可能存在性能问题，但这些能力的提供确实丰富了各位架构师手中的筹码，在架构设计时也能多几个选择。

作为一款完备的DBMS（数据库管理系统），ClickHouse提供了DDL与DML的功能，并支持大部分标准的SQL。也正因如此，ClickHouse十分容易入门。如果你是一个拥有其他数据库（如MySQL）使用经验的老手，通过上一章的介绍，在搭建好数据库环境之后，再凭借自身经验摸索几次，很快就能够上手使用ClickHouse了。但是作为一款异军突起的OLAP数据库黑马，ClickHouse有着属于自己的设计目标，高性能才是它的根本，所以也不能完全以对传统数据库的理解度之。比如，ClickHouse在基础数据类型方面，虽然相比常规数据库更为精练，但同时它又提供了实用的复合数据类型，而这些是常规数据库所不具备的。再比如，ClickHouse所提供的DDL与DML查询，在部分细节上也与其他数据库有所不同（例如UPDATE和DELETE是借助ALTER变种实现的）。

所以系统学习并掌握ClickHouse中数据定义的方法是很有必要的，这能够帮助我们更深刻地理解和使用ClickHouse。本章将详细介绍ClickHouse的数据类型及DDL的相关操作，在章末还会讲解部分DML操作。

4.1 ClickHouse的数据类型

作为一款分析型数据库，ClickHouse提供了许多数据类型，它们可以划分为基础类型、复合类型和特殊类型。其中基础类型使 ClickHouse 具备了描述数据的基本能力，而另外两种类型则使 ClickHouse 的数据表达能力更加丰富立体。

4.1.1 基础类型

基础类型只有数值、字符串和时间三种类型，没有 Boolean 类型，但可以使用整型的 0 或 1 替代。

1. 数值类型

数值类型分为整数、浮点数和定点数三类，接下来分别进行说明。

1）Int

在普遍观念中，常用 Tinyint、Smallint、Int 和 Bigint 指代整数的不同取值范围。而 ClickHouse 则直接使用 Int8、Int16、Int32 和 Int64 指代 4 种大小的 Int 类型，其末尾的数字正好表明了占用字节的大小（8 位 =1 字节），具体信息如表 4-1 所示。

表 4-1 有符号整数类型的具体信息

名 称	大小（字节）	范 围	普遍观念
Int8	1	-128 到 127	Tinyint
Int16	2	-32768 到 32767	Smallint
Int32	4	-2147483648 到 2147483647	Int
Int64	8	-9223372036854775808 到 9223372036854775807	Bigint

ClickHouse 支持无符号的整数，使用前缀 U 表示，具体信息如表 4-2 所示。

表 4-2 无符号整数类型的具体信息

名 称	大小（字节）	范 围	普遍观念
UInt8	1	0 到 255	Tinyint Unsigned
UInt16	2	0 到 65535	Smallint Unsigned
UInt32	4	0 到 4294967295	Int Unsigned
UInt64	8	0 到 18446744073709551615	Bigint Unsigned

2）Float

与整数类似，ClickHouse 直接使用 Float32 和 Float64 代表单精度浮点数以及双精度浮点数，具体信息如表 4-3 所示。

表 4-3 浮点数类型的具体信息

名 称	大小（字节）	有效精度（位数）	普遍概念
Float32	4	7	Float
Float64	8	16	Double

在使用浮点数的时候，应当要意识到它是有限精度的。假如，分别对Float32和Float64写入超过有效精度的数值，下面我们看看会发生什么。例如，将拥有20位小数的数值分别写入Float32和Float64，此时结果就会出现数据误差：

```
:) SELECT toFloat32('0.12345678901234567890') as a , toTypeName(a)
┌──────────a─┬─toTypeName(toFloat32('0.12345678901234567890'))─┐
│ 0.12345679 │ Float32                                          │
└────────────┴──────────────────────────────────────────────────┘

:) SELECT toFloat64('0.12345678901234567890') as a , toTypeName(a)
┌───────────────────a─┬─toTypeName(toFloat64('0.12345678901234567890'))─┐
│ 0.12345678901234568 │ Float64                                          │
└─────────────────────┴──────────────────────────────────────────────────┘
```

可以发现，Float32从小数点后第8位起及Float64从小数点后第17位起，都产生了数据溢出。

ClickHouse的浮点数支持正无穷、负无穷以及非数字的表达方式。

正无穷：

```
:) SELECT 0.8/0
┌─divide(0.8, 0)─┐
│ inf            │
└────────────────┘
```

负无穷：

```
:) SELECT -0.8/0
┌─divide(-0.8, 0)─┐
│ -inf            │
└─────────────────┘
```

非数字：

```
:) SELECT 0/0
┌─divide(0, 0)─┐
│ nan          │
└──────────────┘
```

3）Decimal

如果要求更高精度的数值运算，则需要使用定点数。ClickHouse提供了Decimal32、Decimal64和Decimal128三种精度的定点数。可以通过两种形式声明定点：简写方式有Decimal32(S)、Decimal64(S)、Decimal128(S)三种，原生方式为Decimal(P，S)，其中：

- P代表精度，决定总位数（整数部分+小数部分），取值范围是1～38；
- S代表规模，决定小数位数，取值范围是0～P。

简写方式与原生方式的对应关系如表4-4所示。

表 4-4 定点数类型的具体信息

名 称	等效声明	范 围
Decimal32(S)	Decimal(1 ~ 9 ,S)	-1 * 10^(9-S) 到 1 * 10^(9-S)
Decimal64(S)	Decimal (10 ~ 18 ,S)	-1 * 10^(18-S) 到 1 * 10^(18-S)
Decimal128(S)	Decimal (19 ~ 38 ,S)	-1 * 10^(38-S) 到 1 * 10^(38-S)

在使用两个不同精度的定点数进行四则运算的时候，它们的小数点位数 S 会发生变化。在进行加法运算时，S 取最大值。例如下面的查询，toDecimal64(2,4) 与 toDecimal32(2,2) 相加后 S=4：

```
:) SELECT toDecimal64(2,4) + toDecimal32(2,2)

┌─plus(toDecimal64(2, 4), toDecimal32(2, 2))─┐
│ 4.0000                                     │
└────────────────────────────────────────────┘
```

在进行减法运算时，其规则与加法运算相同，S 同样会取最大值。例如 toDecimal32(4,4) 与 toDecimal64(2,2) 相减后 S=4：

```
:) SELECT toDecimal32(4,4) - toDecimal64(2,2)
┌─minus(toDecimal32(4, 4), toDecimal64(2, 2))─┐
│ 2.0000                                      │
└─────────────────────────────────────────────┘
```

在进行乘法运算时，S 取两者 S 之和。例如下面的查询，toDecimal64(2,4) 与 toDecimal32(2,2) 相乘后 S=4+2=6：

```
:) SELECT toDecimal64(2,4) * toDecimal32(2,2)
┌─multiply(toDecimal64(2, 4), toDecimal32(2, 2))─┐
│ 4.000000                                       │
└────────────────────────────────────────────────┘
```

在进行除法运算时，S 取被除数的值，此时要求被除数 S 必须大于除数 S，否则会报错。例如 toDecimal64(2,4) 与 toDecimal32(2,2) 相除后 S=4：

```
:) SELECT toDecimal64(2,4) / toDecimal32(2,2)
┌─divide(toDecimal64(2, 4), toDecimal32(2, 2))─┐
│ 1.0000                                       │
└──────────────────────────────────────────────┘
```

最后进行一番总结：对于不同精度定点数之间的四则运算，其精度 S 的变化会遵循表 4-5 所示的规则。

表 4-5 定点数四则运算后，精度变化的规则

名 称	规 则
加法	S = max(S1, S2)

（续）

名　称	规　则
减法	S = max(S1, S2)
乘法	S = S1 + S2
除法	S = S1(S1 为被除数,S1/S2)(S1 范围 >=S2 范围)

在使用定点数时还有一点值得注意：由于现代计算器系统只支持 32 位和 64 位 CPU，所以 Decimal128 是在软件层面模拟实现的，它的速度会明显慢于 Decimal32 与 Decimal64。

2. 字符串类型

字符串类型可以细分为 String、FixedString 和 UUID 三类。从命名来看仿佛不像是由一款数据库提供的类型，反而更像是一门编程语言的设计。

1）String

字符串由 String 定义，长度不限。因此在使用 String 的时候无须声明大小。它完全代替了传统意义上数据库的 Varchar、Text、Clob 和 Blob 等字符类型。String 类型不限定字符集，因为它根本就没有这个概念，所以可以将任意编码的字符串存入其中。但是为了程序的规范性和可维护性，在同一套程序中应该遵循使用统一的编码，例如"统一保持 UTF-8 编码"就是一种很好的约定。

2）FixedString

FixedString 类型和传统意义上的 Char 类型有些类似，对于一些字符有明确长度的场合，可以使用固定长度的字符串。定长字符串通过 FixedString(N) 声明，其中 N 表示字符串长度。但与 Char 不同的是，FixedString 使用 null 字节填充末尾字符，而 Char 通常使用空格填充。比如在下面的例子中，字符串 'abc' 虽然只有 3 位，但长度却是 5，因为末尾有 2 位空字符填充：

```
:) SELECT toFixedString('abc',5) , LENGTH(toFixedString('abc',5)) AS LENGTH
┌─toFixedString('abc', 5)─┬─LENGTH─┐
│ abc                     │ 5      │
└─────────────────────────┴────────┘
```

3）UUID

UUID 是一种数据库常见的主键类型，在 ClickHouse 中直接把它作为一种数据类型。UUID 共有 32 位，它的格式为 8-4-4-4-12。如果一个 UUID 类型的字段在写入数据时没有被赋值，则会依照格式使用 0 填充，例如：

```
CREATE TABLE UUID_TEST (
    c1 UUID,
    c2 String
) ENGINE = Memory;
--第一行UUID有值
INSERT INTO UUID_TEST SELECT generateUUIDv4(),'t1'
```

```
--第二行UUID没有值
INSERT INTO UUID_TEST(c2) VALUES('t2')

:) SELECT * FROM UUID_TEST
┌─────────────────────────────────c1─┬─c2─┐
│ f36c709e-1b73-4370-a703-f486bdd22749 │ t1 │
└──────────────────────────────────────┴────┘
┌─────────────────────────────────c1─┬─c2─┐
│ 00000000-0000-0000-0000-000000000000 │ t2 │
└──────────────────────────────────────┴────┘
```

可以看到，第二行没有被赋值的UUID被0填充了。

3. 时间类型

时间类型分为DateTime、DateTime64和Date三类。ClickHouse目前没有时间戳类型。时间类型最高的精度是秒，也就是说，如果需要处理毫秒、微秒等大于秒分辨率的时间，则只能借助UInt类型实现。

1）DateTime

DateTime类型包含时、分、秒信息，精确到秒，支持使用字符串形式写入：

```
CREATE TABLE Datetime_TEST (
    c1 Datetime
) ENGINE = Memory
--以字符串形式写入
INSERT INTO Datetime_TEST VALUES('2019-06-22 00:00:00')

 SELECT c1, toTypeName(c1) FROM Datetime_TEST
┌──────────────────c1─┬─toTypeName(c1)─┐
│ 2019-06-22 00:00:00 │ DateTime       │
└─────────────────────┴────────────────┘
```

2）DateTime64

DateTime64可以记录亚秒，它在DateTime之上增加了精度的设置，例如：

```
CREATE TABLE Datetime64_TEST (
    c1 Datetime64(2)
) ENGINE = Memory
--以字符串形式写入
INSERT INTO Datetime64_TEST VALUES('2019-06-22 00:00:00')

 SELECT c1, toTypeName(c1) FROM Datetime64_TEST
┌─────────────────────c1─┬─toTypeName(c1)─┐
│ 2019-06-22 00:00:00.00 │ DateTime 64(2) │
└────────────────────────┴────────────────┘
```

3）Date

Date类型不包含具体的时间信息，只精确到天，它同样也支持字符串形式写入：

```
CREATE TABLE Date_TEST (
    c1 Date
```

```
) ENGINE = Memory

--以字符串形式写入
INSERT INTO Date_TEST VALUES('2019-06-22')

SELECT c1, toTypeName(c1) FROM Date_TEST
┌─────────c1─┬─toTypeName(c1)─┐
│ 2019-06-22 │ Date           │
└────────────┴────────────────┘
```

4.1.2 复合类型

除了基础数据类型之外，ClickHouse 还提供了数组、元组、枚举和嵌套四类复合类型。这些类型通常是其他数据库原生不具备的特性。拥有了复合类型之后，ClickHouse 的数据模型表达能力更强了。

1. Array

数组有两种定义形式，常规方式 array(T)：

```
SELECT array(1, 2) as a , toTypeName(a)
┌─a─────┬─toTypeName(array(1, 2))─┐
│ [1,2] │ Array(UInt8)            │
└───────┴─────────────────────────┘
```

或者简写方式 [T]：

```
SELECT [1, 2]
```

通过上述的例子可以发现，在查询时并不需要主动声明数组的元素类型。因为 ClickHouse 的数组拥有类型推断的能力，推断依据：以最小存储代价为原则，即使用最小可表达的数据类型。例如在上面的例子中，array(1, 2) 会通过自动推断将 UInt8 作为数组类型。但是数组元素中如果存在 Null 值，则元素类型将变为 Nullable，例如：

```
SELECT [1, 2, null] as a , toTypeName(a)
┌─a──────────┬─toTypeName([1, 2, NULL])─┐
│ [1,2,NULL] │ Array(Nullable(UInt8))   │
└────────────┴──────────────────────────┘
```

细心的读者可能已经发现，在同一个数组内可以包含多种数据类型，例如数组 [1, 2.0] 是可行的。但各类型之间必须兼容，例如数组 [1, '2'] 则会报错。

在定义表字段时，数组需要指定明确的元素类型，例如：

```
CREATE TABLE Array_TEST (
    c1 Array(String)
) engine = Memory
```

2. Tuple

元组类型由 1～n 个元素组成，每个元素之间允许设置不同的数据类型，且彼此之间不要求兼容。元组同样支持类型推断，其推断依据仍然以最小存储代价为原则。与数组类似，元组也可以使用两种方式定义，常规方式 tuple(T)：

```
SELECT tuple(1,'a',now()) AS x, toTypeName(x)
┌─x─────────────────────────────┬─toTypeName(tuple(1, 'a', now()))─┐
│ (1,'a','2019-08-28 21:36:32') │ Tuple(UInt8, String, DateTime)   │
└───────────────────────────────┴──────────────────────────────────┘
```

或者简写方式 (T)：

```
SELECT (1,2.0,null) AS x, toTypeName(x)
┌─x──────────┬─toTypeName(tuple(1, 2., NULL))──────────┐
│ (1,2,NULL) │ Tuple(UInt8, Float64, Nullable(Nothing)) │
└────────────┴──────────────────────────────────────────┘
```

在定义表字段时，元组也需要指定明确的元素类型：

```
CREATE TABLE Tuple_TEST (
    c1 Tuple(String,Int8)
) ENGINE = Memory;
```

元素类型和泛型的作用类似，可以进一步保障数据质量。在数据写入的过程中会进行类型检查。例如，写入 INSERT INTO Tuple_TEST VALUES(('abc' , 123)) 是可行的，而写入 INSERT INTO Tuple_TEST VALUES(('abc' , 'efg')) 则会报错。

3. Enum

ClickHouse 支持枚举类型，这是一种在定义常量时经常会使用的数据类型。ClickHouse 提供了 Enum8 和 Enum16 两种枚举类型，它们除了取值范围不同之外，别无二致。枚举固定使用 (String:Int) Key/Value 键值对的形式定义数据，所以 Enum8 和 Enum16 分别会对应 (String:Int8) 和 (String:Int16)，例如：

```
CREATE TABLE Enum_TEST (
    c1 Enum8('ready' = 1, 'start' = 2, 'success' = 3, 'error' = 4)
) ENGINE = Memory;
```

在定义枚举集合的时候，有几点需要注意。首先，Key 和 Value 是不允许重复的，要保证唯一性。其次，Key 和 Value 的值都不能为 Null，但 Key 允许是空字符串。在写入枚举数据的时候，只会用到 Key 字符串部分，例如：

```
INSERT INTO Enum_TEST VALUES('ready');
INSERT INTO Enum_TEST VALUES('start');
```

数据在写入的过程中，会对照枚举集合项的内容逐一检查。如果 Key 字符串不在集合范围内则会抛出异常，比如执行下面的语句就会出错：

```
INSERT INTO Enum_TEST VALUES('stop');
```

可能有人会觉得，完全可以使用 String 代替枚举，为什么还需要专门的枚举类型呢？

这是出于性能的考虑。因为虽然枚举定义中的Key属于String类型，但是在后续对枚举的所有操作中（包括排序、分组、去重、过滤等），会使用Int类型的Value值。

4. Nested

嵌套类型，顾名思义是一种嵌套表结构。一张数据表，可以定义任意多个嵌套类型字段，但每个字段的嵌套层级只支持一级，即嵌套表内不能继续使用嵌套类型。对于简单场景的层级关系或关联关系，使用嵌套类型也是一种不错的选择。例如，下面的nested_test是一张模拟的员工表，它的所属部门字段就使用了嵌套类型：

```
CREATE TABLE nested_test (
    name String,
    age  UInt8 ,
    dept Nested(
        id UInt8,
        name String
    )
) ENGINE = Memory;
```

ClickHouse的嵌套类型和传统的嵌套类型不相同，导致在初次接触它的时候会让人十分困惑。以上面这张表为例，如果按照它的字面意思来理解，会很容易理解成nested_test与dept是一对一的包含关系，其实这是错误的。不信可以执行下面的语句，看看会是什么结果：

```
INSERT INTO nested_test VALUES ('nauu',18, 10000, '研发部');
Exception on client:
Code: 53. DB::Exception: Type mismatch in IN or VALUES section. Expected:
    Array(UInt8). Got: UInt64
```

注意上面的异常信息，它提示期望写入的是一个Array数组类型。

现在大家应该明白了，嵌套类型本质是一种多维数组的结构。嵌套表中的每个字段都是一个数组，并且行与行之间数组的长度无须对齐。所以需要把刚才的INSERT语句调整成下面的形式：

```
INSERT INTO nested_test VALUES ('bruce' , 30 , [10000,10001,10002], ['研发部','技
    术支持中心','测试部']);
--行与行之间,数组长度无须对齐
INSERT INTO nested_test VALUES ('bruce' , 30 , [10000,10001], ['研发部','技术支持中心']);
```

需要注意的是，在同一行数据内每个数组的元素个数必须相等。例如，在下面的示例中，由于行内数组字段的长度没有对齐，所以会抛出异常：

```
INSERT INTO nested_test VALUES ('bruce' , 30 , [10000,10001], ['研发部','技术支持中心',
    '测试部']);
DB::Exception: Elements 'dept.id' and 'dept.name' of Nested data structure 'dept'
    (Array columns) have different array sizes..
```

在访问嵌套类型的数据时需要使用点符号，例如：

```
SELECT name, dept.id, dept.name FROM nested_test
┌─name──┬─dept.id────┬─dept.name──────────────────┐
│ bruce │ [16,17,18] │ ['研发部','技术支持中心','测试部'] │
└───────┴────────────┴────────────────────────────┘
```

4.1.3 特殊类型

ClickHouse还有一类不同寻常的数据类型，我将它们定义为特殊类型。

1. Nullable

准确来说，Nullable并不能算是一种独立的数据类型，它更像是一种辅助的修饰符，需要与基础数据类型一起搭配使用。Nullable类型与Java8的Optional对象有些相似，它表示某个基础数据类型可以是Null值。其具体用法如下所示：

```
CREATE TABLE Null_TEST (
    c1 String,
    c2 Nullable(UInt8)
) ENGINE = TinyLog;
```

通过Nullable修饰后c2字段可以被写入Null值：

```
INSERT INTO Null_TEST VALUES ('nauu',null)
INSERT INTO Null_TEST VALUES ('bruce',20)
SELECT c1 , c2 ,toTypeName(c2) FROM Null_TEST
┌─c1────┬───c2─┬─toTypeName(c2)─┐
│ nauu  │ NULL │ Nullable(UInt8) │
│ bruce │ 20   │ Nullable(UInt8) │
└───────┴──────┴─────────────────┘
```

在使用Nullable类型的时候还有两点值得注意：首先，它只能和基础类型搭配使用，不能用于数组和元组这些复合类型，也不能作为索引字段；其次，应该慎用Nullable类型，包括Nullable的数据表，不然会使查询和写入性能变慢。因为在正常情况下，每个列字段的数据会被存储在对应的[Column].bin文件中。如果一个列字段被Nullable类型修饰后，会额外生成一个[Column].null.bin文件专门保存它的Null值。这意味着在读取和写入数据时，需要一倍的额外文件操作。

2. Domain

域名类型分为IPv4和IPv6两类，本质上它们是对整型和字符串的进一步封装。IPv4类型是基于UInt32封装的，它的具体用法如下所示：

```
CREATE TABLE IP4_TEST (
    url String,
    ip IPv4
) ENGINE = Memory;
INSERT INTO IP4_TEST VALUES ('www.nauu.com','192.0.0.0')
SELECT url , ip ,toTypeName(ip) FROM IP4_TEST
```

```
┌─url───────────┬─────────ip─┬─toTypeName(ip)─┐
│ www.nauu.com │ 192.0.0.0 │ IPv4           │
└──────────────┴───────────┴────────────────┘
```

细心的读者可能会问，直接使用字符串不就行了吗？为何多此一举呢？我想至少有如下两个原因。

（1）出于便捷性的考量，例如 IPv4 类型支持格式检查，格式错误的 IP 数据是无法被写入的，例如：

```
INSERT INTO IP4_TEST VALUES ('www.nauu.com','192.0.0')
Code: 441. DB::Exception: Invalid IPv4 value.
```

（2）出于性能的考量，同样以 IPv4 为例，IPv4 使用 UInt32 存储，相比 String 更加紧凑，占用的空间更小，查询性能更快。IPv6 类型是基于 FixedString(16) 封装的，它的使用方法与 IPv4 别无二致，此处不再赘述。

在使用 Domain 类型的时候还有一点需要注意，虽然它从表象上看起来与 String 一样，但 Domain 类型并不是字符串，所以它不支持隐式的自动类型转换。如果需要返回 IP 的字符串形式，则需要显式调用 IPv4NumToString 或 IPv6NumToString 函数进行转换。

4.2 如何定义数据表

在知晓了 ClickHouse 的主要数据类型之后，接下来我们开始介绍 DDL 操作及定义数据的方法。DDL 查询提供了数据表的创建、修改和删除操作，是最常用的功能之一。

4.2.1 数据库

数据库起到了命名空间的作用，可以有效规避命名冲突的问题，也为后续的数据隔离提供了支撑。任何一张数据表，都必须归属在某个数据库之下。创建数据库的完整语法如下所示：

```
CREATE DATABASE IF NOT EXISTS db_name [ENGINE = engine]
```

其中，IF NOT EXISTS 表示如果已经存在一个同名的数据库，则会忽略后续的创建过程；[ENGINE = engine] 表示数据库所使用的引擎类型（是的，你没看错，数据库也支持设置引擎）。

数据库目前一共支持 5 种引擎，如下所示。

- Ordinary：默认引擎，在绝大多数情况下我们都会使用默认引擎，使用时无须刻意声明。在此数据库下可以使用任意类型的表引擎。
- Dictionary：字典引擎，此类数据库会自动为所有数据字典创建它们的数据表，关于数据字典的详细介绍会在第 5 章展开。
- Memory：内存引擎，用于存放临时数据。此类数据库下的数据表只会停留在内存中，不会涉及任何磁盘操作，当服务重启后数据会被清除。

- Lazy：日志引擎，此类数据库下只能使用 Log 系列的表引擎，关于 Log 表引擎的详细介绍会在第 8 章展开。
- MySQL：MySQL 引擎，此类数据库下会自动拉取远端 MySQL 中的数据，并为它们创建 MySQL 表引擎的数据表，关于 MySQL 表引擎的详细介绍会在第 8 章展开。

在绝大多数情况下都只需使用默认的数据库引擎。例如执行下面的语句，即能够创建属于我们的第一个数据库：

```
CREATE DATABASE DB_TEST
```

默认数据库的实质是物理磁盘上的一个文件目录，所以在语句执行之后，ClickHouse 便会在安装路径下创建 DB_TEST 数据库的文件目录：

```
# pwd
/chbase/data
# ls
DB_TEST  default  system
```

与此同时，在 metadata 路径下也会一同创建用于恢复数据库的 DB_TEST.sql 文件：

```
# pwd
/chbase/data/metadata
# ls
DB_TEST  DB_TEST.sql  default  system
```

使用 SHOW DATABASES 查询，即能够返回 ClickHouse 当前的数据库列表：

```
SHOW DATABASES
┌─name────┐
│ DB_TEST │
│ default │
│ system  │
└─────────┘
```

使用 USE 查询可以实现在多个数据库之间进行切换，而通过 SHOW TABLES 查询可以查看当前数据库的数据表列表。删除一个数据库，则需要用到下面的 DROP 查询。

```
DROP DATABASE [IF EXISTS] db_name
```

4.2.2 数据表

ClickHouse 数据表的定义语法，是在标准 SQL 的基础之上建立的，所以熟悉数据库的读者们在看到接下来的语法时，应该会感到很熟悉。ClickHouse 目前提供了三种最基本的建表方法，其中，第一种是常规定义方法，它的完整语法如下所示：

```
CREATE TABLE [IF NOT EXISTS] [db_name.]table_name (
    name1 [type] [DEFAULT|MATERIALIZED|ALIAS expr],
```

```
    name2 [type] [DEFAULT|MATERIALIZED|ALIAS expr],
    省略…
) ENGINE = engine
```

使用 [db_name.] 参数可以为数据表指定数据库，如果不指定此参数，则默认会使用default 数据库。例如执行下面的语句：

```
CREATE TABLE hits_v1 (
    Title String,
    URL String ,
    EventTime DateTime
) ENGINE = Memory;
```

上述语句将会在 default 默认的数据库下创建一张内存表。注意末尾的 ENGINE 参数，它被用于指定数据表的引擎。表引擎决定了数据表的特性，也决定了数据将会被如何存储及加载。例如示例中使用的 Memory 表引擎，是 ClickHouse 最简单的表引擎，数据只会被保存在内存中，在服务重启时数据会丢失。我们会在后续章节详细介绍数据表引擎，此处暂不展开。

第二种定义方法是复制其他表的结构，具体语法如下所示：

```
CREATE TABLE [IF NOT EXISTS] [db_name1.]table_name AS [db_name2.] table_name2
    [ENGINE = engine]
```

这种方式支持在不同的数据库之间复制表结构，例如下面的语句：

```
--创建新的数据库
CREATE DATABASE IF NOT EXISTS new_db
--将default.hits_v1的结构复制到new_db.hits_v1
CREATE TABLE IF NOT EXISTS new_db.hits_v1 AS default.hits_v1 ENGINE = TinyLog
```

上述语句将会把 default.hits_v1 的表结构原样复制到 new_db.hits_v1，并且 ENGINE 表引擎可以与原表不同。

第三种定义方法是通过 SELECT 子句的形式创建，它的完整语法如下：

```
CREATE TABLE [IF NOT EXISTS] [db_name.]table_name ENGINE = engine AS SELECT …
```

在这种方式下，不仅会根据 SELECT 子句建立相应的表结构，同时还会将 SELECT 子句查询的数据顺带写入，例如执行下面的语句：

```
CREATE TABLE IF NOT EXISTS hits_v1_1 ENGINE = Memory AS SELECT * FROM hits_v1
```

上述语句会将 SELECT * FROM hits_v1 的查询结果一并写入数据表。

ClickHouse 和大多数数据库一样，使用 DESC 查询可以返回数据表的定义结构。如果想删除一张数据表，则可以使用下面的 DROP 语句：

```
DROP TABLE [IF EXISTS] [db_name.]table_name
```

4.2.3 默认值表达式

表字段支持三种默认值表达式的定义方法，分别是DEFAULT、MATERIALIZED和ALIAS。无论使用哪种形式，表字段一旦被定义了默认值，它便不再强制要求定义数据类型，因为ClickHouse会根据默认值进行类型推断。如果同时对表字段定义了数据类型和默认值表达式，则以明确定义的数据类型为主，例如下面的例子：

```
CREATE TABLE dfv_v1 (
    id String,
    c1 DEFAULT 1000,
    c2 String DEFAULT c1
) ENGINE = TinyLog
```

c1字段没有定义数据类型，默认值为整型1000；c2字段定义了数据类型和默认值，且默认值等于c1，现在写入测试数据：

```
INSERT INTO dfv_v1(id) VALUES ('A000')
```

在写入之后执行以下查询：

```
SELECT c1, c2, toTypeName(c1), toTypeName(c2) from dfv_v1
┌─c1─┬─c2───┬─toTypeName(c1)─┬─toTypeName(c2)─┐
│ 1000 │ 1000 │ UInt16         │ String         │
└────┴────┴──────────┴──────────┘
```

由查询结果可以验证，默认值的优先级符合我们的预期，其中c1字段根据默认值被推断为UInt16；而c2字段由于同时定义了数据类型和默认值，所以它最终的数据类型来自明确定义的String。

默认值表达式的三种定义方法之间也存在着不同之处，可以从如下三个方面进行比较。

（1）数据写入：在数据写入时，只有DEFAULT类型的字段可以出现在INSERT语句中。而MATERIALIZED和ALIAS都不能被显式赋值，它们只能依靠计算取值。例如试图为MATERIALIZED类型的字段写入数据，将会得到如下的错误。

```
DB::Exception: Cannot insert column URL, because it is MATERIALIZED column..
```

（2）数据查询：在数据查询时，只有DEFAULT类型的字段可以通过SELECT * 返回。而MATERIALIZED和ALIAS类型的字段不会出现在SELECT * 查询的返回结果集中。

（3）数据存储：在数据存储时，只有DEFAULT和MATERIALIZED类型的字段才支持持久化。如果使用的表引擎支持物理存储（例如TinyLog表引擎），那么这些列字段将会拥有物理存储。而ALIAS类型的字段不支持持久化，它的取值总是需要依靠计算产生，数据不会落到磁盘。

可以使用ALTER语句修改默认值，例如：

```
ALTER TABLE [db_name.]table MODIFY COLUMN col_name DEFAULT value
```

修改动作并不会影响数据表内先前已经存在的数据。但是默认值的修改有诸多限制，例如在合并树表引擎中，它的主键字段是无法被修改的；而某些表引擎则完全不支持修改（例如 TinyLog）。

4.2.4　临时表

ClickHouse 也有临时表的概念，创建临时表的方法是在普通表的基础之上添加 TEMPORARY 关键字，它的完整语法如下所示：

```
CREATE TEMPORARY TABLE [IF NOT EXISTS] table_name (
    name1 [type] [DEFAULT|MATERIALIZED|ALIAS expr],
    name2 [type] [DEFAULT|MATERIALIZED|ALIAS expr],
)
```

相比普通表而言，临时表有如下两点特殊之处：

- 它的生命周期是会话绑定的，所以它只支持 Memory 表引擎，如果会话结束，数据表就会被销毁；
- 临时表不属于任何数据库，所以在它的建表语句中，既没有数据库参数也没有表引擎参数。

针对第二个特殊项，读者心中难免会产生一个疑问：既然临时表不属于任何数据库，如果临时表和普通表名称相同，会出现什么状况呢？接下来不妨做个测试。首先在 DEFAULT 数据库创建测试表并写入数据：

```
CREATE TABLE tmp_v1 (
    title String
) ENGINE = Memory;
INSERT INTO tmp_v1 VALUES ('click')
```

接着创建一张名称相同的临时表并写入数据：

```
CREATE TEMPORARY TABLE tmp_v1 (createtime Datetime)
INSERT INTO tmp_v1 VALUES (now())
```

现在查询 tmp_v1 看看会发生什么：

```
SELECT * FROM tmp_v1
┌──────────createtime─┐
│ 2019-08-30 10:20:29 │
└─────────────────────┘
```

通过返回结果可以得出结论：临时表的优先级是大于普通表的。当两张数据表名称相同的时候，会优先读取临时表的数据。

在 ClickHouse 的日常使用中，通常不会刻意使用临时表。它更多被运用在 ClickHouse 的内部，是数据在集群间传播的载体。

4.2.5 分区表

数据分区（partition）和数据分片（shard）是完全不同的两个概念。数据分区是针对本地数据而言的，是数据的一种纵向切分。而数据分片是数据的一种横向切分（第10章会详细介绍）。数据分区对于一款OLAP数据库而言意义非凡：借助数据分区，在后续的查询过程中能够跳过不必要的数据目录，从而提升查询的性能。合理地利用分区特性，还可以变相实现数据的更新操作，因为数据分区支持删除、替换和重置操作。假设数据表按照月份分区，那么数据就可以按月份的粒度被替换更新。

分区虽好，但不是所有的表引擎都可以使用这项特性，目前只有合并树（MergeTree）家族系列的表引擎才支持数据分区。接下来通过一个简单的例子演示分区表的使用方法。首先由PARTITION BY指定分区键，例如下面的数据表partition_v1使用了日期字段作为分区键，并将其格式化为年月的形式：

```
CREATE TABLE partition_v1 (
    ID String,
    URL String,
    EventTime Date
) ENGINE =  MergeTree()
PARTITION BY toYYYYMM(EventTime)
ORDER BY ID
```

接着写入不同月份的测试数据：

```
INSERT INTO partition_v1 VALUES
('A000','www.nauu.com', '2019-05-01'),
('A001','www.brunce.com', '2019-06-02')
```

最后通过system.parts系统表，查询数据表的分区状态：

```
SELECT table,partition,path from system.parts WHERE table = 'partition_v1'
┌─table────────┬─partition─┬─path──────────────────────────────────────────────────┐
│ partition_v1 │ 201905    │ /chbase/data/default/partition_v1/201905_1_1_0/ │
│ partition_v1 │ 201906    │ /chbase/data/default/partition_v1/201906_2_2_0/ │
└──────────────┴───────────┴───────────────────────────────────────────────────────┘
```

可以看到，partition_v1按年月划分后，目前拥有两个数据分区，且每个分区都对应一个独立的文件目录，用于保存各自部分的数据。

合理设计分区键非常重要，通常会按照数据表的查询场景进行针对性设计。例如在刚才的示例中数据表按年月分区，如果后续的查询按照分区键过滤，例如：

```
SELECT * FROM  partition_v1 WHERE EventTime ='2019-05-01'
```

那么在后续的查询过程中，可以利用分区索引跳过6月份的分区目录，只加载5月份的数据，从而带来查询的性能提升。

当然，使用不合理的分区键也会适得其反，分区键不应该使用粒度过细的数据字段。

例如，按照小时分区，将会带来分区数量的急剧增长，从而导致性能下降。关于数据分区更详细的原理说明，将会在第 6 章进行。

4.2.6 视图

ClickHouse 拥有普通和物化两种视图，其中物化视图拥有独立的存储，而普通视图只是一层简单的查询代理。创建普通视图的完整语法如下所示：

```
CREATE VIEW [IF NOT EXISTS] [db_name.]view_name AS SELECT ...
```

普通视图不会存储任何数据，它只是一层单纯的 SELECT 查询映射，起着简化查询、明晰语义的作用，对查询性能不会有任何增强。假设有一张普通视图 view_tb_v1，它是基于数据表 tb_v1 创建的，那么下面的两条 SELECT 查询是完全等价的：

```
--普通表
SELECT * FROM tb_v1
-- tb_v1的视图
SELECT * FROM view_tb_v1
```

物化视图支持表引擎，数据保存形式由它的表引擎决定，创建物化视图的完整语法如下所示：

```
CREATE [MATERIALIZED] VIEW [IF NOT EXISTS] [db.]table_name [TO[db.]name] [ENGINE =
    engine] [POPULATE] AS SELECT ...
```

物化视图创建好之后，如果源表被写入新数据，那么物化视图也会同步更新。POPULATE 修饰符决定了物化视图的初始化策略：如果使用了 POPULATE 修饰符，那么在创建视图的过程中，会连带将源表中已存在的数据一并导入，如同执行了 SELECT INTO 一般；反之，如果不使用 POPULATE 修饰符，那么物化视图在创建之后是没有数据的，它只会同步在此之后被写入源表的数据。物化视图目前并不支持同步删除，如果在源表中删除了数据，物化视图的数据仍会保留。

物化视图本质是一张特殊的数据表，例如使用 SHOW TABLE 查看数据表的列表：

```
SHOW TABLES
┌─name──────────────────┐
│ .inner.view_test2 │
│ .inner.view_test3 │
└───────────────────────┘
```

由上可以发现，物化视图也在其中，它们是使用了 .inner. 特殊前缀的数据表，所以删除视图的方法是直接使用 DROP TABLE 查询，例如：

```
DROP TABLE view_name
```

4.3 数据表的基本操作

目前只有MergeTree、Merge和Distributed这三类表引擎支持ALTER查询，如果现在还不明白这些表引擎的作用也不必担心，目前只需简单了解这些信息即可，后面会有专门章节对它们进行介绍。

4.3.1 追加新字段

假如需要对一张数据表追加新的字段，可以使用如下语法：

```
ALTER TABLE tb_name ADD COLUMN [IF NOT EXISTS] name [type] [default_expr] [AFTER
    name_after]
```

例如，在数据表的末尾增加新字段：

```
ALTER TABLE testcol_v1 ADD COLUMN OS String DEFAULT 'mac'
```

或是通过AFTER修饰符，在指定字段的后面增加新字段：

```
ALTER TABLE testcol_v1 ADD COLUMN IP String AFTER ID
```

对于数据表中已经存在的旧数据而言，新追加的字段会使用默认值补全。

4.3.2 修改数据类型

如果需要改变表字段的数据类型或者默认值，需要使用下面的语法：

```
ALTER TABLE tb_name MODIFY COLUMN [IF EXISTS] name [type] [default_expr]
```

修改某个字段的数据类型，实质上会调用相应的toType转型方法。如果当前的类型与期望的类型不能兼容，则修改操作将会失败。例如，将String类型的IP字段修改为IPv4类型是可行的：

```
ALTER TABLE testcol_v1 MODIFY COLUMN IP IPv4
```

而尝试将String类型转为UInt类型就会出现错误：

```
ALTER TABLE testcol_v1 MODIFY COLUMN OS UInt32
DB::Exception: Cannot parse string 'mac' as UInt32: syntax error at begin of string.
```

4.3.3 修改备注

做好信息备注是保持良好编程习惯的美德之一，所以如果你还没有为列字段添加备注信息，那么就赶紧行动吧。追加备注的语法如下所示：

```
ALTER TABLE tb_name COMMENT COLUMN [IF EXISTS] name 'some comment'
```

例如，为ID字段增加备注：

```
ALTER TABLE testcol_v1 COMMENT COLUMN ID '主键ID'
```

使用 DESC 查询可以看到上述增加备注的操作已经生效：

```
DESC testcol_v1
┌─name──────────┬─type───┬─comment──┐
│ ID            │ String │ 主键ID    │
└───────────────┴────────┴──────────┘
```

4.3.4 删除已有字段

假如要删除某个字段，可以使用下面的语句：

```
ALTER TABLE tb_name DROP COLUMN [IF EXISTS] name
```

例如，执行下面的语句删除 URL 字段：

```
ALTER TABLE testcol_v1 DROP COLUMN URL
```

上述列字段在被删除之后，它的数据也会被连带删除。进一步来到 testcol_v1 的数据目录查验，会发现 URL 的数据文件已经被删除了：

```
# pwd
/chbase/data/data/default/testcol_v1/201907_2_2_0
# ll
total 56
-rw-r-----. 1 clickhouse clickhouse  28 Jul  2 21:02 EventTime.bin
-rw-r-----. 1 clickhouse clickhouse  30 Jul  2 21:02 ID.bin
-rw-r-----. 1 clickhouse clickhouse  30 Jul  2 21:02 IP.bin
-rw-r-----. 1 clickhouse clickhouse  30 Jul  2 21:02 OS.bin
省略…
```

4.3.5 移动数据表

在 Linux 系统中，mv 命令的本意是将一个文件从原始位置 A 移动到目标位置 B，但是如果位置 A 与位置 B 相同，则可以变相实现重命名的作用。ClickHouse 的 RENAME 查询就与之有着异曲同工之妙，RENAME 语句的完整语法如下所示：

```
RENAME TABLE [db_name11.]tb_name11 TO [db_name12.]tb_name12, [db_name21.]tb_
    name21 TO [db_name22.]tb_name22, ...
```

RENAME 可以修改数据表的名称，如果将原始数据库与目标数据库设为不同的名称，那么就可以实现数据表在两个数据库之间移动的效果。例如在下面的例子中，testcol_v1 从 default 默认数据库被移动到了 db_test 数据库，同时数据表被重命名为 testcol_v2：

```
RENAME TABLE default.testcol_v1 TO db_test.testcol_v2
```

需要注意的是，数据表的移动只能在单个节点的范围内。换言之，数据表移动的目标数据库和原始数据库必须处在同一个服务节点内，而不能是集群中的远程节点。

4.3.6 清空数据表

假设需要将表内的数据全部清空，而不是直接删除这张表，则可以使用 TRUNCATE 语句，它的完整语法如下所示：

```
TRUNCATE TABLE [IF EXISTS] [db_name.]tb_name
```

例如执行下面的语句，就能将 db_test.testcol_v2 的数据一次性清空：

```
TRUNCATE TABLE db_test.testcol_v2
```

4.4 数据分区的基本操作

了解并善用数据分区益处颇多，熟练掌握它的使用方法，可以为后续的程序设计带来极大的灵活性和便利性，目前只有 MergeTree 系列的表引擎支持数据分区。

4.4.1 查询分区信息

ClickHouse 内置了许多 system 系统表，用于查询自身的状态信息。其中 parts 系统表专门用于查询数据表的分区信息。例如执行下面的语句，就能够得到数据表 partition_v2 的分区状况：

```
SELECT partition_id,name,table,database FROM system.parts WHERE table = 'partition_v2'
┌─partition_id─┬─name─────────────┬─table────────┬─database─┐
│ 201905       │ 201905_1_1_0_6 │ partition_v2 │ default  │
│ 201910       │ 201910_3_3_0_6 │ partition_v2 │ default  │
│ 201911       │ 201911_4_4_0_6 │ partition_v2 │ default  │
│ 201912       │ 201912_5_5_0_6 │ partition_v2 │ default  │
└──────────────┴──────────────────┴──────────────┴──────────┘
```

如上所示，目前 partition_v2 共拥有 4 个分区，其中 partition_id 或者 name 等同于分区的主键，可以基于它们的取值确定一个具体的分区。

4.4.2 删除指定分区

合理地设计分区键并利用分区的删除功能，就能够达到数据更新的目的。删除一个指定分区的语法如下所示：

```
ALTER TABLE tb_name DROP PARTITION partition_expr
```

假如现在需要更新 partition_v2 数据表整个 7 月份的数据，则可以先将 7 月份的分区删除：

```
ALTER TABLE partition_v2 DROP PARTITION 201907
```

然后将整个 7 月份的新数据重新写入，就可以达到更新的目的：

```
INSERT INTO partition_v2 VALUES ('A004-update','www.bruce.com', '2019-07-02'),…
```

查验数据表，可以看到 7 月份的数据已然更新：

```
SELECT * from partition_v2 ORDER BY EventTime
┌─ID──────────┬─URL─────────┬ EventTime ┐
│ A001        │ www.nauu.com  │ 2019-05-02 │
│ A002        │ www.nauu1.com │ 2019-06-02 │
│ A004-update │ www.bruce.com │ 2019-07-02 │
└─────────────┴───────────────┴────────────┘
```

4.4.3 复制分区数据

ClickHouse 支持将 A 表的分区数据复制到 B 表，这项特性可以用于快速数据写入、多表间数据同步和备份等场景，它的完整语法如下：

```
ALTER TABLE B REPLACE PARTITION partition_expr FROM A
```

不过需要注意的是，并不是任意数据表之间都能够相互复制，它们还需要满足两个前提条件：

- 两张表需要拥有相同的分区键；
- 它们的表结构完全相同。

假设数据表 partition_v2 与先前的 partition_v1 分区键和表结构完全相同，那么应先在 partition_v1 中写入一批 8 月份的新数据：

```
INSERT INTO partition_v1 VALUES ('A006-v1','www.v1.com', '2019-08-05'),('A007-
    v1','www.v1.com', '2019-08-20')
```

再执行下面的语句：

```
ALTER TABLE partition_v2 REPLACE PARTITION 201908 FROM partition_v1
```

即能够将 partition_v1 的整个 201908 分区中的数据复制到 partition_v2：

```
SELECT * from partition_v2 ORDER BY EventTime
┌─ID──────────┬─URL───────────┬─EventTime──┐
│ A000        │ www.nauu.com  │ 2019-05-01 │
│ A001        │ www.nauu.com  │ 2019-05-02 │
省略…
│ A004-update │ www.bruce.com │ 2019-07-02 │
│ A006-v1     │ www.v1.com    │ 2019-08-05 │
│ A007-v1     │ www.v1.com    │ 2019-08-20 │
└─────────────┴───────────────┴────────────┘
```

4.4.4 重置分区数据

如果数据表某一列的数据有误，需要将其重置为初始值，此时可以使用下面的语句实现：

```
ALTER TABLE tb_name CLEAR COLUMN column_name IN PARTITION partition_expr
```

对于默认值的含义，笔者遵循如下原则：如果声明了默认值表达式，则以表达式为准；否则以相应数据类型的默认值为准。例如，执行下面的语句会重置partition_v2表内201908分区的URL数据重置。

```
ALTER TABLE partition_v2 CLEAR COLUMN URL in PARTITION 201908
```

查验数据后会发现，URL字段已成功被全部重置为空字符串了（String类型的默认值）。

```
SELECT * from partition_v2
┌─ID───────┬─URL─┬───EventTime─┐
│ A006-v1  │     │  2019-08-05 │
│ A007-v1  │     │  2019-08-20 │
└──────────┴─────┴─────────────┘
```

4.4.5 卸载与装载分区

表分区可以通过DETACH语句卸载，分区被卸载后，它的物理数据并没有删除，而是被转移到了当前数据表目录的detached子目录下。而装载分区则是反向操作，它能够将detached子目录下的某个分区重新装载回去。卸载与装载这一对伴生的操作，常用于分区数据的迁移和备份场景。卸载某个分区的语法如下所示：

```
ALTER TABLE tb_name DETACH PARTITION partition_expr
```

例如，执行下面的语句能够将partition_v2表内整个8月份的分区卸载：

```
ALTER TABLE partition_v2 DETACH PARTITION 201908
```

此时再次查询这张表，会发现其中2019年8月份的数据已经没有了。而进入partition_v2的磁盘目录，则可以看到被卸载的分区目录已经被移动到了detached目录中：

```
# pwd
/chbase/data/data/default/partition_v2/detached
# ll
total 4
drwxr-x---. 2 clickhouse clickhouse 4096 Aug 31 23:16 201908_4_4_0
```

记住，一旦分区被移动到了detached子目录，就代表它已经脱离了ClickHouse的管理，ClickHouse并不会主动清理这些文件。这些分区文件会一直存在，除非我们主动删除或者使用ATTACH语句重新装载它们。装载某个分区的完整语法如下所示：

```
ALTER TABLE tb_name ATTACH PARTITION partition_expr
```

再次执行下面的语句，就可以将刚才已被卸载的201908分区重新装载回去：

```
ALTER TABLE partition_v2 ATTACH PARTITION 201908
```

4.4.6 备份与还原分区

关于分区数据的备份，可以通过FREEZE与FETCH实现，由于目前还缺少相关的背景知识，所以笔者把它留到第11章专门介绍。

4.5 分布式DDL执行

ClickHouse支持集群模式，一个集群拥有1到多个节点。CREATE、ALTER、DROP、RENMAE及TRUNCATE这些DDL语句，都支持分布式执行。这意味着，如果在集群中任意一个节点上执行DDL语句，那么集群中的每个节点都会以相同的顺序执行相同的语句。这项特性意义非凡，它就如同批处理命令一样，省去了需要依次去单个节点执行DDL的烦恼。

将一条普通的DDL语句转换成分布式执行十分简单，只需加上ON CLUSTER cluster_name声明即可。例如，执行下面的语句后将会对ch_cluster集群内的所有节点广播这条DDL语句：

```
CREATE TABLE partition_v3 ON CLUSTER ch_cluster(
    ID String,
    URL String,
    EventTime Date
) ENGINE =  MergeTree()
PARTITION BY toYYYYMM(EventTime)
ORDER BY ID
```

当然，如果现在执行这条语句是不会成功的。因为到目前为止还没有配置过ClickHouse的集群模式，目前还不存在一个名为ch_cluster的集群，这部内容会放到第10章展开说明。

4.6 数据的写入

INSERT语句支持三种语法范式，三种范式各有不同，可以根据写入的需求灵活运用。其中，第一种是使用VALUES格式的常规语法：

```
INSERT INTO [db.]table [(c1, c2, c3…)] VALUES (v11, v12, v13…), (v21, v22, v23…), ...
```

其中，c1、c2、c3是列字段声明，可省略。VALUES后紧跟的是由元组组成的待写入数据，通过下标位与列字段声明一一对应。数据支持批量声明写入，多行数据之间使用逗号分隔。例如执行下面的语句，将批量写入多条数据：

```
INSERT INTO partition_v2 VALUES ('A0011','www.nauu.com', '2019-10-01'),('A0012','www.
    nauu.com', '2019-11-20'),('A0013','www.nauu.com', '2019-12-20')
```

在使用 VALUES 格式的语法写入数据时，支持加入表达式或函数，例如：

```
INSERT INTO partition_v2 VALUES ('A0014',toString(1+2), now())
```

第二种是使用指定格式的语法：

```
INSERT INTO [db.]table [(c1, c2, c3…)] FORMAT format_name data_set
```

ClickHouse 支持多种数据格式（更多格式可参见官方手册），以常用的 CSV 格式写入为例：

```
INSERT INTO partition_v2 FORMAT CSV \
'A0017','www.nauu.com', '2019-10-01' \
'A0018','www.nauu.com', '2019-10-01'
```

第三种是使用 SELECT 子句形式的语法：

```
INSERT INTO [db.]table [(c1, c2, c3…)] SELECT ...
```

通过 SELECT 子句可将查询结果写入数据表，假设需要将 partition_v1 的数据写入 partition_v2，则可以使用下面的语句：

```
INSERT INTO partition_v2 SELECT * FROM partition_v1
```

在通过 SELECT 子句写入数据的时候，同样也支持加入表达式或函数，例如：

```
INSERT INTO partition_v2 SELECT 'A0020', 'www.jack.com', now()
```

虽然 VALUES 和 SELECT 子句的形式都支持声明表达式或函数，但是表达式和函数会带来额外的性能开销，从而导致写入性能的下降。所以如果追求极致的写入性能，就应该尽可能避免使用它们。

在第 2 章曾介绍过，ClickHouse 内部所有的数据操作都是面向 Block 数据块的，所以 INSERT 查询最终会将数据转换为 Block 数据块。也正因如此，INSERT 语句在单个数据块的写入过程中是具有原子性的。在默认的情况下，每个数据块最多可以写入 1048576 行数据（由 max_insert_block_size 参数控制）。也就是说，如果一条 INSERT 语句写入的数据少于 max_insert_block_size 行，那么这批数据的写入是具有原子性的，即要么全部成功，要么全部失败。需要注意的是，只有在 ClickHouse 服务端处理数据的时候才具有这种原子写入的特性，例如使用 JDBC 或者 HTTP 接口时。因为 max_insert_block_size 参数在使用 CLI 命令行或者 INSERT SELECT 子句写入时是不生效的。

4.7 数据的删除与修改

ClickHouse 提供了 DELETE 和 UPDATE 的能力，这类操作被称为 Mutation 查询，它可以看作 ALTER 语句的变种。虽然 Mutation 能最终实现修改和删除，但不能完全以通常意义上的 UPDATE 和 DELETE 来理解，我们必须清醒地认识到它的不同：首先，Mutation 语句是一种"很重"的操作，更适用于批量数据的修改和删除；其次，它不支持事务，一旦语句被提交执行，就会立刻对现有数据产生影响，无法回滚；最后，Mutation 语句的执行是一个异步的后台过程，语句被提交之后就会立即返回。所以这并不代表具体逻辑已经执行完毕，它的具体执行进度需要通过 system.mutations 系统表查询。

DELETE 语句的完整语法如下所示：

```
ALTER TABLE [db_name.]table_name DELETE WHERE filter_expr
```

数据删除的范围由 WHERE 查询子句决定。例如，执行下面语句可以删除 partition_v2 表内所有 ID 等于 A003 的数据：

```
ALTER TABLE partition_v2 DELETE WHERE ID = 'A003'
```

由于演示的数据很少，DELETE 操作给人的感觉和常用的 OLTP 数据库无异。但是我们心中应该要明白这是一个异步的后台执行动作。

再次进入数据目录，让我们看看删除操作是如何实现的：

```
# pwd
/chbase/data/data/default/partition_v2
# ll
total 52
drwxr-x---. 2 clickhouse clickhouse 4096 Jul  6 15:03 201905_1_1_0
drwxr-x---. 2 clickhouse clickhouse 4096 Jul  6 15:03 201905_1_1_0_6
省略…
drwxr-x---. 2 clickhouse clickhouse 4096 Jul  6 15:03 201909_5_5_0
drwxr-x---. 2 clickhouse clickhouse 4096 Jul  6 15:03 201909_5_5_0_6
drwxr-x---. 2 clickhouse clickhouse 4096 Jul  6 15:02 detached
-rw-r-----. 1 clickhouse clickhouse    1 Jul  6 15:02 format_version.txt
-rw-r-----. 1 clickhouse clickhouse   89 Jul  6 15:03 mutation_6.txt
```

可以发现，在执行了 DELETE 操作之后数据目录发生了一些变化。每一个原有的数据目录都额外增加了一个同名目录，并且在末尾处增加了 _6 的后缀。此外，目录下还多了一个名为 mutation_6.txt 的文件，mutation_6.txt 文件的内容如下所示：

```
# cat mutation_6.txt
format version: 1
create time: 2019-07-06 15:03:27
commands: DELETE WHERE ID = \'A003\'
```

原来 mutation_6.txt 是一个日志文件，它完整地记录了这次 DELETE 操作的执行语句和时间，而文件名的后缀 _6 与新增目录的后缀对应。那么后缀的数字从何而来呢？继续查询 system.mutations 系统表，一探究竟：

```
SELECT database, table ,mutation_id, block_numbers.number as num ,is_done FROM
    system.mutations
┌─database──┬─table────────┬─mutation_id────┬─num──┬─is_done─┐
│ default   │ partition_v2 │ mutation_6.txt │ [6]  │ 1       │
└───────────┴──────────────┴────────────────┴──────┴─────────┘
```

至此，整个 Mutation 操作的逻辑就比较清晰了。每执行一条 ALTER DELETE 语句，都会在 mutations 系统表中生成一条对应的执行计划，当 is_done 等于 1 时表示执行完毕。与此同时，在数据表的根目录下，会以 mutation_id 为名生成与之对应的日志文件用于记录相关信息。而数据删除的过程是以数据表的每个分区目录为单位，将所有目录重写为新的目录，新目录的命名规则是在原有名称上加上 system.mutations.block_numbers.number。数据在重写的过程中会将需要删除的数据去掉。旧的数据目录并不会立即删除，而是会被标记成非激活状态（active 为 0）。等到 MergeTree 引擎的下一次合并动作触发时，这些非激活目录才会被真正从物理意义上删除。

数据修改除了需要指定具体的列字段之外，整个逻辑与数据删除别无二致，它的完整语法如下所示：

```
ALTER TABLE [db_name.]table_name UPDATE column1 = expr1 [, ...] WHERE filter_expr
```

UPDATE 支持在一条语句中同时定义多个修改字段，分区键和主键不能作为修改字段。例如，执行下面的语句即能够根据 WHERE 条件同时修改 partition_v2 内的 URL 和 OS 字段：

```
ALTER TABLE partition_v2 UPDATE URL = 'www.wayne.com',OS = 'mac' WHERE ID IN
    (SELECT ID FROM partition_v2 WHERE EventTime = '2019-06-01')
```

4.8 本章小结

通过对本章的学习，我们知道了 ClickHouse 的数据类型是由基础类型、复合类型和特殊类型组成的。基础类型相比常规数据库显得精简干练；复合类型很实用，常规数据库通常不具备这些类型；而特殊类型的使用场景较少。同时我们也掌握了数据库、数据表、临时表、分区表和视图的基本操作以及对元数据和分区的基本操作。最后我们还了解到在 ClickHouse 中如何写入、修改和删除数据。本章的内容为介绍后续知识点打下了坚实的基础。下一章我们将介绍数据字典。

第 5 章 Chapter 5

数据字典

数据字典是 ClickHouse 提供的一种非常简单、实用的存储媒介，它以键值和属性映射的形式定义数据。字典中的数据会主动或者被动（数据是在 ClickHouse 启动时主动加载还是在首次查询时惰性加载由参数设置决定）加载到内存，并支持动态更新。由于字典数据常驻内存的特性，所以它非常适合保存常量或经常使用的维度表数据，以避免不必要的 JOIN 查询。

数据字典分为内置与扩展两种形式，顾名思义，内置字典是 ClickHouse 默认自带的字典，而外部扩展字典是用户通过自定义配置实现的字典。在正常情况下，字典中的数据只能通过字典函数访问（ClickHouse 特别设置了一类字典函数，专门用于字典数据的取用）。但是也有一种例外，那就是使用特殊的字典表引擎。在字典表引擎的帮助下，可以将数据字典挂载到一张代理的数据表下，从而实现数据表与字典数据的 JOIN 查询。关于字典表引擎的更多细节与使用方法将会在后续章节着重介绍。

5.1 内置字典

ClickHouse 目前只有一种内置字典——Yandex.Metrica 字典。从名称上可以看出，这是用在 ClickHouse 自家产品上的字典，而它的设计意图是快速存取 geo 地理数据。但较为遗憾的是，由于版权原因 Yandex 并没有将 geo 地理数据开放出来。这意味着 ClickHouse 目前的内置字典，只是提供了字典的定义机制和取数函数，而没有内置任何现成的数据。所以内置字典的现状较为尴尬，需要遵照它的字典规范自行导入数据。

5.1.1 内置字典配置说明

内置字典在默认的情况下是禁用状态，需要开启后才能使用。开启它的方式也十分简单，只需将 config.xml 文件中 path_to_regions_hierarchy_file 和 path_to_regions_names_files

两项配置打开。

```
<path_to_regions_hierarchy_file>/opt/geo/regions_hierarchy.txt</path_to_regions_
    hierarchy_file>
<path_to_regions_names_files>/opt/geo/</path_to_regions_names_files>
```

这两项配置是惰性加载的，只有当字典首次被查询的时候才会触发加载动作。填充 Yandex.Metrica 字典的 geo 地理数据由两组模型组成，可以分别理解为地区数据的主表及维度表。这两组模型的数据分别由上述两项配置指定，现在依次介绍它们的具体用法。

1. path_to_regions_hierarchy_file

path_to_regions_hierarchy_file 等同于区域数据的主表，由 1 个 regions_hierarchy.txt 和多个 regions_hierarchy_[name].txt 区域层次的数据文件共同组成，缺一不可。其中 [name] 表示区域标识符，与 i18n 类似。这些 TXT 文件内的数据需要使用 TabSeparated 格式定义，其数据模型的格式如表 5-1 所示。

表 5-1　regions_hierarchy 数据模型说明

名　称	类　型	是否必填	说　明
Region ID	UInt32	是	区域 ID
Parent Region ID	UInt32	是	上级区域 ID
Region Type	UInt8	是	区域类型： 1: continent 3: country 4: federal district 5: region 6: city
Population	UInt32	否	人口

2. path_to_regions_names_files

path_to_regions_names_files 等同于区域数据的维度表，记录了与区域 ID 对应的区域名称。维度数据使用 6 个 regions_names_[name].txt 文件保存，其中 [name] 表示区域标识符与 regions_hierarchy_[name].txt 对应，目前包括 ru、en、ua、by、kz 和 tr。上述这些区域的数据文件必须全部定义，这是因为内置字典在初次加载时，会一次性加载上述 6 个区域标识的数据文件。如果缺少任何一个文件就会抛出异常并导致初始化失败。

这些 TXT 文件内的数据同样需要使用 TabSeparated 格式定义，其数据模型的格式如表 5-2 所示。

表 5-2　regions_names 数据模型说明

名　称	类　型	是否必填	说　明
Region ID	UInt32	是	区域 ID
Parent Name	String	是	区域名称

5.1.2 使用内置字典

在知晓了内置字典的开启方式和Yandex.Metrica字典的数据模型之后，就可以配置字典的数据并使用它们了。首先，在/opt路径下新建geo目录：

```
# mkdir /opt/geo
```

接着，进入本书附带的演示代码，找到数据字典目录。为了便于读者测试，事先已经准备好了一份测试数据，将下列用于测试的数据文件复制到刚才已经建好的/opt/geo目录下：

```
# pwd
/opt/geo
# ll
total 36
-rw-r--r--. 1 root root 3096 Jul  7 20:38 regions_hierarchy_ru.txt
-rw-r--r--. 1 root root 3096 Jul  7 20:38 regions_hierarchy.txt
-rw-r--r--. 1 root root 3957 Jul  7 19:44 regions_names_ar.txt
-rw-r--r--. 1 root root 3957 Jul  7 19:44 regions_names_by.txt
-rw-r--r--. 1 root root 3957 Jul  7 19:44 regions_names_en.txt
-rw-r--r--. 1 root root 3957 Jul  7 19:44 regions_names_kz.txt
-rw-r--r--. 1 root root 3957 Jul  7 19:44 regions_names_ru.txt
-rw-r--r--. 1 root root 3957 Jul  7 19:44 regions_names_tr.txt
-rw-r--r--. 1 root root 3957 Jul  7 19:44 regions_names_ua.txt
```

最后，找到config.xml并按照5.1.1节介绍的方法开启内置字典。

至此，内置字典就已经全部设置好了，执行下面的语句就能够访问字典中的数据：

```
SELECT regionToName(toUInt32(20009))
┌─regionToName(toUInt32(20009))─┐
│ Buenos Aires Province         │
└───────────────────────────────┘
```

可以看到，对于Yandex.Metrica字典数据的访问，这里用到了regionToName函数。类似这样的函数还有很多，在ClickHouse中它们被称为Yandex.Metrica函数。关于这套函数的更多用法，请参阅官方手册。

5.2 外部扩展字典

外部扩展字典是以插件形式注册到ClickHouse中的，由用户自行定义数据模式及数据来源。目前扩展字典支持7种类型的内存布局和4类数据来源。相比内容十分有限的内置字典，扩展字典才是更加常用的功能。

5.2.1 准备字典数据

在接下来的篇幅中，会逐个介绍每种扩展字典的使用方法，包括它们的配置形式、数据结构及创建方法，但是在此之前还需要进行一些准备工作。为了便于演示，此处事先准备了三份测试数据，它们均使用 CSV 格式。其中，第一份是企业组织数据，它将用于 flat、hashed、cache、complex_key_hashed 和 complex_key_cache 字典的演示场景。这份数据拥有 id、code 和 name 三个字段，数据格式如下所示：

```
1,"a0001","研发部"
2,"a0002","产品部"
3,"a0003","数据部"
4,"a0004","测试部"
5,"a0005","运维部"
6,"a0006","规划部"
7,"a0007","市场部"
```

第二份是销售数据，它将用于 range_hashed 字典的演示场景。这份数据拥有 id、start、end 和 price 四个字段，数据格式如下所示：

```
1,2016-01-01,2017-01-10,100
2,2016-05-01,2017-07-01,200
3,2014-03-05,2018-01-20,300
4,2018-08-01,2019-10-01,400
5,2017-03-01,2017-06-01,500
6,2017-04-09,2018-05-30,600
7,2018-06-01,2019-01-25,700
8,2019-08-01,2019-12-12,800
```

最后一份是 asn 数据，它将用于演示 ip_trie 字典的场景。这份数据拥有 ip、asn 和 country 三个字段，数据格式如下所示：

```
"82.118.230.0/24","AS42831","GB"
"148.163.0.0/17","AS53755","US"
"178.93.0.0/18","AS6849","UA"
"200.69.95.0/24","AS262186","CO"
"154.9.160.0/20","AS174","US"
```

你可以从下面的地址获取到上述三份数据：

- https://github.com/nauu/clickhousebook/dict/plugin/testdata/organization.csv
- https://github.com/nauu/clickhousebook/dict/plugin/testdata/sales.csv
- https://github.com/nauu/clickhousebook/dict/plugin/testdata/asn.csv

下载后，将数据文件上传到 ClickHouse 节点所在的服务器即可。

5.2.2 扩展字典配置文件的元素组成

扩展字典的配置文件由 config.xml 文件中的 dictionaries_config 配置项指定：

```
<!-- Configuration of external dictionaries. See:
        https://clickhouse.yandex/docs/en/dicts/external_dicts/
-->
    <dictionaries_config>*_dictionary.xml</dictionaries_config>
```

在默认的情况下，ClickHouse会自动识别并加载/etc/clickhouse-server目录下所有以_dictionary.xml结尾的配置文件。同时ClickHouse也能够动态感知到此目录下配置文件的各种变化，并支持不停机在线更新配置文件。

在单个字典配置文件内可以定义多个字典，其中每一个字典由一组dictionary元素定义。在dictionary元素之下又分为5个子元素，均为必填项，它们完整的配置结构如下所示：

```
<?xml version="1.0"?>
<dictionaries>
    <dictionary>
        <name>dict_name</name>

        <structure>
        <!—字典的数据结构 -->
        </structure>

        <layout>
        <!—在内存中的数据格式类型 -->
        </layout>

        <source>
        <!—数据源配置 -->
        </source>

        <lifetime>
        <!—字典的自动更新频率 -->
        </lifetime>
</dictionary>
</dictionaries>
```

在上述结构中，主要配置的含义如下。

- name：字典的名称，用于确定字典的唯一标识，必须全局唯一，多个字典之间不允许重复。
- structure：字典的数据结构，5.2.3节会详细介绍。
- layout：字典的类型，它决定了数据在内存中以何种结构组织和存储。目前扩展字典共拥有7种类型，5.2.4节会详细介绍。
- source：字典的数据源，它决定了字典中数据从何处加载。目前扩展字典共拥有文件、数据库和其他三类数据来源，5.2.5节会详细介绍。
- lifetime：字典的更新时间，扩展字典支持数据在线更新，5.2.6节会详细介绍。

5.2.3 扩展字典的数据结构

扩展字典的数据结构由structure元素定义，由键值key和属性attribute两部分组成，它们分别描述字典的数据标识和字段属性。structure的完整形式如下所示（在后面的查询过程中都会通过这些字段来访问字典中的数据）：

```
<dictionary>
    <structure>
        <!— <id> 或 <key> -->
        <id>
            <!—Key属性-->
        </id>

        <attribute>
            <!—字段属性-->
        </attribute>
        ...
    </structure>
</dictionary>
```

接下来具体介绍key和attribute的含义。

1. key

key用于定义字典的键值，每个字典必须包含1个键值key字段，用于定位数据，类似数据库的表主键。键值key分为数值型和复合型两类。

（1）数值型：数值型key由UInt64整型定义，支持flat、hashed、range_hashed和cache类型的字典（扩展字典类型会在后面介绍），它的定义方法如下所示。

```
<structure>
    <id>
        <!—名称自定义-->
        <name>Id</name>
    </id>
省略…
```

（2）复合型：复合型key使用Tuple元组定义，可以由1到多个字段组成，类似数据库中的复合主键。它仅支持complex_key_hashed、complex_key_cache和ip_trie类型的字典。其定义方法如下所示。

```
<structure>
    <key>
        <attribute>
            <name>field1</name>
            <type>String</type>
        </attribute>
        <attribute>
            <name>field2</name>
            <type>UInt64</type>
        </attribute>
        省略…
    </key>
省略…
```

2. attribute

attribute用于定义字典的属性字段，字典可以拥有1到多个属性字段。它的完整定义方法如下所示：

```
<structure>
    省略…
    <attribute>
        <name>Name</name>
        <type>DataType</type>
        <!—空字符串-->
        <null_value></null_value>
        <expression>generateUUIDv4()</expression>
        <hierarchical>true</hierarchical>
        <injective>true</injective>
        <is_object_id>true</is_object_id>
    </attribute>
    省略…
</structure>
```

在 attribute 元素下共有 7 个配置项，其中 name、type 和 null_value 为必填项。这些配置项的详细说明如表 5-3 所示。

表 5-3　attribute 的配置项说明

配置名称	是否必填	默认值	说明
name	是	—	字段名称
type	是	—	字段类型，参见第 4 章的数据类型部分
null_value	是	—	在查询时，条件 key 没有对应元素时的默认值
expression	否	无表达式	表达式，可以调用函数或者使用运算符
hierarchical	否	false	是否支持层次结构
injective	否	false	是否支持集合单射优化。开启后，在后续的 GROUP BY 查询中，如果调用 dictGet 函数通过 key 获取 value，则该 value 直接从 GROUP BY 数据返回
is_object_id	否	false	是否开启 MongoDB 优化，通过 ObjectID 对 MongoDB 文档执行查询

注意，假设有两个集合 A 和 B。如果集合 A 中的每个元素 x，在集合 B 中都有一个唯一与之对应的元素 y，那么集合 A 到 B 的映射关系就是单射映射。

5.2.4 扩展字典的类型

扩展字典的类型使用 layout 元素定义，目前共有 7 种类型。一个字典的类型，既决定了其数据在内存中的存储结构，也决定了该字典支持的 key 键类型。根据 key 键类型的不同，可以将它们划分为两类：一类是以 flat、hashed、range_hashed 和 cache 组成的单数值 key 类型，因为它们均使用单个数值型的 id；另一类则是由 complex_key_hashed、complex_key_cache 和 ip_trie 组成的复合 key 类型。complex_key_hashed 与 complex_key_cache 字典在功能方面与 hashed 和 cache 并无二致，只是单纯地将数值型 key 替换成了复合型 key 而已。

接下来会结合 5.2.1 节中已准备好的测试数据，逐一介绍 7 种字典的完整配置方法。通过这个过程，可以领略到不同类型字典的特点以及它们的使用方法。

1. flat

flat 字典是所有类型中性能最高的字典类型，它只能使用 UInt64 数值型 key。顾名思义，flat 字典的数据在内存中使用数组结构保存，数组的初始大小为 1024，上限为 500 000，这意味着它最多只能保存 500 000 行数据。如果在创建字典时数据量超出其上限，那么字典会创建失败。代码清单 5-1 所示是通过手动创建的 flat 字典配置文件。

代码清单5-1 flat类型字典的配置文件test_flat_dictionary.xml

```
<?xml version="1.0"?>
<dictionaries>
    <dictionary>
        <name>test_flat_dict</name>

        <source>
                <!—准备好的测试数据-->
                <file>
                    <path>/chbase/data/dictionaries /organization.csv</path>
                    <format>CSV</format>
                </file>
            </source>

        <layout>
            <flat/>
        </layout>

        <!—与测试数据的结构对应-->
        <structure>
            <id>
                <name>id</name>
            </id>

            <attribute>
                <name>code</name>
                <type>String</type>
                <null_value></null_value>
            </attribute>

            <attribute>
                <name>name</name>
                <type>String</type>
                <null_value></null_value>
            </attribute>
```

```
        </structure>

         <lifetime>
            <min>300</min>
            <max>360</max>
        </lifetime>

    </dictionary>
</dictionaries>
```

在上述的配置中，source数据源是CSV格式的文件，structure数据结构与其对应。将配置文件复制到ClickHouse服务节点的/etc/clickhouse-server目录后，即完成了对该字典的创建过程。查验system.dictionaries系统表后，能够看到flat字典已经创建成功。

```
SELECT name, type, key, attribute.names, attribute.types FROM system.dictionaries
┌─name────────────────────┬─type──┬─key────────┬─attribute.names──┐
│ test_flat_dict          │ Flat  │ UInt64     │ ['code','name']  │
└─────────────────────────┴───────┴────────────┴──────────────────┘
```

2. hashed

hashed字典同样只能够使用UInt64数值型key，但与flat字典不同的是，hashed字典的数据在内存中通过散列结构保存，且没有存储上限的制约。代码清单5-2所示是仿照flat创建的hashed字典配置文件。

代码清单5-2　hashed类型字典的配置文件test_ hashed_dictionary.xml

```
<?xml version="1.0"?>
<dictionaries>
    <dictionary>
        <name>test_hashed_dict</name>
        与flat字典配置相同,省略…
        <layout>
            <hashed/>
        </layout>

        省略…

    </dictionary>
</dictionaries>
```

同样将配置文件复制到ClickHouse服务节点的/etc/clickhouse-server目录后，即完成了对该字典的创建过程。

3. range_hashed

range_hashed字典可以看作hashed字典的变种，它在原有功能的基础上增加了指定时间区间的特性，数据会以散列结构存储并按照时间排序。时间区间通过range_min和range_max元素指定，所指定的字段必须是Date或者DateTime类型。

现在仿照hashed字典的配置，创建一个名为test_range_hashed_dictionary.xml的配置文件，将layout改为range_hashed并增加range_min和range_max元素。它的完整配置如代码清单5-3所示。

代码清单5-3 range_hashed类型字典的配置文件 test_range_hashed _dictionary.xml

```
<?xml version="1.0"?>
<dictionaries>
    <dictionary>
        <name>test_range_hashed_dict</name>
        <source>
                <file>
                <path>/chbase/data/dictionaries/sales.csv</path>
                <format>CSV</format>
                </file>
            </source>


        <layout>
            <range_hashed/>
        </layout>
        <structure>
            <id>
                <name>id</name>
            </id>

            <range_min>
                    <name>start</name>
                    </range_min>

                <range_max>
                    <name>end</name>
                </range_max>

            <attribute>
                <name>price</name>
                <type>Float32</type>
                <null_value></null_value>
            </attribute>
        </structure>

         <lifetime>
            <min>300</min>
            <max>360</max>
        </lifetime>

    </dictionary>
</dictionaries>
```

在上述的配置中，使用了一份销售数据，数据中的 start 和 end 字段分别与 range_min 和 range_max 对应。将配置文件复制到 ClickHouse 服务节点的 /etc/clickhouse-server 目录后，即完成了对该字典的创建过程。查验 system.dictionaries 系统表后，能够看到 range_hashed 字典已经创建成功：

```
SELECT name, type, key, attribute.names, attribute.types FROM system.dictionaries
┌─name─────────────────────┬─type────────┬─key────┬─attribute.names─┐
│ test_range_hashed_dict   │ RangeHashed │ UInt64 │ ['price']       │
└──────────────────────────┴─────────────┴────────┴─────────────────┘
```

4. cache

cache 字典只能够使用 UInt64 数值型 key，它的字典数据在内存中会通过固定长度的向量数组保存。定长的向量数组又称 cells，它的数组长度由 size_in_cells 指定。而 size_in_cells 的取值大小必须是 2 的整数倍，如若不是，则会自动向上取为 2 的倍数的整数。

cache 字典的取数逻辑与其他字典有所不同，它并不会一次性将所有数据载入内存。当从 cache 字典中获取数据的时候，它首先会在 cells 数组中检查该数据是否已被缓存。如果数据没有被缓存，它才会从源头加载数据并缓存到 cells 中。所以 cache 字典是性能最不稳定的字典，因为它的性能优劣完全取决于缓存的命中率（缓存命中率 = 命中次数 / 查询次数），如果无法做到 99% 或者更高的缓存命中率，则最好不要使用此类型。代码清单 5-4 所示是仿照 hashed 创建的 cache 字典配置文件。

代码清单5-4 cache类型字典的配置文件 test_cache _dictionary.xml

```
<?xml version="1.0"?>
<dictionaries>
    <dictionary>
        <name>test_cache_dict</name>
        <source>
            <!-- 本地文件需要通过 executable形式 -->
            <executable>
                <command>cat /chbase/data/dictionaries/organization.csv</command>
                <format>CSV</format>
            </executable>
        </source>
        <layout>
            <cache>
                <!-- 缓存大小  -->
                <size_in_cells>10000</size_in_cells>
            </cache>
        </layout>
        省略…

    </dictionary>
</dictionaries>
```

在上述配置中，layout 被声明为 cache 并将缓存大小 size_in_cells 设置为 10000。关于 cells 的取值可以根据实际情况考虑，在内存宽裕的情况下设置成 1000000000 也是可行的。还有一点需要注意，如果 cache 字典使用本地文件作为数据源，则必须使用 executable 的形式设置。

5. complex_key_hashed

complex_key_hashed 字典在功能方面与 hashed 字典完全相同，只是将单个数值型 key 替换成了复合型。代码清单 5-5 所示是仿照 hashed 字典进行配置后，将 layout 改为 complex_key_hashed 并替换 key 类型的示例。

代码清单5-5　complex_key_hashed类型字典的配置文件test_complex_key_hashed_dictionary.xml

```
<?xml version="1.0"?>
<dictionaries>
    <dictionary>
        <name>test_complex_key_hashed_dict</name>
        <!—-  与hashed字典配置相同,省略…-->
        <layout>
            <complex_key_hashed/>
        </layout>
        <structure>
                <!—- 复合型key  -->
                <key>
                    <attribute>
                        <name>id</name>
                        <type>UInt64</type>
                     </attribute>
                    <attribute>
                        <name>code</name>
                        <type>String</type>
                    </attribute>
                </key>
         省略…
        </structure>
        省略…
```

将配置文件复制到 ClickHouse 服务节点的 /etc/clickhouse-server 目录后，即完成了对该字典的创建过程。

6. complex_key_cache

complex_key_cache 字典同样与 cache 字典的特性完全相同，只是将单个数值型 key 替换成了复合型。现在仿照 cache 字典进行配置，将 layout 改为 complex_key_cache 并替换 key 类型，如代码清单 5-6 所示。

代码清单5-6　complex_key_cache类型字典的配置文件test_ complex_key_cache_dictionary.xml

```
<?xml version="1.0"?>
<dictionaries>
```

```
    <dictionary>
        <name>test_complex_key_cache_dict</name>
        <!—-与cache字典配置相同,省略…-->
        <layout>
            <complex_key_cache>
                <size_in_cells>10000</size_in_cells>
            </complex_key_cache>
        </layout>

        <structure>
                <!—- 复合型Key  -->
                <key>
                    <attribute>
                        <name>id</name>
                        <type>UInt64</type>
                     </attribute>
                    <attribute>
                        <name>code</name>
                        <type>String</type>
                    </attribute>
                </key>
        省略…
        </structure>
        省略…
```

将配置文件复制到 ClickHouse 服务节点的 /etc/clickhouse-server 目录后，即完成了对该字典的创建过程。

7. ip_trie

虽然同为复合型 key 的字典，但 ip_trie 字典却较为特殊，因为它只能指定单个 String 类型的字段，用于指代 IP 前缀。ip_trie 字典的数据在内存中使用 trie 树结构保存，且专门用于 IP 前缀查询的场景，例如通过 IP 前缀查询对应的 ASN 信息。它的完整配置如代码清单 5-7 所示。

代码清单5-7 ip_trie类型字典的配置文件test_ ip_trie _dictionary.xml

```
<?xml version="1.0"?>
<dictionaries>
    <dictionary>

        <name>test_ip_trie_dict</name>

        <source>
            <file>
                <path>/chbase/data/dictionaries/asn.csv</path>
                <format>CSV</format>
            </file>
        </source>

            <layout>
```

```
            <ip_trie/>
        </layout>

        <structure>
            <!—虽然是复合类型,但是只能设置单个String类型的字段 -->
            <key>
                <attribute>
                    <name>prefix</name>
                    <type>String</type>
                </attribute>
            </key>

        <attribute>
            <name>asn</name>
            <type>String</type>
            <null_value></null_value>
        </attribute>

        <attribute>
            <name>country</name>
            <type>String</type>
            <null_value></null_value>
        </attribute>
    </structure>

    省略…

  </dictionary>
</dictionaries>
```

通过上述介绍，读者已经知道了7种类型字典的创建方法。在这些字典中，flat、hashed和range_hashed依次拥有最高的性能，而cache性能最不稳定。最后再总结一下这些字典各自的特点，如表5-4所示。

表5-4　7种类型字典的特点总结

名　称	存储结构	字典键类型	支持的数据来源
flat	数组	UInt64	Local file Executable file HTTP DBMS
hashed	散列	UInt64	Local file Executable file HTTP DBMS
range_hashed	散列并按时间排序	UInt64和时间	Local file Executable file HTTP DBMS

（续）

名　称	存储结构	字典键类型	支持的数据来源
complex_key_hashed	散列	复合型 key	Local file Executable file HTTP DBMS
ip_trie	层次结构	复合型 key （单个 String）	Local file Executable file HTTP DBMS
cache	固定大小数组	UInt64	Executable file HTTP ClickHouse、MySQL
complex_key_cache	固定大小数组	复合型 key	Executable file HTTP ClickHouse、MySQL

5.2.5 扩展字典的数据源

数据源使用 source 元素定义，它指定了字典的数据从何而来。通过 5.2.4 节其实大家已经领略过本地文件与可执行文件这两种数据源了，但扩展字典支持的数据源远不止这些。现阶段，扩展字典支持 3 大类共计 9 种数据源，接下来会以更加体系化的方式逐一介绍它们。

1. 文件类型

文件可以细分为本地文件、可执行文件和远程文件三类，它们是最易使用且最为直接的数据源，非常适合在静态数据这类场合中使用。

1）本地文件

本地文件使用 file 元素定义。其中，path 表示数据文件的绝对路径，而 format 表示数据格式，例如 CSV 或者 TabSeparated 等。它的完整配置如下所示。

```
<source>
    <file>
        <path>/data/dictionaries/organization.csv</path>
        <format>CSV</format>
    </file>
</source>
```

2）可执行文件

可执行文件数据源属于本地文件的变种，它需要通过 cat 命令访问数据文件。对于 cache 和 complex_key_cache 类型的字典，必须使用此类型的文件数据源。可执行文件使用 executable 元素定义。其中，command 表示数据文件的绝对路径，format 表示数据格式，例如 CSV 或者 TabSeparated 等。它的完整配置如下所示。

```
<source>
    <executable>
        <command>cat /data/dictionaries/organization.csv</ command>
        <format>CSV</format>
    </executable>
</source>
```

3）远程文件

远程文件与可执行文件类似，只是它将cat命令替换成了post请求，支持HTTP与HTTPS协议。远程文件使用http元素定义。其中，url表示远程数据的访问地址，format表示数据格式，例如CSV或者TabSeparated。它的完整配置如下所示。

```
<source>
    <http>
        <url>http://10.37.129.6/organization.csv</url>
        <format>CSV</format>
    </http>
</source>
```

2. 数据库类型

相比文件类型，数据库类型的数据源更适合在正式的生产环境中使用。目前扩展字典支持MySQL、ClickHouse本身及MongoDB三种数据库。接下来会分别介绍它们的创建方法。对于MySQL和MongoDB数据库环境的安装，由于篇幅原因此处不再赘述，而相关的SQL脚本可以在本书附带的源码站点中下载。

1）MySQL

MySQL数据源支持从指定的数据库中提取数据，作为其字典的数据来源。首先，需要准备源头数据，执行下面的语句在MySQL中创建测试表：

```
CREATE TABLE 't_organization' (
    `id` int(11) NOT NULL AUTO_INCREMENT,
    `code` varchar(40) DEFAULT NULL,
    `name` varchar(60) DEFAULT NULL,
    `updatetime` datetime DEFAULT NULL,
    PRIMARY KEY (`id`)
) ENGINE=InnoDB AUTO_INCREMENT=8 DEFAULT CHARSET=utf8;
```

接着，写入测试数据：

```
INSERT INTO t_organization (code, name,updatetime) VALUES('a0001','研发部',NOW())
INSERT INTO t_organization (code, name,updatetime) VALUES('a0002','产品部',NOW())
…
```

完成上述准备之后，就可以配置MySQL数据源的字典了。现在仿照flat字典进行配置，创建一个名为test_mysql_dictionary.xml的配置文件，将source替换成MySQL数据源：

```
<dictionaries>
    <dictionary>
        <name>test_mysql_dict</name>
        <source>
            <mysql>
                <port>3306</port>
                <user>root</user>
                <password></password>
                <replica>
                    <host>10.37.129.2</host>
                    <priority>1</priority>
                </replica>

                <db>test</db>
                <table>t_organization</table>
                <!--
                <where>id=1</where>
                <invalidate_query>SQL_QUERY</invalidate_query>
                -->
            </mysql>
    </source>
省略…
```

其中，各配置项的含义分别如下。

- port：数据库端口。
- user：数据库用户名。
- password：数据库密码。
- replica：数据库 host 地址，支持 MySQL 集群。
- db：database 数据库。
- table：字典对应的数据表。
- where：查询 table 时的过滤条件，非必填项。
- invalidate_query：指定一条 SQL 语句，用于在数据更新时判断是否需要更新，非必填项。5.2.6 节会详细说明。

将配置文件复制到 ClickHouse 服务节点的 /ctc/clickhouse-server 目录后，即完成了对该字典的创建过程。

2）ClickHouse

扩展字典支持将 ClickHouse 数据表作为数据来源，这是一种比较有意思的设计。在配置之前同样需要准备数据源的测试数据，执行下面的语句在 ClickHouse 中创建测试表并写入测试数据：

```
CREATE TABLE t_organization (
    ID UInt64,
    Code String,
    Name String,
```

```
    UpdateTime DateTime
) ENGINE = TinyLog;
--写入测试数据
INSERT INTO t_organization VALUES(1,'a0001','研发部',NOW()),(2,'a0002','产品部'
    ,NOW()),(3,'a0003','数据部',NOW()),(4,'a0004','测试部',NOW()),(5,'a0005','运维部'
    ,NOW()),(6,'a0006','规划部',NOW()),(7,'a0007','市场部',NOW())
```

ClickHouse数据源的配置与MySQL数据源极为相似，所以我们可以仿照MySQL数据源的字典配置，创建一个名为test_ch_dictionary.xml的配置文件，将source替换成ClickHouse数据源：

```
<?xml version="1.0"?>
<dictionaries>
    <dictionary>
        <name>test_ch_dict</name>

        <source>
            <clickhouse>
                <host>10.37.129.6</host>
                <port>9000</port>
                <user>default</user>
                <password></password>
                <db>default</db>
                <table>t_organization</table>
                <!--
                <where>id=1</where>
                <invalidate_query>SQL_QUERY</invalidate_query>
                -->
                </clickhouse>
            </source>
省略…
```

其中，各配置项的含义分别如下。

- host：数据库host地址。
- port：数据库端口。
- user：数据库用户名。
- password：数据库密码。
- db：database数据库。
- table：字典对应的数据表。
- where：查询table时的过滤条件，非必填项。
- invalidate_query：指定一条SQL语句，用于在数据更新时判断是否需要更新，非必填项。在5.2.6节会详细说明。

3）MongoDB

最后是MongoDB数据源，执行下面的语句，MongoDB会自动创建相应的schema并写入数据：

```
db.t_organization.insertMany(
[{
        id: 1,
    code: 'a0001',
    name: '研发部'
},
{
        id: 2,
    code: 'a0002',
    name: '产品部'
},
{
        id: 3,
    code: 'a0003',
    name: '数据部'
},
{
        id: 4,
    code: 'a0004',
    name: '测试部'
}]
)
```

完成上述准备之后就可以配置 MongoDB 数据源的字典了，同样仿照 MySQL 字典配置，创建一个名为 test_mongodb_dictionary.xml 的配置文件，将 source 替换成 mongodb 数据源：

```
<dictionaries>
    <dictionary>
        <name>test_mongodb_dict</name>
        <source>
            <mongodb>
                <host>10.37.129.2</host>
                <port>27017</port>
                <user></user>
                <password></password>
                <db>test</db>
                <collection>t_organization</collection>
            </mongodb>
        </source>
        省略…
```

其中，各配置项的含义分别如下。

- host：数据库 host 地址。
- port：数据库端口。
- user：数据库用户名。
- password：数据库密码。

- db：database 数据库。
- collection：与字典对应的 collection 的名称。

3. 其他类型

除了上述已经介绍过的两类数据源之外，扩展字典还支持通过 ODBC 的方式连接 PostgreSQL 和 MS SQL Server 数据库作为数据源。它们的配置方式与数据库类型数据源大同小异，此处不再赘述，如有需要请参见官方手册。

5.2.6 扩展字典的数据更新策略

扩展字典支持数据的在线更新，更新后无须重启服务。字典数据的更新频率由配置文件中的 lifetime 元素指定，单位为秒：

```
<lifetime>
    <min>300</min>
    <max>360</max>
</lifetime>
```

其中，min 与 max 分别指定了更新间隔的上下限。ClickHouse 会在这个时间区间内随机触发更新动作，这样能够有效错开更新时间，避免所有字典在同一时间内爆发性的更新。当 min 和 max 都是 0 的时候，将禁用字典更新。对于 cache 字典而言，lifetime 还代表了它的缓存失效时间。

字典内部拥有版本的概念，在数据更新的过程中，旧版本的字典将持续提供服务，只有当更新完全成功之后，新版本的字典才会替代旧版本。所以更新操作或者更新时发生的异常，并不会对字典的使用产生任何影响。

不同类型的字典数据源，更新机制也稍有差异。总体来说，扩展字典目前并不支持增量更新。但部分数据源能够依照标识判断，只有在源数据发生实质变化后才实施更新动作。这个判断源数据是否被修改的标识，在字典内部称为 previous，它保存了一个用于比对的值。ClickHouse 的后台进程每隔 5 秒便会启动一次数据刷新的判断，依次对比每个数据字典中前后两次 previous 的值是否相同。若相同，则代表无须更新数据；若不同且满足更新频率，则代表需要更新数据。而对于 previous 值的获取方式，不同的数据源有不同的实现逻辑，下面详细介绍。

1. 文件数据源

对于文件类型的数据源，它的 previous 值来自系统文件的修改时间，这和 Linux 系统中的 stat 查询命令类似：

```
#stat ./test_flat_dictionary.xml
    File: `./test_flat_dictionary.xml'
    Size: 926              Blocks: 8           IO Block: 4096    regular file

Access: 2019-07-18 01:15:43.509000359 +0800
```

```
Modify: 2019-07-18 01:15:32.000000000 +0800
Change: 2019-07-18 01:15:38.865999868 +0800
```

当前后两次 previous 的值不相同时，才会触发数据更新。

2. MySQL(InnoDB)、ClickHouse 和 ODBC

对于 MySQL（InnoDB 引擎）、ClickHouse 和 ODBC 数据源，它们的 previous 值来源于 invalidate_query 中定义的 SQL 语句。例如在下面的示例中，如果前后两次的 updatetime 值不相同，则会判定源数据发生了变化，字典需要更新。

```
<source>
    <mysql>
        省略…
        <invalidate_query>select updatetime from t_organization where id = 8</
            invalidate_query>
    </mysql>
</source>
```

这对源表有一定的要求，它必须拥有一个支持判断数据是否更新的字段。

3. MySQL(MyISAM)

如果数据源是 MySQL 的 MyISAM 表引擎，则它的 previous 值要简单得多。因为在 MySQL 中，使用 MyISAM 表引擎的数据表支持通过 SHOW TABLE STATUS 命令查询修改时间。例如在 MySQL 中执行下面的语句，就能够查询到数据表的 Update_time 值：

```
SHOW TABLE STATUS  WHERE Name = 't_organization'
```

所以，如果前后两次 Update_time 的值不相同，则会判定源数据发生了变化，字典需要更新。

4. 其他数据源

除了上面描述的数据源之外，其他数据源目前无法依照标识判断是否跳过更新。所以无论数据是否发生实质性更改，只要满足当前 lifetime 的时间要求，它们都会执行更新动作。相比之前介绍的更新方式，其他类型的更新效率更低。

除了按照 lifetime 定义的时间频率被动更新之外，数据字典也能够主动触发更新。执行下面的语句后，将会触发所有数据字典的更新：

```
SYSTEM RELOAD DICTIONARIES
```

也支持指定某个具体字典的更新：

```
SYSTEM RELOAD DICTIONARY [dict_name]
```

5.2.7 扩展字典的基本操作

至此，我们已经在 ClickHouse 中创建了 10 种不同类型的扩展字典。接下来将目光聚焦到字典的基本操作上，包括对字典元数据和数据的查询，以及借助字典表引擎访问数据。

1. 元数据查询

通过 system.dictionaries 系统表，可以查询扩展字典的元数据信息。例如执行下面的语句就可以看到目前所有已经创建的扩展字典的名称、类型和字段等信息：

```
SELECT name, type, key, attribute.names, attribute.types, source FROM system.dictionaries
```

上述代码执行后得到的结果如图 5-1 所示。

	name	type	key	attribute.names	attribute.types	source
1	test_flat_dict	Flat	UInt64	['code','name']	['String','String']	File: /chbase/data/dictionaries/organization.csv CSV
2	test_ch_dict	Flat	UInt64	['Code','Name','UpdateTime']	['String','String','DateTime']	ClickHouse: default.t_organization
3	test_complex_key_hashed_dict	ComplexKeyHashed	(UInt64, String)	name	String	File: /chbase/data/dictionaries/organization.csv CSV
4	test_mysql_dict	Flat	UInt64	['code','name','updatetime']	['String','String','DateTime']	MySQL: test.t_organization
5	test_range_hashed_dict	RangeHashed	UInt64	price	Float32	File: /chbase/data/dictionaries/sales.csv CSV
6	test_hashed_dict	Hashed	UInt64	['code','name']	['String','String']	File: /chbase/data/dictionaries/organization.csv CSV
7	test_mongodb_dict	Flat	UInt64	['code','name']	['String','String']	MongoDB: test.t_organization, 10.37.129.2:27017
8	test_ip_trie_dict	Trie	(String)	['asn','country']	['String','String']	File: /chbase/data/dictionaries/asn.csv CSV
9	test_cache_dict	Cache	UInt64	['code','name']	['String','String']	Executable: cat /chbase/data/dictionaries/organization.csv
10	test_complex_key_cache_dict	ComplexKeyCache	(UInt64, String)	name	String	Executable: cat /chbase/data/dictionaries/organization.csv

图 5-1　已创建的扩展字典的元数据信息

在 system.dictionaries 系统表内，其主要字段的含义分别如下。

- name：字典的名称，在使用字典函数时需要通过字典名称访问数据。
- type：字典所属类型。
- key：字典的 key 值，数据通过 key 值定位。
- attribute.names：属性名称，以数组形式保存。
- attribute.types：属性类型，以数组形式保存，其顺序与 attribute.names 相同。
- bytes_allocated：已载入数据在内存中占用的字节数。
- query_count：字典被查询的次数。
- hit_rate：字典数据查询的命中率。
- element_count：已载入数据的行数。
- load_factor：数据的加载率。
- source：数据源信息。
- last_exception：异常信息，需要重点关注。如果字典在加载过程中产生异常，那么异常信息会写入此字段。last_exception 是获取字典调试信息的主要方式。

2. 数据查询

在正常情况下，字典数据只能通过字典函数获取，例如下面的语句就使用到了 dictGet('dict_name', 'attr_name', key) 函数：

```
SELECT dictGet('test_flat_dict','name',toUInt64(1))
```

如果字典使用了复合型 key，则需要使用元组作为参数传入：

```
SELECT dictGet('test_ip_trie_dict', 'asn', tuple(IPv4StringToNum('82.118.230.0')))
```

除了 dictGet 函数之外，ClickHouse 还提供了一系列以 dictGet 为前缀的字典函数，具体如下所示。

- 获取整型数据的函数：dictGetUInt8、dictGetUInt16、dictGetUInt32、dictGetUInt64、dictGetInt8、dictGetInt16、dictGetInt32、dictGetInt64。
- 获取浮点数据的函数：dictGetFloat32、dictGetFloat64。
- 获取日期数据的函数：dictGetDate、dictGetDateTime。
- 获取字符串数据的函数：dictGetString、dictGetUUID。

这些函数的使用方法与 dictGet 大同小异，此处不再赘述。

3. 字典表

除了通过字典函数读取数据之外，ClickHouse 还提供了另外一种借助字典表的形式来读取数据。字典表是使用 Dictionary 表引擎的数据表，比如下面的例子：

```
CREATE TABLE tb_test_flat_dict (
    id UInt64,
    code String,
    name String
) ENGINE = Dictionary(test_flat_dict);
```

通过这张表，就能查询到字典中的数据。更多关于字典引擎的信息详见第 8 章。

4. 使用 DDL 查询创建字典

从 19.17.4.11 版本开始，ClickHouse 开始支持使用 DDL 查询创建字典，例如：

```
CREATE DICTIONARY test_dict(
      id UInt64,
      value String
 )
PRIMARY KEY id
LAYOUT(FLAT())
SOURCE(FILE(PATH '/usr/bin/cat' FORMAT TabSeparated))
LIFETIME(1)
```

可以看到，其配置参数与之前并无差异，只是转成了 DDL 的形式。

5.3 本章小结

通过对本章的学习，我们知道了 ClickHouse 拥有内置与扩展两类数据字典，同时也掌握了数据字典的配置、更新和查询的基本操作。在内置字典方面，目前只有一种 YM 字典且需要自行准备数据，而扩展字典是更加常用的字典类型。在扩展字典方面，目前拥有 7 种类型，其中 flat、hashed 和 range_hashed 依次拥有最高的性能。数据字典能够有效地帮助我们消除不必要的 JOIN 操作（例如根据 ID 转名称），优化 SQL 查询，为查询性能带来质的提升。下一章将开始介绍 MergeTree 表引擎的核心原理。

Chapter 6 第 6 章

MergeTree 原理解析

表引擎是 ClickHouse 设计实现中的一大特色。可以说，是表引擎决定了一张数据表最终的“性格”，比如数据表拥有何种特性、数据以何种形式被存储以及如何被加载。ClickHouse 拥有非常庞大的表引擎体系，截至本书完成时，其共拥有合并树、外部存储、内存、文件、接口和其他 6 大类 20 多种表引擎。而在这众多的表引擎中，又属合并树（MergeTree）表引擎及其家族系列（*MergeTree）最为强大，在生产环境的绝大部分场景中，都会使用此系列的表引擎。因为只有合并树系列的表引擎才支持主键索引、数据分区、数据副本和数据采样这些特性，同时也只有此系列的表引擎支持 ALTER 相关操作。

合并树家族自身也拥有多种表引擎的变种。其中 MergeTree 作为家族中最基础的表引擎，提供了主键索引、数据分区、数据副本和数据采样等基本能力，而家族中其他的表引擎则在 MergeTree 的基础之上各有所长。例如 ReplacingMergeTree 表引擎具有删除重复数据的特性，而 SummingMergeTree 表引擎则会按照排序键自动聚合数据。如果给合并树系列的表引擎加上 Replicated 前缀，又会得到一组支持数据副本的表引擎，例如 ReplicatedMergeTree、ReplicatedReplacingMergeTree、ReplicatedSummingMergeTree 等。合并树表引擎家族如图 6-1 所示。

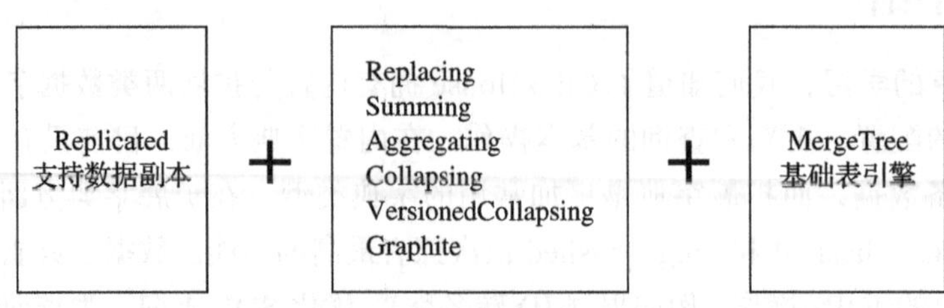

图 6-1　合并树表引擎家族

虽然合并树的变种很多，但 MergeTree 表引擎才是根基。作为合并树家族系列中最基础的表引擎，MergeTree 具备了该系列其他表引擎共有的基本特征，所以吃透了 MergeTree 表引擎的原理，就能够掌握该系列引擎的精髓。本章就针对 MergeTree 的一些基本原理进行解读。

6.1 MergeTree 的创建方式与存储结构

MergeTree 在写入一批数据时，数据总会以数据片段的形式写入磁盘，且数据片段不可修改。为了避免片段过多，ClickHouse 会通过后台线程，定期合并这些数据片段，属于相同分区的数据片段会被合成一个新的片段。这种数据片段往复合并的特点，也正是合并树名称的由来。

6.1.1 MergeTree 的创建方式

创建 MergeTree 数据表的方法，与我们第 4 章介绍的定义数据表的方法大致相同，但需要将 ENGINE 参数声明为 MergeTree()，其完整的语法如下所示：

```
CREATE TABLE [IF NOT EXISTS] [db_name.]table_name (
    name1 [type] [DEFAULT|MATERIALIZED|ALIAS expr],
    name2 [type] [DEFAULT|MATERIALIZED|ALIAS expr],
    省略...
) ENGINE = MergeTree()
[PARTITION BY expr]
[ORDER BY expr]
[PRIMARY KEY expr]
[SAMPLE BY expr]
[SETTINGS name=value, 省略...]
```

MergeTree 表引擎除了常规参数之外，还拥有一些独有的配置选项。接下来会着重介绍其中几个重要的参数，包括它们的使用方法和工作原理。但是在此之前，还是先介绍一遍它们的作用。

（1）PARTITION BY [选填]：分区键，用于指定表数据以何种标准进行分区。分区键既可以是单个列字段，也可以通过元组的形式使用多个列字段，同时它也支持使用列表达式。如果不声明分区键，则 ClickHouse 会生成一个名为 all 的分区。合理使用数据分区，可以有效减少查询时数据文件的扫描范围，更多关于数据分区的细节会在 6.2 节介绍。

（2）ORDER BY [必填]：排序键，用于指定在一个数据片段内，数据以何种标准排序。默认情况下主键（PRIMARY KEY）与排序键相同。排序键既可以是单个列字段，例如 ORDER BY CounterID，也可以通过元组的形式使用多个列字段，例如 ORDER BY (CounterID,EventDate)。当使用多个列字段排序时，以 ORDER BY(CounterID,EventDate) 为例，在单个数据片段内，数据首先会以 CounterID 排序，相同 CounterID 的数据再按 EventDate

排序。

（3）PRIMARY KEY [选填]：主键，顾名思义，声明后会依照主键字段生成一级索引，用于加速表查询。默认情况下，主键与排序键 (ORDER BY) 相同，所以通常直接使用 ORDER BY 代为指定主键，无须刻意通过 PRIMARY KEY 声明。所以在一般情况下，在单个数据片段内，数据与一级索引以相同的规则升序排列。与其他数据库不同，MergeTree 主键允许存在重复数据（ReplacingMergeTree 可以去重）。

（4）SAMPLE BY [选填]：抽样表达式，用于声明数据以何种标准进行采样。如果使用了此配置项，那么在主键的配置中也需要声明同样的表达式，例如：

```
    省略...
) ENGINE = MergeTree()
ORDER BY (CounterID, EventDate, intHash32(UserID)
SAMPLE BY intHash32(UserID)
```

抽样表达式需要配合 SAMPLE 子查询使用，这项功能对于选取抽样数据十分有用，更多关于抽样查询的使用方法会在第 9 章介绍。

（5）SETTINGS: index_granularity [选填]：index_granularity 对于 MergeTree 而言是一项非常重要的参数，它表示索引的粒度，默认值为 8192。也就是说，MergeTree 的索引在默认情况下，每间隔 8192 行数据才生成一条索引，其具体声明方式如下所示：

```
    省略...
) ENGINE = MergeTree()
  省略...
SETTINGS index_granularity = 8192;
```

8192 是一个神奇的数字，在 ClickHouse 中大量数值参数都有它的影子，可以被其整除（例如最小压缩块大小 min_compress_block_size:65536）。通常情况下并不需要修改此参数，但理解它的工作原理有助于我们更好地使用 MergeTree。关于索引详细的工作原理会在后续阐述。

（6）SETTINGS: index_granularity_bytes [选填]：在 19.11 版本之前，ClickHouse 只支持固定大小的索引间隔，由 index_granularity 控制，默认为 8192。在新版本中，它增加了自适应间隔大小的特性，即根据每一批次写入数据的体量大小，动态划分间隔大小。而数据的体量大小，正是由 index_granularity_bytes 参数控制的，默认为 10M(10×1024×1024)，设置为 0 表示不启动自适应功能。

（7）SETTINGS: enable_mixed_granularity_parts [选填]：设置是否开启自适应索引间隔的功能，默认开启。

（8）SETTINGS: merge_with_ttl_timeout [选填]：从 19.6 版本开始，MergeTree 提供了数据 TTL 的功能，关于这部分的详细介绍，将留到第 7 章介绍。

（9）SETTINGS: storage_policy [选填]：从 19.15 版本开始，MergeTree 提供了多路径的存储策略，关于这部分的详细介绍，同样留到第 7 章介绍。

6.1.2 MergeTree 的存储结构

MergeTree 表引擎中的数据是拥有物理存储的，数据会按照分区目录的形式保存到磁盘之上，其完整的存储结构如图 6-2 所示。

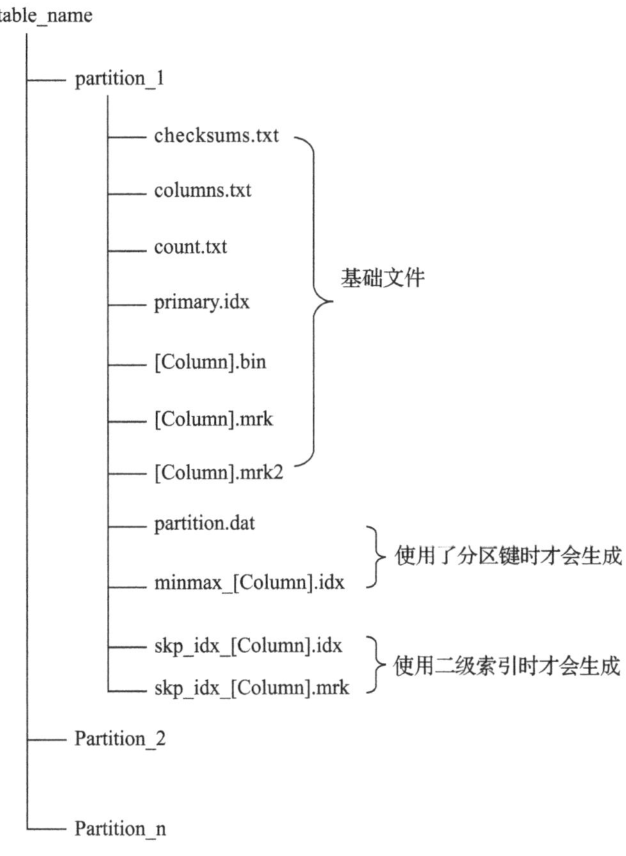

图 6-2 MergeTree 在磁盘上的物理存储结构

从图 6-2 中可以看出，一张数据表的完整物理结构分为 3 个层级，依次是数据表目录、分区目录及各分区下具体的数据文件。接下来就逐一介绍它们的作用。

（1）partition：分区目录，余下各类数据文件（primary.idx、[Column].mrk、[Column].bin 等）都是以分区目录的形式被组织存放的，属于相同分区的数据，最终会被合并到同一个分区目录，而不同分区的数据，永远不会被合并在一起。更多关于数据分区的细节会在 6.2 节阐述。

（2）checksums.txt：校验文件，使用二进制格式存储。它保存了余下各类文件 (primary.idx、count.txt 等) 的 size 大小及 size 的哈希值，用于快速校验文件的完整性和正确性。

（3）columns.txt：列信息文件，使用明文格式存储。用于保存此数据分区下的列字段信息，例如：

```
$ cat columns.txt
columns format version: 1
4 columns:
'ID' String
'URL' String
'Code' String
'EventTime' Date
```

（4）count.txt：计数文件，使用明文格式存储。用于记录当前数据分区目录下数据的总行数，例如：

```
$ cat count.txt
8
```

（5）primary.idx：一级索引文件，使用二进制格式存储。用于存放稀疏索引，一张 MergeTree 表只能声明一次一级索引（通过 ORDER BY 或者 PRIMARY KEY）。借助稀疏索引，在数据查询的时能够排除主键条件范围之外的数据文件，从而有效减少数据扫描范围，加速查询速度。更多关于稀疏索引的细节与工作原理会在 6.3 节阐述。

（6）[Column].bin：数据文件，使用压缩格式存储，默认为 LZ4 压缩格式，用于存储某一列的数据。由于 MergeTree 采用列式存储，所以每一个列字段都拥有独立的 .bin 数据文件，并以列字段名称命名（例如 CounterID.bin、EventDate.bin 等）。更多关于数据存储的细节会在 6.5 节阐述。

（7）[Column].mrk：列字段标记文件，使用二进制格式存储。标记文件中保存了 .bin 文件中数据的偏移量信息。标记文件与稀疏索引对齐，又与 .bin 文件一一对应，所以 MergeTree 通过标记文件建立了 primary.idx 稀疏索引与 .bin 数据文件之间的映射关系。即首先通过稀疏索引（primary.idx）找到对应数据的偏移量信息（.mrk），再通过偏移量直接从 .bin 文件中读取数据。由于 .mrk 标记文件与 .bin 文件一一对应，所以 MergeTree 中的每个列字段都会拥有与其对应的 .mrk 标记文件（例如 CounterID.mrk、EventDate.mrk 等）。更多关于数据标记的细节会在 6.6 节阐述。

（8）[Column].mrk2：如果使用了自适应大小的索引间隔，则标记文件会以 .mrk2 命名。它的工作原理和作用与 .mrk 标记文件相同。

（9）partition.dat 与 minmax_[Column].idx：如果使用了分区键，例如 PARTITION BY EventTime，则会额外生成 partition.dat 与 minmax 索引文件，它们均使用二进制格式存储。partition.dat 用于保存当前分区下分区表达式最终生成的值；而 minmax 索引用于记录当前分区下分区字段对应原始数据的最小和最大值。例如 EventTime 字段对应的原始数据为 2019-05-01、2019-05-05，分区表达式为 PARTITION BY toYYYYMM(EventTime)。partition.dat 中保存的值将会是 2019-05，而 minmax 索引中保存的值将会是 2019-05-012019-05-05。

在这些分区索引的作用下，进行数据查询时能够快速跳过不必要的数据分区目录，从而减少最终需要扫描的数据范围。

（10）skp_idx_[Column].idx 与 skp_idx_[Column].mrk：如果在建表语句中声明了二级索引，则会额外生成相应的二级索引与标记文件，它们同样也使用二进制存储。二级索引在 ClickHouse 中又称跳数索引，目前拥有 minmax、set、ngrambf_v1 和 tokenbf_v1 四种类型。这些索引的最终目标与一级稀疏索引相同，都是为了进一步减少所需扫描的数据范围，以加速整个查询过程。更多关于二级索引的细节会在 6.4 节阐述。

6.2 数据分区

通过先前的介绍已经知晓在 MergeTree 中，数据是以分区目录的形式进行组织的，每个分区独立分开存储。借助这种形式，在对 MergeTree 进行数据查询时，可以有效跳过无用的数据文件，只使用最小的分区目录子集。这里有一点需要明确，在 ClickHouse 中，数据分区（partition）和数据分片（shard）是完全不同的概念。数据分区是针对本地数据而言的，是对数据的一种纵向切分。MergeTree 并不能依靠分区的特性，将一张表的数据分布到多个 ClickHouse 服务节点。而横向切分是数据分片（shard）的能力，关于这一点将在后续章节介绍。本节将针对“数据分区目录具体是如何运作的”这一问题进行分析。

6.2.1 数据的分区规则

MergeTree 数据分区的规则由分区 ID 决定，而具体到每个数据分区所对应的 ID，则是由分区键的取值决定的。分区键支持使用任何一个或一组字段表达式声明，其业务语义可以是年、月、日或者组织单位等任何一种规则。针对取值数据类型的不同，分区 ID 的生成逻辑目前拥有四种规则：

（1）不指定分区键：如果不使用分区键，即不使用 PARTITION BY 声明任何分区表达式，则分区 ID 默认取名为 all，所有的数据都会被写入这个 all 分区。

（2）使用整型：如果分区键取值属于整型（兼容 UInt64，包括有符号整型和无符号整型），且无法转换为日期类型 YYYYMMDD 格式，则直接按照该整型的字符形式输出，作为分区 ID 的取值。

（3）使用日期类型：如果分区键取值属于日期类型，或者是能够转换为 YYYYMMDD 格式的整型，则使用按照 YYYYMMDD 进行格式化后的字符形式输出，并作为分区 ID 的取值。

（4）使用其他类型：如果分区键取值既不属于整型，也不属于日期类型，例如 String、Float 等，则通过 128 位 Hash 算法取其 Hash 值作为分区 ID 的取值。

数据在写入时，会对照分区 ID 落入相应的数据分区，表 6-1 列举了分区 ID 在不同规则下的一些示例。

表 6-1 ID 在不同规则下的示例

类 型	样例数据	分区表达式	分区 ID
无分区键		无	all
整型	18,19,20	PARTITION BY Age	分区 1：18 分区 2：19 分区 3：20
	‘A0’，‘A1’，‘A2’	PARTITION BY length(Code)	分区 1：2
日期	2019-05-01, 2019-06-11	PARTITION BY EventTime	分区 1：20190501 分区 2：20190611
	2019-05-01, 2019-06-11	PARTITION BY toYYYYMM(EventTime)	分区 1：201905 分区 2：201906
其他	‘www.nauu.com’	PARTITION BY URL	分区 1： 15b31467bc77fa1c24ac9380cd8b4033

如果通过元组的方式使用多个分区字段，则分区 ID 依旧是根据上述规则生成的，只是多个 ID 之间通过“-”符号依次拼接。例如按照上述表格中的例子，使用两个字段分区：

```
PARTITION BY (length(Code),EventTime)
```

则最终的分区 ID 会是下面的模样：

```
2-20190501
2-20190611
```

6.2.2 分区目录的命名规则

通过上一小节的介绍，我们已经知道了分区 ID 的生成规则。但是如果进入数据表所在的磁盘目录后，会发现 MergeTree 分区目录的完整物理名称并不是只有 ID 而已，在 ID 之后还跟着一串奇怪的数字，例如 201905_1_1_0。那么这些数字又代表着什么呢？

众所周知，对于 MergeTree 而言，它最核心的特点是其分区目录的合并动作。但是我们可曾想过，从分区目录的命名中便能够解读出它的合并逻辑。在这一小节，我们会着重对命名公式中各分项进行解读，而关于具体的目录合并过程将会留在后面小节讲解。一个完整分区目录的命名公式如下所示：

```
PartitionID_MinBlockNum_MaxBlockNum_Level
```

如果对照着示例数据，那么数据与公式的对照关系会如同图 6-3 所示一般。

图 6-3 命名公式与样例数据的对照关系

上图中，201905 表示分区目录的 ID；1_1 分别表示最小的数据块编号与最大的数据块编号；而最后的 _0 则表示目前合并的层级。接下来开始分别解释它们的含义：

（1）PartitionID：分区 ID，无须多说，关于分区 ID 的规则在上一小节中已经做过详细阐述了。

（2）MinBlockNum 和 MaxBlockNum：顾名思义，最小数据块编号与最大数据块编号。ClickHouse 在这里的命名似乎有些歧义，很容易让人与稍后会介绍到的数据压缩块混淆。但是本质上它们毫无关系，这里的 BlockNum 是一个整型的自增长编号。如果将其设为 *n* 的话，那么计数 *n* 在单张 MergeTree 数据表内全局累加，*n* 从 1 开始，每当新创建一个分区目录时，计数 *n* 就会累积加 1。对于一个新的分区目录而言，MinBlockNum 与 MaxBlockNum 取值一样，同等于 *n*，例如 201905_1_1_0、201906_2_2_0 以此类推。但是也有例外，当分区目录发生合并时，对于新产生的合并目录 MinBlockNum 与 MaxBlockNum 有着另外的取值规则。对于合并规则，我们留到下一小节再详细讲解。

（3）Level：合并的层级，可以理解为某个分区被合并过的次数，或者这个分区的年龄。数值越高表示年龄越大。Level 计数与 BlockNum 有所不同，它并不是全局累加的。对于每一个新创建的分区目录而言，其初始值均为 0。之后，以分区为单位，如果相同分区发生合并动作，则在相应分区内计数累积加 1。

6.2.3 分区目录的合并过程

MergeTree 的分区目录和传统意义上其他数据库有所不同。首先，MergeTree 的分区目录并不是在数据表被创建之后就存在的，而是在数据写入过程中被创建的。也就是说如果一张数据表没有任何数据，那么也不会有任何分区目录存在。其次，它的分区目录在建立之后也并不是一成不变的。在其他某些数据库的设计中，追加数据后目录自身不会发生变化，只是在相同分区目录中追加新的数据文件。而 MergeTree 完全不同，伴随着每一批数据的写入（一次 INSERT 语句），MergeTree 都会生成一批新的分区目录。即便不同批次写入的数据属于相同分区，也会生成不同的分区目录。也就是说，对于同一个分区而言，也会存在多个分区目录的情况。在之后的某个时刻（写入后的 10～15 分钟，也可以手动执行 optimize 查询语句），ClickHouse 会通过后台任务再将属于相同分区的多个目录合并成一个新的目录。已经存在的旧分区目录并不会立即被删除，而是在之后的某个时刻通过后台任务被删除（默认 8 分钟）。

属于同一个分区的多个目录，在合并之后会生成一个全新的目录，目录中的索引和数据文件也会相应地进行合并。新目录名称的合并方式遵循以下规则，其中：

- MinBlockNum：取同一分区内所有目录中最小的 MinBlockNum 值。
- MaxBlockNum：取同一分区内所有目录中最大的 MaxBlockNum 值。
- Level：取同一分区内最大 Level 值并加 1。

合并目录名称的变化过程如图 6-4 所示。

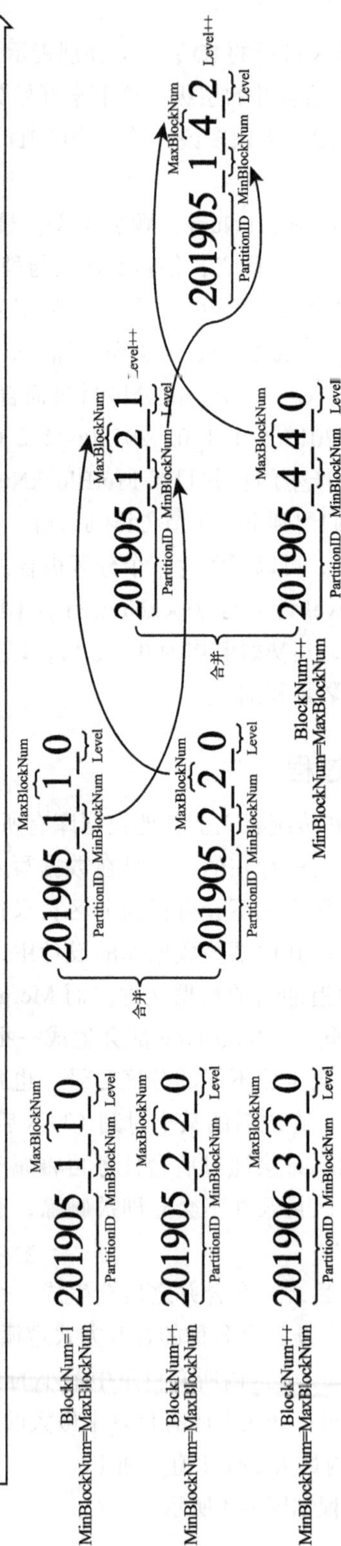
T0时刻，分三批写入数据，涵盖2个分区，共计会新建3个分区目录：
INSERT INTO partition_v5 VALUES (A, c1, '2019-05-01')
INSERT INTO partition_v5 VALUES (B, c1, '2019-05-02')
INSERT INTO partition_v5 VALUES (C, c1, '2019-06-01')
T0时刻
T1时刻，ID为201905的分区发生合并，产生了一个新的分区目录
T1时刻
T2时刻，再次写入一批数据，创建了一个新的201905_4_4_0分区目录，
INSERT INTO partition_v5 VALUES (D, c1, '2019-05-01')
之后再次发生合并，产生了新的分区目录
T2时刻
BlockNum=1
MinBlockNum=MaxBlockNum
201905 1 1 0
PartitionID MinBlockNum MaxBlockNum Level
BlockNum++
MinBlockNum=MaxBlockNum
201905 2 2 0
PartitionID MinBlockNum MaxBlockNum Level
BlockNum++
MinBlockNum=MaxBlockNum
201906 3 3 0
PartitionID MinBlockNum MaxBlockNum Level
合并
201905 1 1 0
PartitionID MinBlockNum MaxBlockNum Level
201905 2 2 0
PartitionID MinBlockNum MaxBlockNum Level
201905 1 2 1
PartitionID MinBlockNum MaxBlockNum Level
Level++
合并
BlockNum++
MinBlockNum=MaxBlockNum
201905 4 4 0
PartitionID MinBlockNum MaxBlockNum Level
201905 1 4 2
PartitionID MinBlockNum MaxBlockNum Level
Level++

图 6-4 名称变化过程

在图 6-4 中，partition_v5 测试表按日期字段格式分区，即 PARTITION BY toYYYYMM（EventTime），T 表示时间。假设在 T0 时刻，首先分 3 批（3 次 INSERT 语句）写入 3 条数据人：

```
INSERT INTO partition_v5 VALUES (A, c1, '2019-05-01')
INSERT INTO partition_v5 VALUES (B, c1, '2019-05-02')
INSERT INTO partition_v5 VALUES (C, c1, '2019-06-01')
```

按照目录规则，上述代码会创建3个分区目录。分区目录的名称由 PartitionID、MinBlockNum、MaxBlockNum 和 Level 组成，其中 PartitionID 根据 6.2.1 节介绍的生成规则，3 个分区目录的 ID 依次为 201905、201905 和 201906。而对于每个新建的分区目录而言，它们的 MinBlockNum 与 MaxBlockNum 取值相同，均来源于表内全局自增的 BlockNum。BlockNum 初始为 1，每次新建目录后累计加 1。所以，3 个分区目录的 MinBlockNum 与 MaxBlockNum 依次为 1_1、2_2 和 3_3。最后是 Level 层级，每个新建的分区目录初始 Level 都是 0。所以 3 个分区目录的最终名称分别是 201905_1_1_0、201905_2_2_0 和 201906_3_3_0。

假设在 T1 时刻，MergeTree 的合并动作开始了，那么属于同一分区的 201905_1_1_0 与 201905_2_2_0 目录将发生合并。从图 6-4 所示过程中可以发现，合并动作完成后，生成了一个新的分区 201905_1_2_1。根据本节所述的合并规则，其中，MinBlockNum 取同一分区内所有目录中最小的 MinBlockNum 值，所以是 1；MaxBlockNum 取同一分区内所有目录中最大的 MaxBlockNum 值，所以是 2；而 Level 则取同一分区内，最大 Level 值加 1，所以是 1。而后续 T2 时刻的合并规则，只是在重复刚才所述的过程而已。

至此，大家已经知道了分区 ID、目录命名和目录合并的相关规则。最后，再用一张完整的示例图作为总结，描述 MergeTree 分区目录从创建、合并到删除的整个过程，如图 6-5 所示。

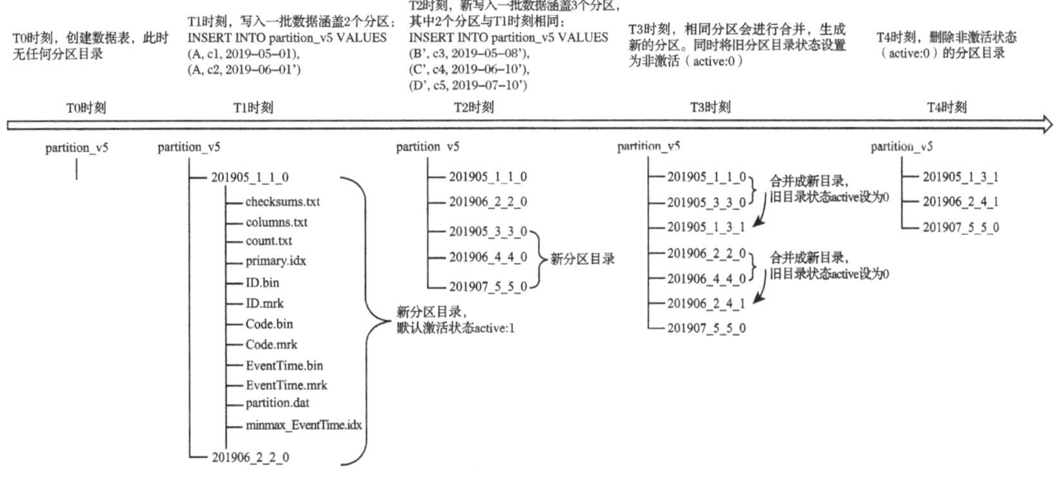

图 6-5 分区目录创建、合并、删除的过程

从图 6-5 中应当能够发现，分区目录在发生合并之后，旧的分区目录并没有被立即删除，而是会存留一段时间。但是旧的分区目录已不再是激活状态 (active=0), 所以在数据查询时，它们会被自动过滤掉。

6.3 一级索引

MergeTree 的主键使用 PRIMARY KEY 定义，待主键定义之后，MergeTree 会依据 index_granularity 间隔（默认 8192 行），为数据表生成一级索引并保存至 primary.idx 文件内，索引数据按照 PRIMARY KEY 排序。相比使用 PRIMARY KEY 定义，更为常见的简化形式是通过 ORDER BY 指代主键。在此种情形下，PRIMARY KEY 与 ORDER BY 定义相同，所以索引（primary.idx）和数据（.bin）会按照完全相同的规则排序。对于 PRIMARY KEY 与 ORDER BY 定义有差异的应用场景在 SummingMergeTree 引擎章节部分会所有介绍，而关于数据文件的更多细节，则留在稍后的 6.5 节介绍，本节重点讲解一级索引部分。

6.3.1 稀疏索引

primary.idx 文件内的一级索引采用稀疏索引实现。此时有人可能会问，既然提到了稀疏索引，那么是不是也有稠密索引呢？还真有！稀疏索引和稠密索引的区别如图 6-6 所示。

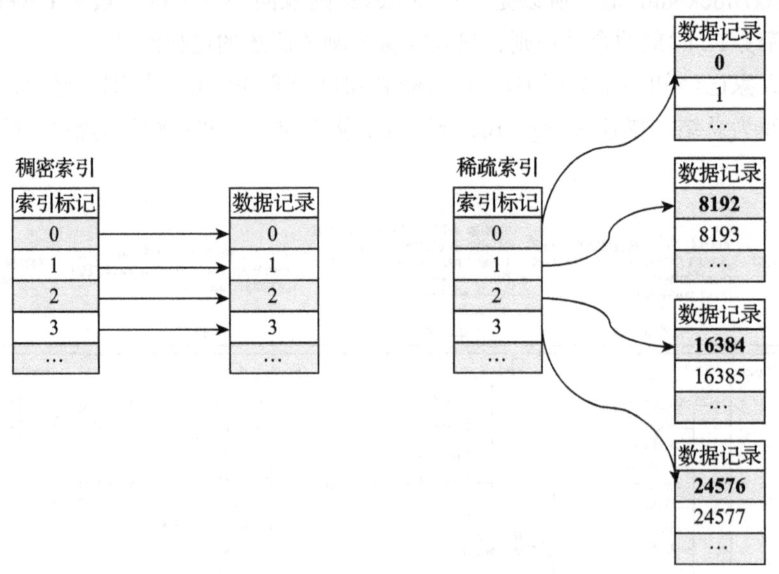

图 6-6 稀疏索引与稠密索引的区别

简单来说，在稠密索引中每一行索引标记都会对应到一行具体的数据记录。而在稀疏索引中，每一行索引标记对应的是一段数据，而不是一行。用一个形象的例子来说明：如果把 MergeTree 比作一本书，那么稀疏索引就好比是这本书的一级章节目录。一级章节目录不会具体对应到每个字的位置，只会记录每个章节的起始页码。

稀疏索引的优势是显而易见的，它仅需使用少量的索引标记就能够记录大量数据的区间位置信息，且数据量越大优势越为明显。以默认的索引粒度（8192）为例，MergeTree 只需要 12208 行索引标记就能为 1 亿行数据记录提供索引。由于稀疏索引占用空间小，所以 primary.idx 内的索引数据常驻内存，取用速度自然极快。

6.3.2 索引粒度

在先前的篇幅中已经数次出现过 index_granularity 这个参数了，它表示索引的粒度。虽然在新版本中，ClickHouse 提供了自适应粒度大小的特性，但是为了便于理解，仍然会使用固定的索引粒度（默认 8192）进行讲解。索引粒度对 MergeTree 而言是一个非常重要的概念，因此很有必要对它做一番深入解读。索引粒度就如同标尺一般，会丈量整个数据的长度，并依照刻度对数据进行标注，最终将数据标记成多个间隔的小段，如图 6-7 所示。

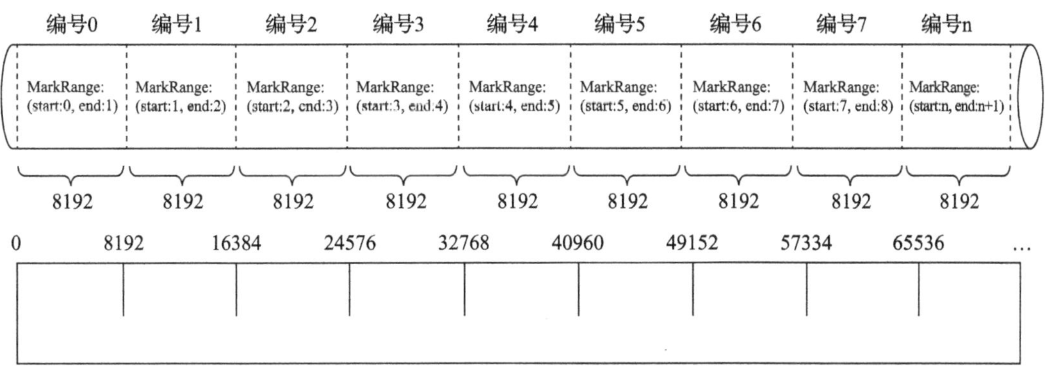

图 6-7 MergeTree 按照索引粒度

数据以 index_granularity 的粒度 (默认 8192) 被标记成多个小的区间 , 其中每个区间最多 8192 行数据。MergeTree 使用 MarkRange 表示一个具体的区间 , 并通过 start 和 end 表示其具体的范围。index_granularity 的命名虽然取了索引二字，但它不单只作用于一级索引 (.idx)，同时也会影响数据标记 (.mrk) 和数据文件 (.bin)。因为仅有一级索引自身是无法完成查询工作的，它需要借助数据标记才能定位数据，所以一级索引和数据标记的间隔粒度相同 (同为 index_granularity 行)，彼此对齐。而数据文件也会依照 index_granularity 的间隔粒度生成压缩数据块。关于数据文件和数据标记的细节会在后面说明。

6.3.3 索引数据的生成规则

由于是稀疏索引，所以 MergeTree 需要间隔 index_granularity 行数据才会生成一条索引记录，其索引值会依据声明的主键字段获取。图 6-8 所示是对照测试表 hits_v1 中的真实数据具象化后的效果。hits_v1 使用年月分区（PARTITION BY toYYYYMM(EventDate)），所以 2014 年 3 月份的数据最终会被划分到同一个分区目录内。如果使用 CounterID 作为主键（ORDER BY CounterID），则每间隔 8192 行数据就会取一次 CounterID 的值作为索引值，索引数据最终会被写入 primary.idx 文件进行保存。

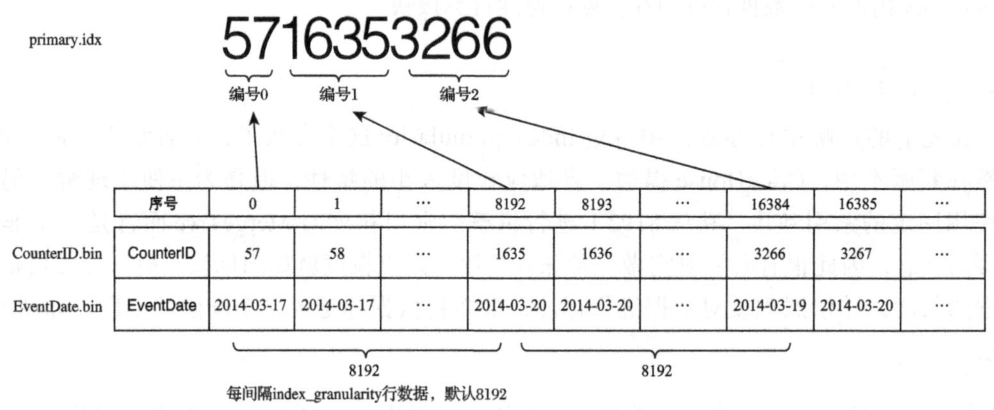

图 6-8 测试表 hits_v1 具象化后的效果

例如第 0(8192*0) 行 CounterID 取值 57，第 8192(8192*1) 行 CounterID 取值 1635，而第 16384(8192*2) 行 CounterID 取值 3266，最终索引数据将会是 5716353266。

从图 6-8 中也能够看出，MergeTree 对于稀疏索引的存储是非常紧凑的，索引值前后相连，按照主键字段顺序紧密地排列在一起。不仅此处，ClickHouse 中很多数据结构都被设计得非常紧凑，比如其使用位读取替代专门的标志位或状态码，可以不浪费哪怕一个字节的空间。以小见大，这也是 ClickHouse 为何性能如此出众的深层原因之一。

如果使用多个主键，例如 ORDER BY (CounterID，EventDate)，则每间隔 8192 行可以同时取 CounterID 与 EventDate 两列的值作为索引值，具体如图 6-9 所示。

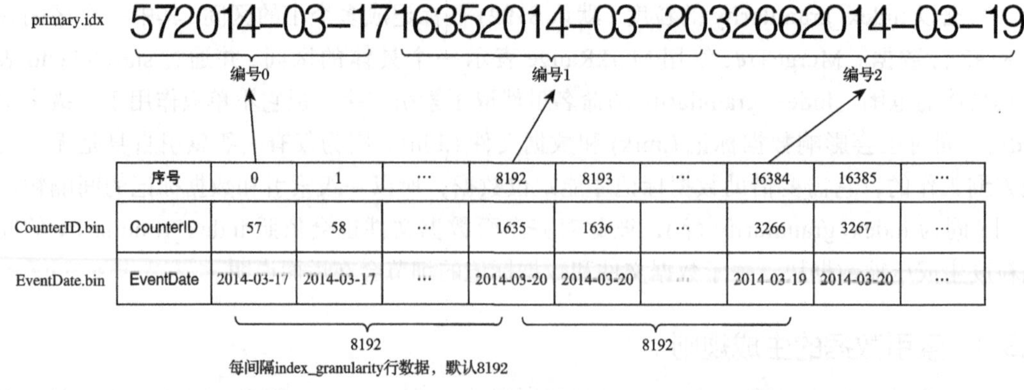

图 6-9 使用 CounterID 和 EventDate 作为主键

6.3.4　索引的查询过程

在介绍了上述关于索引的一些概念之后，接下来说明索引具体是如何工作的。首先，我们需要了解什么是 MarkRange。MarkRange 在 ClickHouse 中是用于定义标记区间的对象。通过先前的介绍已知，MergeTree 按照 index_granularity 的间隔粒度，将一段完整的数据划分成了多个小的间隔数据段，一个具体的数据段即是一个 MarkRange。MarkRange 与索引编号对应，使用 start 和 end 两个属性表示其区间范围。通过与 start 及 end 对应的索引编号的取值，即能够得到它所对应的数值区间。而数值区间表示了此 MarkRange 包含的数据范围。

如果只是这么干巴巴地介绍，大家可能会觉得比较抽象，下面用一份示例数据来进一步说明。假如现在有一份测试数据，共 192 行记录。其中，主键 ID 为 String 类型，ID 的取值从 A000 开始，后面依次为 A001、A002……直至 A192 为止。MergeTree 的索引粒度 index_granularity = 3，根据索引的生成规则，primary.idx 文件内的索引数据会如图 6-10 所示。

primary.idx的物理存储

A000A003A006A009A012A015A018 …省略… A171A174A177A180A183A186A189

编号0 编号1 编号2 编号3 编号4 编号5 编号6 … 编号57 编号58 编号59 编号60 编号61 编号62 编号63

图 6-10　192 行 ID 索引的物理存储示意

根据索引数据，MergeTree 会将此数据片段划分成 192/3=64 个小的 MarkRange，两个相邻 MarkRange 相距的步长为 1。其中，所有 MarkRange（整个数据片段）的最大数值区间为 [A000 , +inf)，其完整的示意如图 6-11 所示。

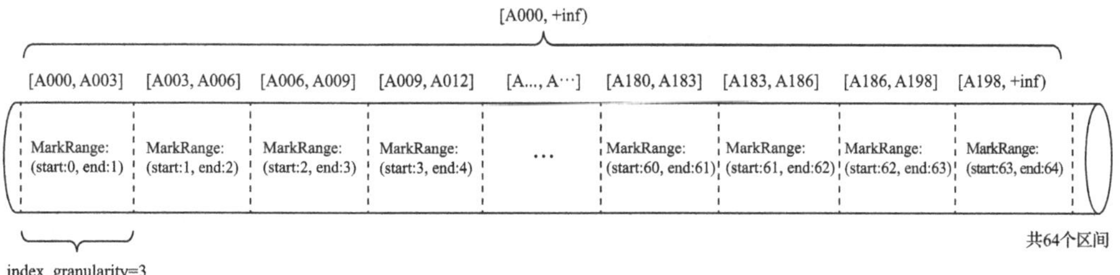

图 6-11　64 个 MarkRange 与其数值区间范围的示意图

在引出了数值区间的概念之后，对于索引的查询过程就很好解释了。索引查询其实就是两个数值区间的交集判断。其中，一个区间是由基于主键的查询条件转换而来的条件区间；而另一个区间是刚才所讲述的与 MarkRange 对应的数值区间。

整个索引查询过程可以大致分为3个步骤。

（1）生成查询条件区间：首先，将查询条件转换为条件区间。即便是单个值的查询条件，也会被转换成区间的形式，例如下面的例子。

```
WHERE ID = 'A003'
['A003', 'A003']

WHERE ID > 'A000'
('A000', +inf)

WHERE ID < 'A188'
(-inf, 'A188')

WHERE ID LIKE 'A006%'
['A006', 'A007')
```

（2）递归交集判断：以递归的形式，依次对MarkRange的数值区间与条件区间做交集判断。从最大的区间[A000 , +inf)开始：

- 如果不存在交集，则直接通过剪枝算法优化此整段MarkRange。
- 如果存在交集，且MarkRange步长大于8(end - start)，则将此区间进一步拆分成8个子区间（由merge_tree_coarse_index_granularity指定，默认值为8），并重复此规则，继续做递归交集判断。
- 如果存在交集，且MarkRange不可再分解（步长小于8），则记录MarkRange并返回。

（3）合并MarkRange区间：将最终匹配的MarkRange聚在一起，合并它们的范围。

完整逻辑的示意如图6-12所示。

MergeTree通过递归的形式持续向下拆分区间，最终将MarkRange定位到最细的粒度，以帮助在后续读取数据的时候，能够最小化扫描数据的范围。以图6-12所示为例，当查询条件WHERE ID = 'A003'的时候，最终只需要读取[A000 , A003]和[A003 , A006]两个区间的数据，它们对应MarkRange(start:0,end:2)范围，而其他无用的区间都被裁剪掉了。因为MarkRange转换的数值区间是闭区间，所以会额外匹配到临近的一个区间。

6.4 二级索引

除了一级索引之外，MergeTree同样支持二级索引。二级索引又称跳数索引，由数据的聚合信息构建而成。根据索引类型的不同，其聚合信息的内容也不同。跳数索引的目的与一级索引一样，也是帮助查询时减少数据扫描的范围。

跳数索引在默认情况下是关闭的，需要设置allow_experimental_data_skipping_indices（该参数在新版本中已被取消）才能使用：

```
SET allow_experimental_data_skipping_indices = 1
```

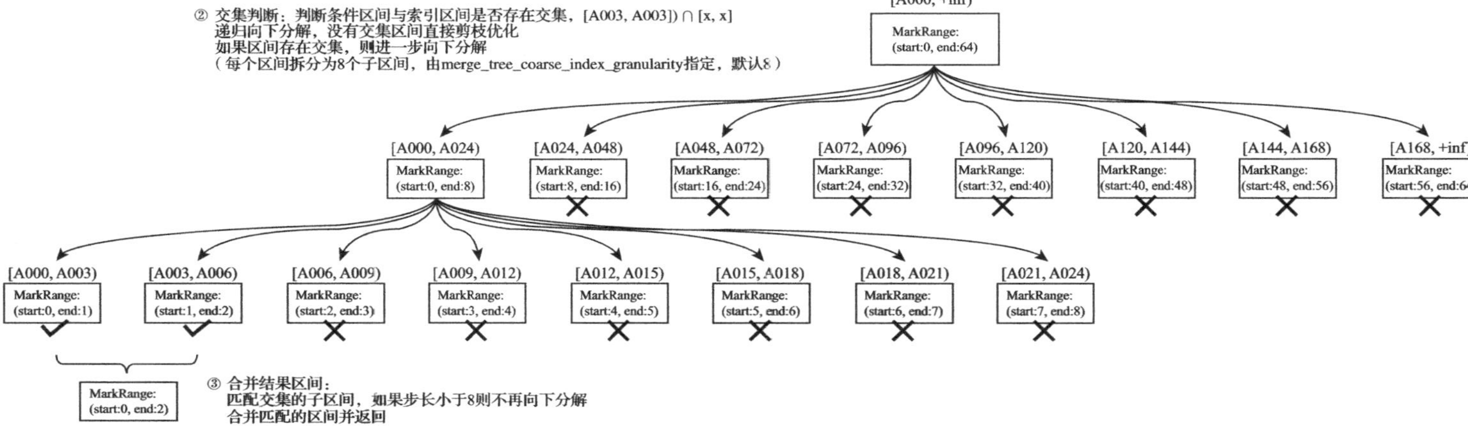

图 6-12　索引查询完整过程的逻辑示意图

跳数索引需要在CREATE语句内定义，它支持使用元组和表达式的形式声明，其完整的定义语法如下所示：

```
INDEX index_name expr TYPE index_type(...) GRANULARITY granularity
```

与一级索引一样，如果在建表语句中声明了跳数索引，则会额外生成相应的索引与标记文件（skp_idx_[Column].idx 与 skp_idx_[Column].mrk）。

6.4.1 granularity与index_granularity的关系

不同的跳数索引之间，除了它们自身独有的参数之外，还都共同拥有granularity参数。初次接触时，很容易将granularity与index_granularity的概念弄混淆。对于跳数索引而言，index_granularity定义了数据的粒度，而granularity定义了聚合信息汇总的粒度。换言之，granularity定义了一行跳数索引能够跳过多少个index_granularity区间的数据。

要解释清楚granularity的作用，就要从跳数索引的数据生成规则说起，其规则大致是这样的：首先，按照index_granularity粒度间隔将数据划分成n段，总共有[0 , n-1]个区间（n = total_rows / index_granularity，向上取整）。接着，根据索引定义时声明的表达式，从0区间开始，依次按index_granularity粒度从数据中获取聚合信息，每次向前移动1步(n+1)，聚合信息逐步累加。最后，当移动granularity次区间时，则汇总并生成一行跳数索引数据。

以minmax索引为例，它的聚合信息是在一个index_granularity区间内数据的最小和最大极值。以下图为例，假设index_granularity=8192且granularity=3，则数据会按照index_granularity划分为n等份，MergeTree从第0段分区开始，依次获取聚合信息。当获取到第3个分区时（granularity=3），则汇总并会生成第一行minmax索引（前3段minmax极值汇总后取值为[1 , 9]），如图6-13所示。

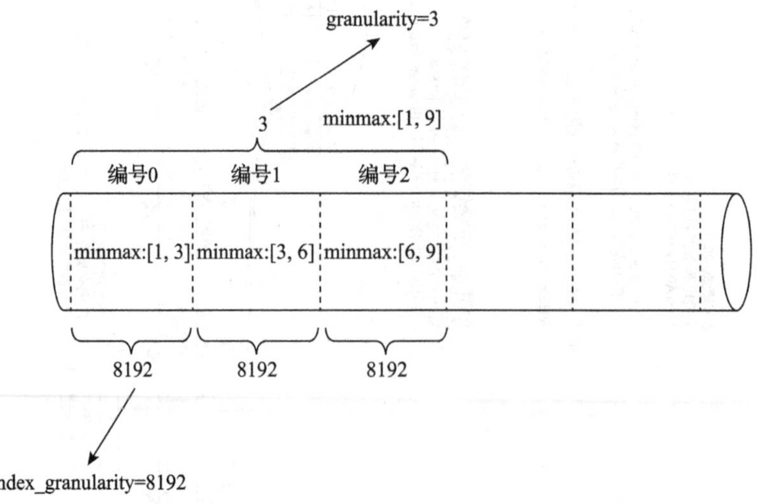

图6-13 跳数索引granularity与index_granularity的关系

6.4.2 跳数索引的类型

目前，MergeTree 共支持 4 种跳数索引，分别是 minmax、set、ngrambf_v1 和 tokenbf_v1。一张数据表支持同时声明多个跳数索引，例如：

```
CREATE TABLE skip_test (
    ID String,
    URL String,
    Code String,
    EventTime Date,
    INDEX a ID TYPE minmax GRANULARITY 5,
    INDEX b(length(ID) * 8) TYPE set(2) GRANULARITY 5,
    INDEX c(ID, Code) TYPE ngrambf_v1(3, 256, 2, 0) GRANULARITY 5,
    INDEX d ID TYPE tokenbf_v1(256, 2, 0) GRANULARITY 5
) ENGINE = MergeTree()
省略...
```

接下来，就借助上面的例子逐个介绍这几种跳数索引的用法：

（1）minmax：minmax 索引记录了一段数据内的最小和最大极值，其索引的作用类似分区目录的 minmax 索引，能够快速跳过无用的数据区间，示例如下所示：

```
INDEX a ID TYPE minmax GRANULARITY 5
```

上述示例中 minmax 索引会记录这段数据区间内 ID 字段的极值。极值的计算涉及每 5 个 index_granularity 区间中的数据。

（2）set：set 索引直接记录了声明字段或表达式的取值（唯一值，无重复），其完整形式为 set(max_rows)，其中 max_rows 是一个阈值，表示在一个 index_granularity 内，索引最多记录的数据行数。如果 max_rows=0，则表示无限制，例如：

```
INDEX b(length(ID) * 8) TYPE set(100) GRANULARITY 5
```

上述示例中 set 索引会记录数据中 ID 的长度 * 8 后的取值。其中，每个 index_granularity 内最多记录 100 条。

（3）ngrambf_v1：ngrambf_v1 索引记录的是数据短语的布隆表过滤器，只支持 String 和 FixedString 数据类型。ngrambf_v1 只能够提升 in、notIn、like、equals 和 notEquals 查询的性能，其完整形式为 ngrambf_v1(n, size_of_bloom_filter_in_bytes, number_of_hash_functions, random_seed)。这些参数是一个布隆过滤器的标准输入，如果你接触过布隆过滤器，应该会对此十分熟悉。它们具体的含义如下：

- n：token 长度，依据 n 的长度将数据切割为 token 短语。
- size_of_bloom_filter_in_bytes：布隆过滤器的大小。
- number_of_hash_functions：布隆过滤器中使用 Hash 函数的个数。
- random_seed：Hash 函数的随机种子。

例如在下面的例子中，ngrambf_v1 索引会依照 3 的粒度将数据切割成短语 token，

token会经过2个Hash函数映射后再被写入，布隆过滤器大小为256字节。

```
INDEX c（ID, Code） TYPE ngrambf_v1(3, 256, 2, 0) GRANULARITY 5
```

（4）tokenbf_v1：tokenbf_v1索引是ngrambf_v1的变种，同样也是一种布隆过滤器索引。tokenbf_v1除了短语token的处理方法外，其他与ngrambf_v1是完全一样的。tokenbf_v1会自动按照非字符的、数字的字符串分割token，具体用法如下所示：

```
INDEX d ID TYPE tokenbf_v1(256, 2, 0) GRANULARITY 5
```

6.5 数据存储

此前已经多次提过，在MergeTree中数据是按列存储的。但是前面的介绍都较为抽象，具体到存储的细节、MergeTree是如何工作的，读者心中难免会有疑问。数据存储，就好比一本书中的文字，在排版时，绝不会密密麻麻地把文字堆满，这样会导致难以阅读。更为优雅的做法是，将文字按段落的形式精心组织，使其错落有致。本节将进一步介绍MergeTree在数据存储方面的细节，尤其是其中关于压缩数据块的概念。

6.5.1 各列独立存储

在MergeTree中，数据按列存储。而具体到每个列字段，数据也是独立存储的，每个列字段都拥有一个与之对应的.bin数据文件。也正是这些.bin文件，最终承载着数据的物理存储。数据文件以分区目录的形式被组织存放，所以在.bin文件中只会保存当前分区片段内的这一部分数据，其具体组织形式已经在图6-2中展示过。按列独立存储的设计优势显而易见：一是可以更好地进行数据压缩（相同类型的数据放在一起，对压缩更加友好），二是能够最小化数据扫描的范围。

而对应到存储的具体实现方面，MergeTree也并不是一股脑地将数据直接写入.bin文件，而是经过了一番精心设计：首先，数据是经过压缩的，目前支持LZ4、ZSTD、Multiple和Delta几种算法，默认使用LZ4算法；其次，数据会事先依照ORDER BY的声明排序；最后，数据是以压缩数据块的形式被组织并写入.bin文件中的。

压缩数据块就好比一本书的文字段落，是组织文字的基本单元。这个概念十分重要，值得多花些篇幅进一步展开说明。

6.5.2 压缩数据块

一个压缩数据块由头信息和压缩数据两部分组成。头信息固定使用9位字节表示，具体由1个UInt8（1字节）整型和2个UInt32（4字节）整型组成，分别代表使用的压缩算法类型、压缩后的数据大小和压缩前的数据大小，具体如图6-14所示。

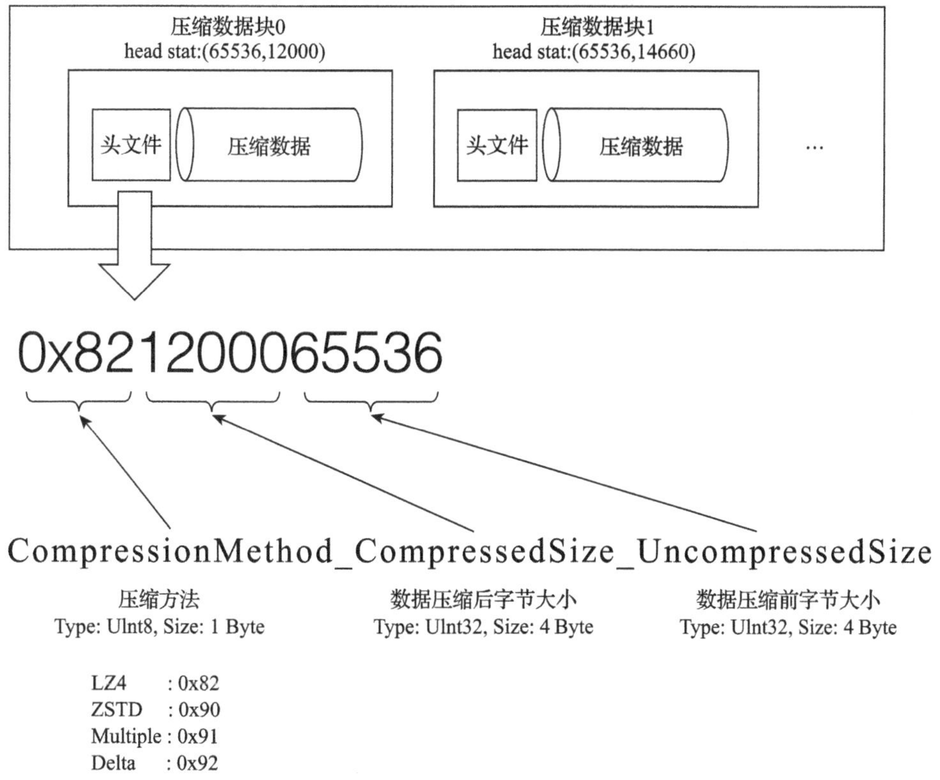

图 6-14 压缩数据块示意图

从图 6-14 所示中能够看到，.bin 压缩文件是由多个压缩数据块组成的，而每个压缩数据块的头信息则是基于 CompressionMethod_CompressedSize_UncompressedSize 公式生成的。

通过 ClickHouse 提供的 clickhouse-compressor 工具，能够查询某个 .bin 文件中压缩数据的统计信息。以测试数据集 hits_v1 为例，执行下面的命令：

```
clickhouse-compressor --stat  < /chbase/ /data/default/hits_v1/201403_1_34_3/JavaEnable.bin
```

执行后，会看到如下信息：

```
65536       12000
65536       14661
65536       4936
65536       7506
省略…
```

其中每一行数据代表着一个压缩数据块的头信息，其分别表示该压缩块中未压缩数据大小和压缩后数据大小（打印信息与物理存储的顺序刚好相反）。

每个压缩数据块的体积，按照其压缩前的数据字节大小，都被严格控制在 64KB～1MB，其上下限分别由 min_compress_block_size（默认 65536）与 max_compress_block_size（默认 1048576）参数指定。而一个压缩数据块最终的大小，则和一个间隔（index_granularity）内数据的实际大小相关（是的，没错，又见到索引粒度这个老朋友了）。

MergeTree 在数据具体的写入过程中，会依照索引粒度（默认情况下，每次取 8192 行），按批次获取数据并进行处理。如果把一批数据的未压缩大小设为 size，则整个写入过程遵循以下规则：

（1）单个批次数据 size < 64KB：如果单个批次数据小于 64KB，则继续获取下一批数据，直至累积到 size >= 64KB 时，生成下一个压缩数据块。

（2）单个批次数据 64KB<= size <=1MB：如果单个批次数据大小恰好在 64KB 与 1MB 之间，则直接生成下一个压缩数据块。

（3）单个批次数据 size > 1MB：如果单个批次数据直接超过 1MB，则首先按照 1MB 大小截断并生成下一个压缩数据块。剩余数据继续依照上述规则执行。此时，会出现一个批次数据生成多个压缩数据块的情况。

整个过程逻辑如图 6-15 所示。

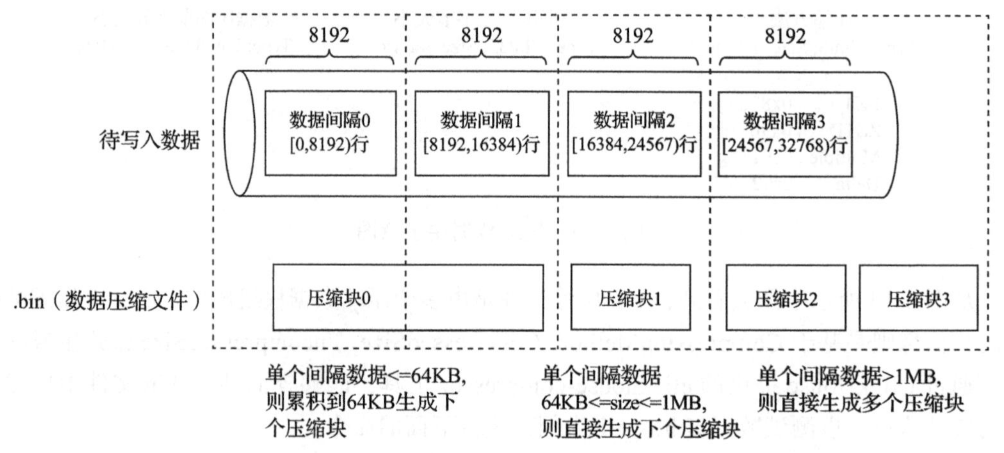

图 6-15　切割压缩数据块的逻辑示意图

经过上述的介绍后我们知道，一个 .bin 文件是由 1 至多个压缩数据块组成的，每个压缩块大小在 64KB～1MB 之间。多个压缩数据块之间，按照写入顺序首尾相接，紧密地排列在一起，如图 6-16 所示。

在 .bin 文件中引入压缩数据块的目的至少有以下两个：其一，虽然数据被压缩后能够有效减少数据大小，降低存储空间并加速数据传输效率，但数据的压缩和解压动作，其本身也会带来额外的性能损耗。所以需要控制被压缩数据的大小，以求在性能损耗和压缩率之间寻求一种平衡。其二，在具体读取某一列数据时（.bin 文件），首先需要将压缩数据加载到内存并解压，这样才能进行后续的数据处理。通过压缩数据块，可以在不读取整个 .bin

文件的情况下将读取粒度降低到压缩数据块级别，从而进一步缩小数据读取的范围。

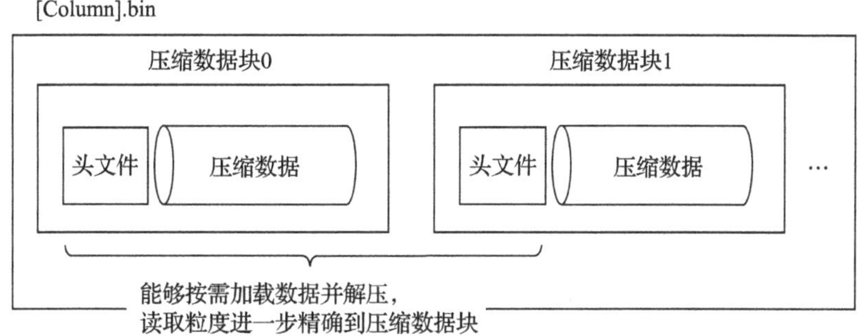

图 6-16　读取粒度精确到压缩数据块

6.6 数据标记

如果把 MergeTree 比作一本书，primary.idx 一级索引好比这本书的一级章节目录，.bin 文件中的数据好比这本书中的文字，那么数据标记 (.mrk) 会为一级章节目录和具体的文字之间建立关联。对于数据标记而言，它记录了两点重要信息：其一，是一级章节对应的页码信息；其二，是一段文字在某一页中的起始位置信息。这样一来，通过数据标记就能够很快地从一本书中立即翻到关注内容所在的那一页，并知道从第几行开始阅读。

6.6.1 数据标记的生成规则

数据标记作为衔接一级索引和数据的桥梁，其像极了做过标记小抄的书签，而且书本中每个一级章节都拥有各自的书签。它们之间的关系如图 6-17 所示。

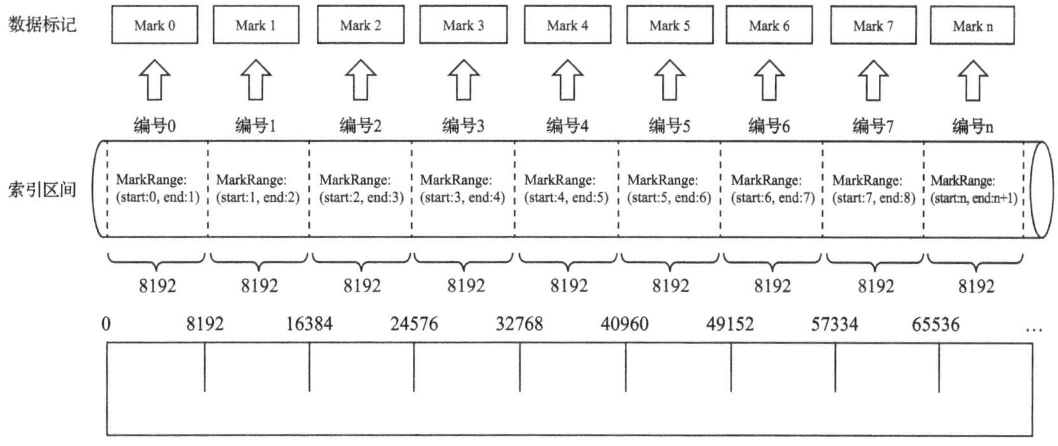

图 6-17　通过索引下标编号找到对应的数据标记

从图 6-17 中一眼就能发现数据标记的首个特征，即数据标记和索引区间是对齐的，均按照 index_granularity 的粒度间隔。如此一来，只需简单通过索引区间的下标编号就可以直接找到对应的数据标记。

为了能够与数据衔接，数据标记文件也与 .bin 文件一一对应。即每一个列字段 [Column].bin 文件都有一个与之对应的 [Column].mrk 数据标记文件，用于记录数据在 .bin 文件中的偏移量信息。

一行标记数据使用一个元组表示，元组内包含两个整型数值的偏移量信息。它们分别表示在此段数据区间内，在对应的 .bin 压缩文件中，压缩数据块的起始偏移量；以及将该数据压缩块解压后，其未压缩数据的起始偏移量。图 6-18 所示是 .mrk 文件内标记数据的示意。

.mrk（标记）

编号	压缩文件中的偏移量	解压缩块中的偏移量
0	0	0
1	0	8192
2	0	16384
3	0	24576
4	0	32768
5	0	40960
6	0	49152
7	0	57344
8	12016	0
9	12016	8192
…	…	…

图 6-18　标记数据示意图

如图 6-18 所示，每一行标记数据都表示了一个片段的数据（默认 8192 行）在 .bin 压缩文件中的读取位置信息。标记数据与一级索引数据不同，它并不能常驻内存，而是使用 LRU（最近最少使用）缓存策略加快其取用速度。

6.6.2　数据标记的工作方式

MergeTree 在读取数据时，必须通过标记数据的位置信息才能够找到所需要的数据。整个查找过程大致可以分为读取压缩数据块和读取数据两个步骤。为了便于解释，这里继续使用测试表 hits_v1 中的真实数据进行说明。图 6-19 所示为 hits_v1 测试表的 JavaEnable 字段及其标记数据与压缩数据的对应关系。

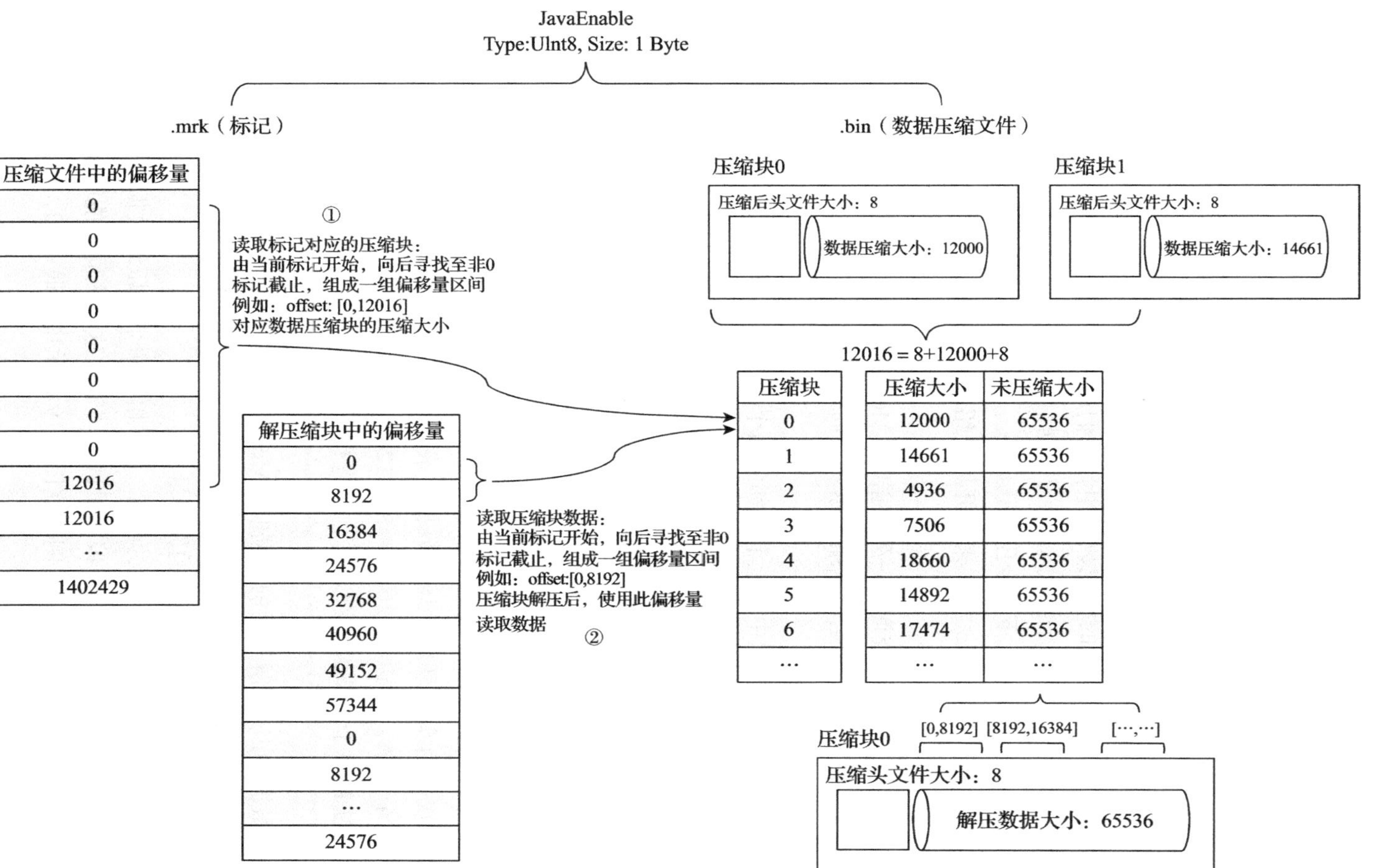

图 6-19　JavaEnable 字段的标记文件和压缩数据文件的对应关系

首先，对图 6-19 所示左侧的标记数据做一番解释说明。JavaEnable 字段的数据类型为 UInt8，所以每行数值占用 1 字节。而 hits_v1 数据表的 index_granularity 粒度为 8192，所以一个索引片段的数据大小恰好是 8192B。按照 6.5.2 节介绍的压缩数据块的生成规则，如果单个批次数据小于 64KB，则继续获取下一批数据，直至累积到 size>=64KB 时，生成下一个压缩数据块。因此在 JavaEnable 的标记文件中，每 8 行标记数据对应 1 个压缩数据块（1B * 8192 = 8192B, 64KB = 65536B, 65536 / 8192 = 8）。所以，从图 6-19 所示中能够看到，其左侧的标记数据中，8 行数据的压缩文件偏移量都是相同的，因为这 8 行标记都指向了同一个压缩数据块。而在这 8 行的标记数据中，它们的解压缩数据块中的偏移量，则依次按照 8192B（每行数据 1B，每一个批次 8192 行数据）累加，当累加达到 65536(64KB) 时则置 0。因为根据规则，此时会生成下一个压缩数据块。

理解了上述标记数据之后，接下来就开始介绍 MergeTree 具体是如何定位压缩数据块并读取数据的。

（1）**读取压缩数据块**：在查询某一列数据时，MergeTree 无须一次性加载整个 .bin 文件，而是可以根据需要，只加载特定的压缩数据块。而这项特性需要借助标记文件中所保存的压缩文件中的偏移量。

在图 6-19 所示的标记数据中，上下相邻的两个压缩文件中的起始偏移量，构成了与获取当前标记对应的压缩数据块的偏移量区间。由当前标记数据开始，向下寻找，直到找到不同的压缩文件偏移量为止。此时得到的一组偏移量区间即是压缩数据块在 .bin 文件中的偏移量。例如在图 6-19 所示中，读取右侧 .bin 文件中 [0，12016] 字节数据，就能获取第 0 个压缩数据块。

细心的读者可能会发现，在 .mrk 文件中，第 0 个压缩数据块的截止偏移量是 12016。而在 .bin 数据文件中，第 0 个压缩数据块的压缩大小是 12000。为什么两个数值不同呢？其实原因很简单，12000 只是数据压缩后的字节数，并没有包含头信息部分。而一个完整的压缩数据块是由头信息加上压缩数据组成的，它的头信息固定由 9 个字节组成，压缩后大小为 8 个字节。所以，12016 = 8 + 12000 + 8，其定位方法如图 6-19 右上角所示。压缩数据块被整个加载到内存之后，会进行解压，在这之后就进入具体数据的读取环节了。

（2）**读取数据**：在读取解压后的数据时，MergeTree 并不需要一次性扫描整段解压数据，它可以根据需要，以 index_granularity 的粒度加载特定的一小段。为了实现这项特性，需要借助标记文件中保存的解压数据块中的偏移量。

同样的，在图 6-19 所示的标记数据中，上下相邻两个解压缩数据块中的起始偏移量，构成了与获取当前标记对应的数据的偏移量区间。通过这个区间，能够在它的压缩块被解压之后，依照偏移量按需读取数据。例如在图 6-19 所示中，通过 [0，8192] 能够读取压缩数据块 0 中的第一个数据片段。

6.7 对于分区、索引、标记和压缩数据的协同总结

分区、索引、标记和压缩数据，就好比是 MergeTree 给出的一套组合拳，使用恰当时威力无穷。那么，在依次介绍了各自的特点之后，现在将它们聚在一块进行一番总结。接下来，就分别从写入过程、查询过程，以及数据标记与压缩数据块的三种对应关系的角度展开介绍。

6.7.1 写入过程

数据写入的第一步是生成分区目录，伴随着每一批数据的写入，都会生成一个新的分区目录。在后续的某一时刻，属于相同分区的目录会依照规则合并到一起；接着，按照 index_granularity 索引粒度，会分别生成 primary.idx 一级索引（如果声明了二级索引，还会创建二级索引文件）、每一个列字段的 .mrk 数据标记和 .bin 压缩数据文件。图 6-20 所示是一张 MergeTree 表在写入数据时，它的分区目录、索引、标记和压缩数据的生成过程。

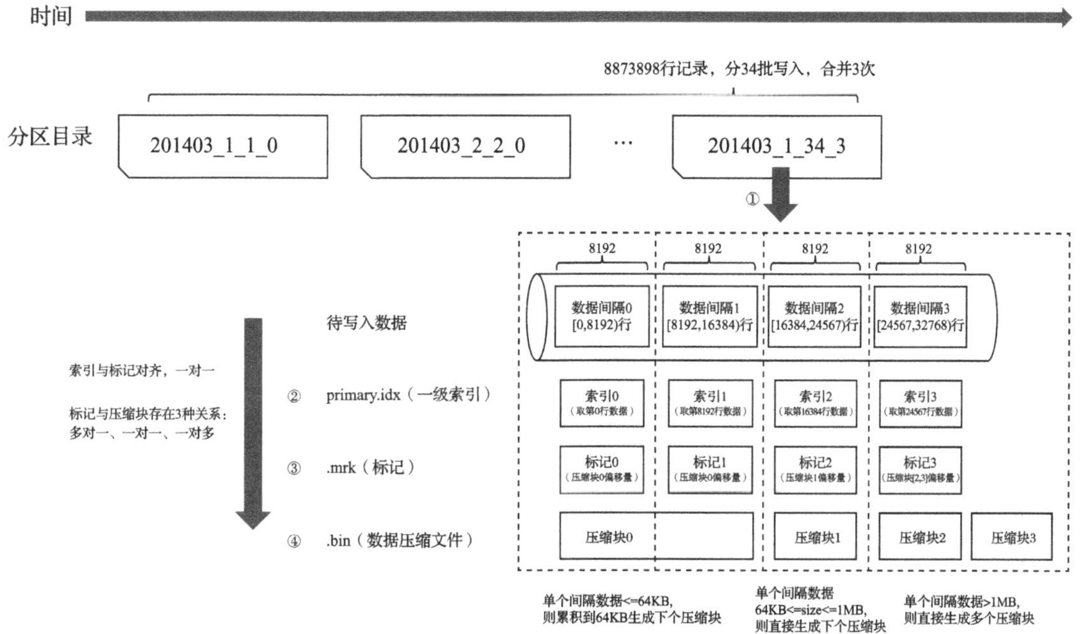

图 6-20 分区目录、索引、标记和压缩数据的生成过程示意

从分区目录 201403_1_34_3 能够得知，该分区数据共分 34 批写入，期间发生过 3 次合并。在数据写入的过程中，依据 index_granularity 的粒度，依次为每个区间的数据生成索引、标记和压缩数据块。其中，索引和标记区间是对齐的，而标记与压缩块则根据区间数

据大小的不同，会生成多对一、一对一和一对多三种关系。

6.7.2 查询过程

数据查询的本质，可以看作一个不断减小数据范围的过程。在最理想的情况下，MergeTree 首先可以依次借助分区索引、一级索引和二级索引，将数据扫描范围缩至最小。然后再借助数据标记，将需要解压与计算的数据范围缩至最小。以图 6-21 所示为例，它示意了在最优的情况下，经过层层过滤，最终获取最小范围数据的过程。

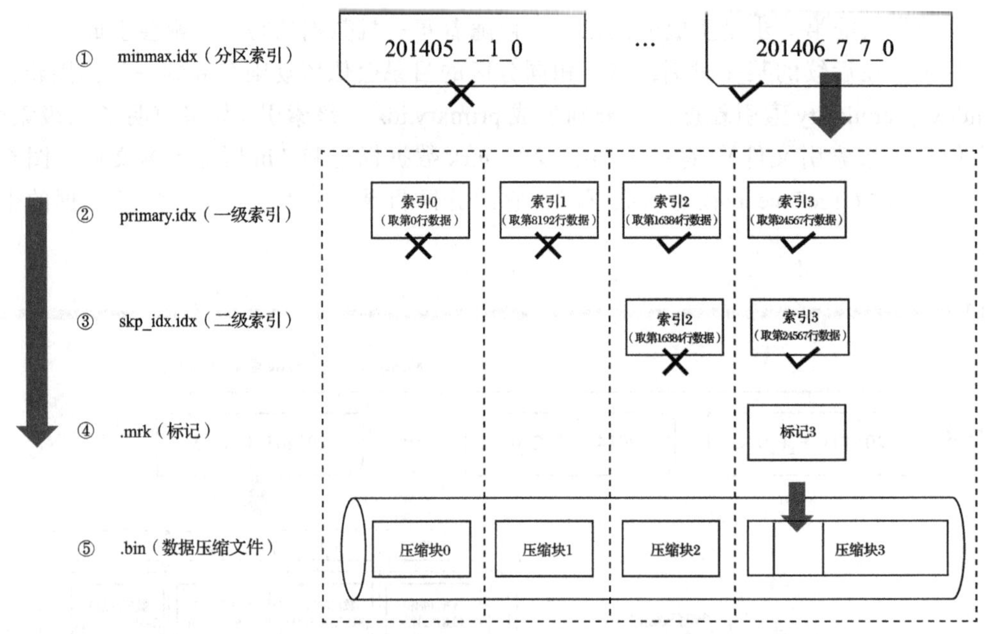

图 6-21 将扫描数据范围最小化的过程

如果一条查询语句没有指定任何 WHERE 条件，或是指定了 WHERE 条件，但条件没有匹配到任何索引（分区索引、一级索引和二级索引），那么 MergeTree 就不能预先减小数据范围。在后续进行数据查询时，它会扫描所有分区目录，以及目录内索引段的最大区间。虽然不能减少数据范围，但是 MergeTree 仍然能够借助数据标记，以多线程的形式同时读取多个压缩数据块，以提升性能。

6.7.3 数据标记与压缩数据块的对应关系

由于压缩数据块的划分，与一个间隔（index_granularity）内的数据大小相关，每个压缩数据块的体积都被严格控制在 64KB～1MB。而一个间隔（index_granularity）的数据，又只会产生一行数据标记。那么根据一个间隔内数据的实际字节大小，数据标记和压缩数据块之间会产生三种不同的对应关系。接下来使用具体示例做进一步说明，对于示例数据，仍然是测试表 hits_v1，其中 index_granularity 粒度为 8192，数据总量为 8873898 行。

1. 多对一

多个数据标记对应一个压缩数据块，当一个间隔（index_granularity）内的数据未压缩大小 size 小于 64KB 时，会出现这种对应关系。

以 hits_v1 测试表的 JavaEnable 字段为例。JavaEnable 数据类型为 UInt8，大小为 1B，则一个间隔内数据大小为 8192B。所以在此种情形下，每 8 个数据标记会对应同一个压缩数据块，如图 6-22 所示。

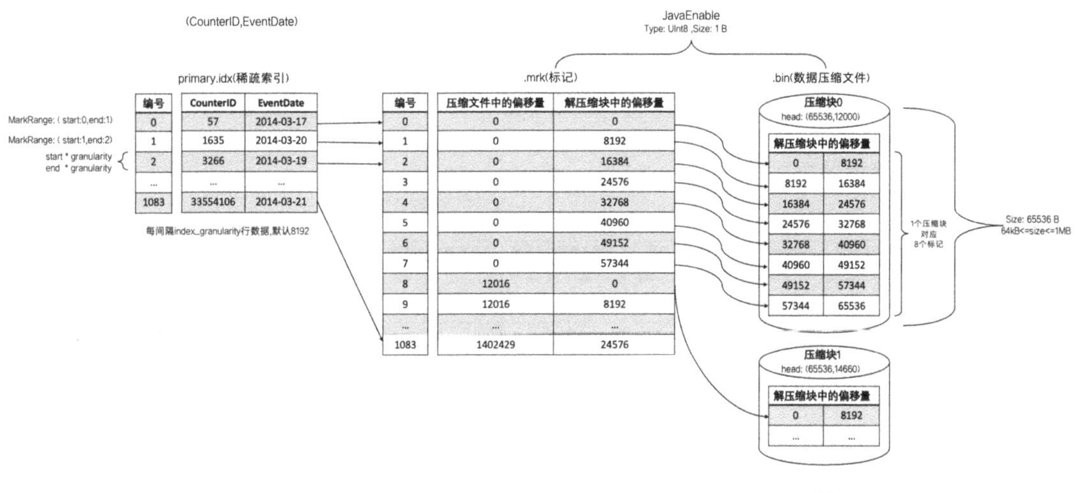

图 6-22　多个数据标记对应同一个压缩数据块的示意

2. 一对一

一个数据标记对应一个压缩数据块，当一个间隔（index_granularity）内的数据未压缩大小 size 大于等于 64KB 且小于等于 1MB 时，会出现这种对应关系。

以 hits_v1 测试表的 URLHash 字段为例。URLHash 数据类型为 UInt64，大小为 8B，则一个间隔内数据大小为 65536B，恰好等于 64KB。所以在此种情形下，数据标记与压缩数据块是一对一的关系，如图 6-23 所示。

3. 一对多

一个数据标记对应多个压缩数据块，当一个间隔（index_granularity）内的数据未压缩大小 size 直接大于 1MB 时，会出现这种对应关系。

以 hits_v1 测试表的 URL 字段为例。URL 数据类型为 String，大小根据实际内容而定。如图 6-24 所示，编号 45 的标记对应了 2 个压缩数据块。

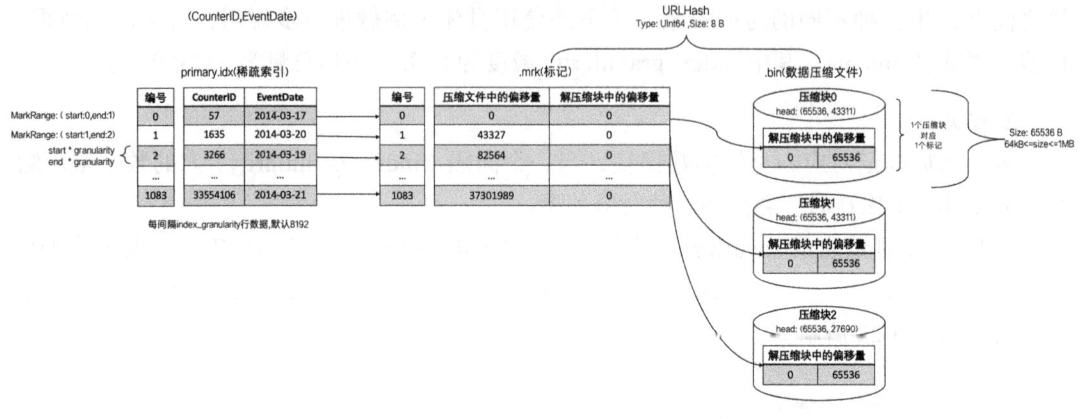

图 6-23 一个数据标记对应一个压缩数据块的示意

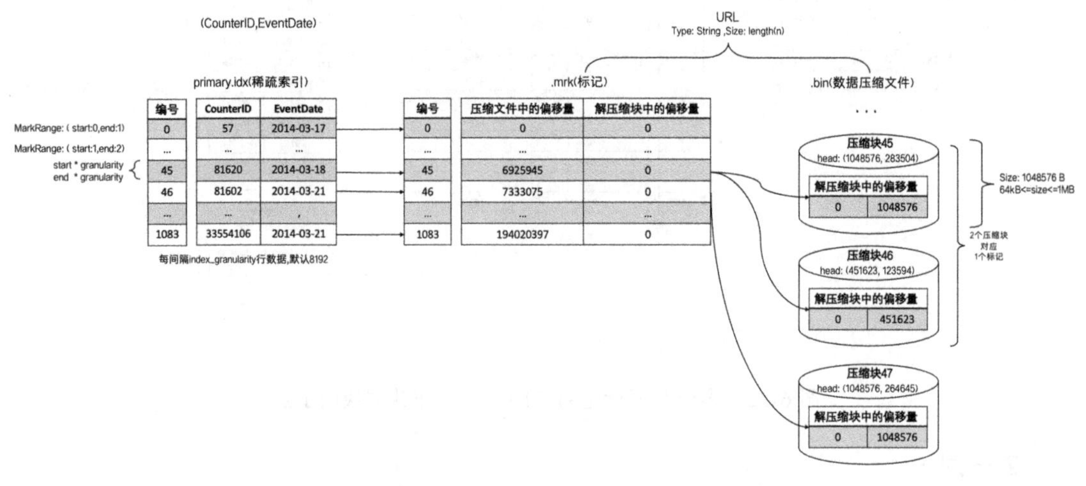

图 6-24 一个数据标记对应多个压缩数据块的示意

6.8 本章小结

本章全方面、立体地解读了 MergeTree 表引擎的工作原理：首先，解释了 MergeTree 的基础属性和物理存储结构；接着，依次介绍了数据分区、一级索引、二级索引、数据存储和数据标记的重要特性；最后，结合实际样例数据，进一步总结了 MergeTree 上述特性在一起协同时的工作过程。掌握本章的内容，即掌握了合并树系列表引擎的精髓。下一章将进一步介绍 MergeTree 家族中其他常见表引擎的具体使用方法。

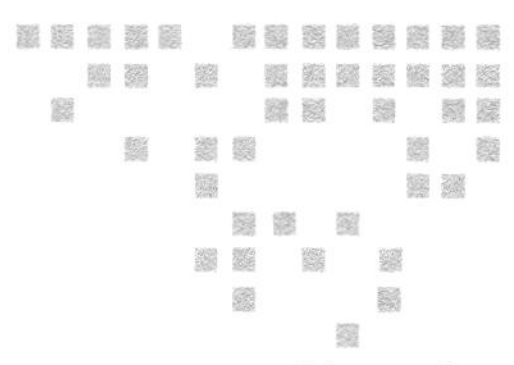

第 7 章 Chapter 7

MergeTree 系列表引擎

目前在 ClickHouse 中，按照特点可以将表引擎大致分成 6 个系列，分别是合并树、外部存储、内存、文件、接口和其他，每一个系列的表引擎都有着独自的特点与使用场景。在它们之中，最为核心的当属 MergeTree 系列，因为它们拥有最为强大的性能和最广泛的使用场合。

经过上一章的介绍，大家应该已经知道了 MergeTree 有两层含义：其一，表示合并树表引擎家族；其二，表示合并树家族中最基础的 MergeTree 表引擎。而在整个家族中，除了基础表引擎 MergeTree 之外，常用的表引擎还有 ReplacingMergeTree、SummingMergeTree、AggregatingMergeTree、CollapsingMergeTree 和 VersionedCollapsingMergeTree。每一种合并树的变种，在继承了基础 MergeTree 的能力之后，又增加了独有的特性。其名称中的“合并”二字奠定了所有类型 MergeTree 的基因，它们的所有特殊逻辑，都是在触发合并的过程中被激活的。在本章后续的内容中，会逐一介绍它们的特点以及使用方法。

7.1 MergeTree

MergeTree 作为家族系列最基础的表引擎，提供了数据分区、一级索引和二级索引等功能。对于它们的运行机理，在上一章中已经进行了详细介绍。本节将进一步介绍 MergeTree 家族独有的另外两项能力——数据 TTL 与存储策略。

7.1.1 数据 TTL

TTL 即 Time To Live，顾名思义，它表示数据的存活时间。在 MergeTree 中，可以为某个列字段或整张表设置 TTL。当时间到达时，如果是列字段级别的 TTL，则会删除这一列的数据；如果是表级别的 TTL，则会删除整张表的数据；如果同时设置了列级别和表级别的 TTL，则会以先到期的那个为主。

无论是列级别还是表级别的 TTL，都需要依托某个 DateTime 或 Date 类型的字段，通过对这个时间字段的 INTERVAL 操作，来表述 TTL 的过期时间，例如：

```
TTL time_col + INTERVAL 3 DAY
```

上述语句表示数据的存活时间是 time_col 时间的 3 天之后。又例如：

```
TTL time_col + INTERVAL 1 MONTH
```

上述语句表示数据的存活时间是 time_col 时间的 1 月之后。INTERVAL 完整的操作包括 SECOND、MINUTE、HOUR、DAY、WEEK、MONTH、QUARTER 和 YEAR。

1. 列级别 TTL

如果想要设置列级别的 TTL，则需要在定义表字段的时候，为它们声明 TTL 表达式，主键字段不能被声明 TTL。以下面的语句为例：

```
CREATE TABLE ttl_table_v1(
    id String,
    create_time DateTime,
    code String TTL create_time + INTERVAL 10 SECOND,
    type UInt8 TTL create_time + INTERVAL 10 SECOND
)
ENGINE = MergeTree
PARTITION BY toYYYYMM(create_time)
ORDER BY id
```

其中，create_time 是日期类型，列字段 code 与 type 均被设置了 TTL，它们的存活时间是在 create_time 的取值基础之上向后延续 10 秒。

现在写入测试数据，其中第一行数据 create_time 取当前的系统时间，而第二行数据的时间比第一行增加 10 分钟：

```
INSERT INTO TABLE ttl_table_v1 VALUES('A000',now(),'C1',1),
('A000',now() + INTERVAL 10 MINUTE,'C1',1)
SELECT * FROM ttl_table_v1
┌─id───┬─────────create_time─┬─code─┬─type─┐
│ A000 │ 2019-06-12 22:49:00 │ C1   │    1 │
│ A000 │ 2019-06-12 22:59:00 │ C1   │    1 │
└──────┴─────────────────────┴──────┴──────┘
```

接着心中默数 10 秒，然后执行 optimize 命令强制触发 TTL 清理：

```
optimize TABLE ttl_table_v1 FINAL
```

再次查询 ttl_table_v1 则能够看到，由于第一行数据满足 TTL 过期条件（当前系统时间 >= create_time + 10 秒），它们的 code 和 type 列会被还原为数据类型的默认值：

```
┌─id───┬─────────create_time─┬─code─┬─type─┐
│ A000 │ 2019-06-12 22:49:00 │      │    0 │
│ A000 │ 2019-06-12 22:59:00 │ C1   │    1 │
└──────┴─────────────────────┴──────┴──────┘
```

如果想要修改列字段的 TTL，或是为已有字段添加 TTL，则可以使用 ALTER 语句，示例如下：

```
ALTER TABLE ttl_table_v1 MODIFY COLUMN code String TTL create_time + INTERVAL 1 DAY
```

目前 ClickHouse 没有提供取消列级别 TTL 的方法。

2. 表级别 TTL

如果想要为整张数据表设置 TTL，需要在 MergeTree 的表参数中增加 TTL 表达式，例如下面的语句：

```
CREATE TABLE ttl_table_v2(
    id String,
    create_time DateTime,
    code String TTL create_time + INTERVAL 1 MINUTE,
    type UInt8
)ENGINE = MergeTree
PARTITION BY toYYYYMM(create_time)
ORDER BY create_time
TTL create_time + INTERVAL 1 DAY
```

ttl_table_v2 整张表被设置了 TTL，当触发 TTL 清理时，那些满足过期时间的数据行将会被整行删除。同样，表级别的 TTL 也支持修改，修改的方法如下：

```
ALTER TABLE ttl_table_v2 MODIFY TTL create_time + INTERVAL 3 DAY
```

表级别 TTL 目前也没有取消的方法。

3. TTL 的运行机理

在知道了列级别与表级别 TTL 的使用方法之后，现在简单聊一聊 TTL 的运行机理。如果一张 MergeTree 表被设置了 TTL 表达式，那么在写入数据时，会以数据分区为单位，在每个分区目录内生成一个名为 ttl.txt 的文件。以刚才示例中的 ttl_table_v2 为例，它被设置了列级别 TTL：

```
code String TTL create_time + INTERVAL 1 MINUTE
```

同时被设置了表级别的 TTL：

```
TTL create_time + INTERVAL 1 DAY
```

那么，在写入数据之后，它的每个分区目录内都会生成 ttl.txt 文件：

```
# pwd
/chbase/data/data/default/ttl_table_v2/201905_1_1_0
```

```
# ll
total 60
…省略
-rw-r-----. 1 clickhouse clickhouse  38 May 13 14:30 create_time.bin
-rw-r-----. 1 clickhouse clickhouse  48 May 13 14:30 create_time.mrk2
-rw-r-----. 1 clickhouse clickhouse   8 May 13 14:30 primary.idx
-rw-r-----. 1 clickhouse clickhouse  67 May 13 14:30 ttl.txt
…省略
```

进一步查看 ttl.txt 的内容：

```
cat ./ttl.txt
ttl format version: 1
{"columns":[{"name":"code","min":1557478860,"max":1557651660}],"table":{"min":15
    57565200,"max":1557738000}}
```

通过上述操作会发现，原来 MergeTree 是通过一串 JSON 配置保存了 TTL 的相关信息，其中：

- columns 用于保存列级别 TTL 信息；
- table 用于保存表级别 TTL 信息；
- min 和 max 则保存了当前数据分区内，TTL 指定日期字段的最小值、最大值分别与 INTERVAL 表达式计算后的时间戳。

如果将 table 属性中的 min 和 max 时间戳格式化，并分别与 create_time 最小与最大取值对比：

```
SELECT
    toDateTime('1557565200') AS ttl_min,
    toDateTime('1557738000') AS ttl_max,
    ttl_min - MIN(create_time) AS expire_min,
    ttl_max - MAX(create_time) AS expire_max
  FROM ttl_table_v2
┌─────────ttl_min─┬─────────ttl_max─┬─expire_min─┬─expire_max─┐
│ 2019-05-11 17:00:00 │ 2019-05-13 17:00:00 │    86400   │    86400   │
└─────────────────┴─────────────────┴────────────┴────────────┘
```

则能够印证，ttl.txt 中记录的极值区间恰好等于当前数据分区内 create_time 最小与最大值增加 1 天（1 天 = 86400 秒）所表示的区间，与 TTL 表达式 create_time + INTERVAL 1 DAY 的预期相符。

在知道了 TTL 信息的记录方式之后，现在看看它的大致处理逻辑。

（1）MergeTree 以分区目录为单位，通过 ttl.txt 文件记录过期时间，并将其作为后续的判断依据。

（2）每当写入一批数据时，都会基于 INTERVAL 表达式的计算结果为这个分区生成 ttl.txt 文件。

（3）只有在 MergeTree 合并分区时，才会触发删除 TTL 过期数据的逻辑。

（4）在选择删除的分区时，会使用贪婪算法，它的算法规则是尽可能找到会最早过期的，同时年纪又是最老的分区（合并次数更多，MaxBlockNum 更大的）。

（5）如果一个分区内某一列数据因为 TTL 到期全部被删除了，那么在合并之后生成的新分区目录中，将不会包含这个列字段的数据文件（.bin 和 .mrk）。

这里还有几条 TTL 使用的小贴士。

（1）TTL 默认的合并频率由 MergeTree 的 merge_with_ttl_timeout 参数控制，默认 86400 秒，即 1 天。它维护的是一个专有的 TTL 任务队列。有别于 MergeTree 的常规合并任务，如果这个值被设置的过小，可能会带来性能损耗。

（2）除了被动触发 TTL 合并外，也可以使用 optimize 命令强制触发合并。例如，触发一个分区合并：

```
optimize TABLE table_name
```

触发所有分区合并：

```
optimize TABLE table_name FINAL
```

（3）ClickHouse 目前虽然没有提供删除 TTL 声明的方法，但是提供了控制全局 TTL 合并任务的启停方法：

```
SYSTEM STOP/START TTL MERGES
```

虽然还不能做到按每张 MergeTree 数据表启停，但聊胜于无吧。

7.1.2　多路径存储策略

在 ClickHouse 19.15 版本之前，MergeTree 只支持单路径存储，所有的数据都会被写入 config.xml 配置中 path 指定的路径下，即使服务器挂载了多块磁盘，也无法有效利用这些存储空间。为了解决这个痛点，从 19.15 版本开始，MergeTree 实现了自定义存储策略的功能，支持以数据分区为最小移动单元，将分区目录写入多块磁盘目录。

根据配置策略的不同，目前大致有三类存储策略。

- 默认策略：MergeTree 原本的存储策略，无须任何配置，所有分区会自动保存到 config.xml 配置中 path 指定的路径下。
- JBOD 策略：这种策略适合服务器挂载了多块磁盘，但没有做 RAID 的场景。JBOD 的全称是 Just a Bunch of Disks，它是一种轮询策略，每执行一次 INSERT 或者 MERGE，所产生的新分区会轮询写入各个磁盘。这种策略的效果类似 RAID 0，可以降低单块磁盘的负载，在一定条件下能够增加数据并行读写的性能。如果单块磁盘发生故障，则会丢掉应用 JBOD 策略写入的这部分数据。（数据的可靠性需要利用副本机制保障，这部分内容将会在后面介绍副本与分片时介绍。）
- HOT/COLD 策略：这种策略适合服务器挂载了不同类型磁盘的场景。将存储磁盘分为HOT与COLD两类区域。HOT区域使用SSD这类高性能存储媒介，注重存取性能；COLD区域则使用HDD这类高容量存储媒介，注重存取经济性。数据在写入MergeTree之初，首先会在HOT区域创建分区目录用于保存数据，当分区数据大小累积到阈值时，数据会自行移动到COLD区域。而在每个区域的内部，也支持定义多个磁盘，所以在单个区域的写入过程中，也能应用JBOD策略。

存储配置需要预先定义在config.xml配置文件中，由storage_configuration标签表示。在storage_configuration之下又分为disks和policies两组标签，分别表示磁盘与存储策略。

disks的配置示例如下所示，支持定义多块磁盘：

```
<storage_configuration>
    <disks>
        <disk_name_a> <!--自定义磁盘名称 -->
            <path>/chbase/data</path><!—磁盘路径 -->
            <keep_free_space_bytes>1073741824</keep_free_space_bytes>
        </disk_name_a>

        <disk_name_b>
            <path>… </path>
        </disk_name_b>
    </disks>
```

其中：

❑ < disk_name_* >，必填项，必须全局唯一，表示磁盘的自定义名称；

❑ <path>，必填项，用于指定磁盘路径；

❑ <keep_free_space_bytes>，选填项，以字节为单位，用于定义磁盘的预留空间。

在policies的配置中，需要引用先前定义的disks磁盘。policies同样支持定义多个策略，它的示例如下：

```
<policies>
    <policie_name_a> <!--自定义策略名称 -->
        <volumes>
            <volume_name_a> <!--自定义卷名称 -->
                <disk>disk_name_a</disk>
                <disk>disk_name_b</disk>
                <max_data_part_size_bytes>1073741824</max_data_part_size_bytes>
            </volume_name_a>
        </volumes>
        <move_factor>0.2</move_factor>
    </policie_name_a>

    <policie_name_b>
    </policie_name_b>
</policies>
</storage_configuration>
```

其中：

- < policie_name _* >，必填项，必须全局唯一，表示策略的自定义名称；
- < volume_name _* >，必填项，必须全局唯一，表示卷的自定义名称；
- < disk>，必填项，用于关联 <disks> 配置内的磁盘，可以声明多个 disk，MergeTree 会按定义的顺序选择 disk；
- < max_data_part_size_bytes >，选填项，以字节为单位，表示在这个卷的单个 disk 磁盘中，一个数据分区的最大存储阈值，如果当前分区的数据大小超过阈值，则之后的分区会写入下一个 disk 磁盘；
- <move_factor>，选填项，默认为 0.1；如果当前卷的可用空间小于 factor 因子，并且定义了多个卷，则数据会自动向下一个卷移动。

在知道了配置格式之后，现在用一组示例说明它们的使用方法。

1. JBOD 策略

首先，在 config.xml 配置文件中增加 storage_configuration 元素，并配置 3 块磁盘：

```
<storage_configuration>
    <!--自定义磁盘配置 -->
    <disks>
        <disk_hot1> <!--自定义磁盘名称 -->
            <path>/chbase/data</path>
        </disk_hot1>
        <disk_hot2>
            <path>/chbase/hotdata1</path>
        </disk_hot2>
        <disk_cold>
            <path>/chbase/cloddata</path>
            <keep_free_space_bytes>1073741824</keep_free_space_bytes>
        </disk_cold>
    </disks>
…省略
```

接着，配置一个存储策略，在 volumes 卷下引用两块磁盘，组成一个磁盘组：

```
<!   实现JDOB效果 -->
    <policies>
        <default_jbod> <!--自定义策略名称 -->
            <volumes>
                <jbod> <!—自定义名称 磁盘组 -->
                    <disk>disk_hot1</disk>
                    <disk>disk_hot2</disk>
                </jbod>
            </volumes>
        </default_jbod>

    </policies>
    </storage_configuration>
```

至此，一个支持 JBOD 策略的存储策略就配置好了。在正式应用之前，还需要做一些准备工作。首先，需要给磁盘路径授权，使 ClickHouse 用户拥有路径的读写权限：

```
sudo chown clickhouse:clickhouse -R /chbase/cloddata /chbase/hotdata1
```

由于存储配置不支持动态更新，为了使配置生效，还需要重启 clickhouse-server 服务：

```
sudo service clickhouse-server restart
```

服务重启好之后，可以查询系统表以验证配置是否已经生效：

```
SELECT
name,
path,formatReadableSize(free_space) AS free,
formatReadableSize(total_space) AS total,
formatReadableSize(keep_free_space) AS reserved
FROM system.disks
```

name	path	free	total	reserved
default	/chbase/data/	38.26 GiB	49.09 GiB	0.00 B
disk_cold	/chbase/cloddata/	37.26 GiB	48.09 GiB	1.00 GiB
disk_hot1	/chbase/data/	38.26 GiB	49.09 GiB	0.00 B
disk_hot2	/chbase/hotdata1/	38.26 GiB	49.09 GiB	0.00 B

通过 system.disks 系统表可以看到刚才声明的 3 块磁盘配置已经生效。接着验证策略配置：

```
SELECT policy_name,
volume_name,
volume_priority,
disks,
formatReadableSize(max_data_part_size) max_data_part_size ,
move_factor FROM
system.storage_policies
```

policy_name	volume_name	disks	max_data_part_size	move_factor
default	default	['default']	0.00 B	0
default_jbod	jbod	['disk_hot1','disk_hot2']	0.00 B	0.1

通过 system.storage_policies 系统表可以看到刚才配置的存储策略也已经生效了。

现在创建一张 MergeTree 表，用于测试 default_jbod 存储策略的效果：

```
CREATE TABLE jbod_table(
    id UInt64
)ENGINE = MergeTree()
ORDER BY id
SETTINGS storage_policy = 'default_jbod'
```

在定义 MergeTree 时，使用 storage_policy 配置项指定刚才定义的 default_jbod 存储策略。存储策略一旦设置，就不能修改了。现在开始测试它的效果。首先写入第一批数据，创建一个分区目录：

```
INSERT INTO TABLE jbod_table SELECT rand() FROM numbers(10)
```

查询分区系统表，可以看到第一个分区写入了第一块磁盘 disk_hot1：

```
SELECT name, disk_name FROM system.parts WHERE table = 'jbod_table'
┌─name───────────┬─disk_name──┐
│ all_1_1_0      │ disk_hot1  │
└────────────────┴────────────┘
```

接着写入第二批数据，创建一个新的分区目录：

```
INSERT INTO TABLE jbod_table SELECT rand() FROM numbers(10)
```

再次查询分区系统表，可以看到第二个分区写入了第二块磁盘 disk_hot2：

```
SELECT name, disk_name FROM system.parts WHERE table = 'jbod_table'
┌─name───────────┬─disk_name──┐
│ all_1_1_0      │ disk_hot1  │
│ all_2_2_0      │ disk_hot2  │
└────────────────┴────────────┘
```

最后触发一次分区合并动作，生成一个合并后的新分区目录：

```
optimize TABLE jbod_table
```

还是查询分区系统表，可以看到合并后生成的 all_1_2_1 分区，再一次写入了第一块磁盘 disk_hot1：

```
┌─name───────────┬─disk_name──┐
│ all_1_1_0      │ disk_hot1  │
│ all_1_2_1      │ disk_hot1  │
│ all_2_2_0      │ disk_hot2  │
└────────────────┴────────────┘
```

至此，大家应该已经明白 JBOD 策略的工作方式了。在这个策略中，由多个磁盘组成了一个磁盘组，即 volume 卷。每当生成一个新数据分区的时候，分区目录会依照 volume 卷中磁盘定义的顺序，依次轮询并写入各个磁盘。

2. HOT/COLD 策略

现在介绍 HOT/COLD 策略的使用方法。首先在上一小节介绍的配置文件中添加一个新的策略：

```
<policies>
    …省略
    <moving_from_hot_to_cold><!--自定义策略名称 -->
        <volumes>
            <hot><!--自定义名称 ,hot区域磁盘 -->
                <disk>disk_hot1</disk>
```

```
                <max_data_part_size_bytes>1073741824</max_data_part_size_bytes>
            </hot>
             <cold><!--自定义名称 ,cold区域磁盘 -->
                <disk>disk_cold</disk>
              </cold>
          </volumes>
           <move_factor>0.2</move_factor>
    </moving_from_hot_to_cold>
</policies>
```

存储配置不支持动态更新，所以为了使配置生效，需要重启 clickhouse-server 服务：

```
sudo service clickhouse-server restart
```

通过 system.storage_policies 系统表可以看到，刚才配置的存储策略已经生效了。

policy_name	volume_name	disks	max_data_part_size	move_factor
moving_from_hot_to_cold	hot	['disk_hot1']	1.00 MiB	0.2
moving_from_hot_to_cold	cold	['disk_cold']	0.00 B	0.2

moving_from_hot_to_cold 存储策略拥有 hot 和 cold 两个磁盘卷，在每个卷下各拥有 1 块磁盘。注意，hot 磁盘卷的 max_data_part_size 列显示的值是 1M，这个值的含义表示，在这个磁盘卷下，如果一个分区的大小超过 1MB，则它需要被移动到紧邻的下一个磁盘卷。

与先前一样，现在创建一张 MergeTree 表，用于测试 moving_from_hot_to_cold 存储策略的效果：

```
CREATE TABLE hot_cold_table(
    id UInt64
)ENGINE = MergeTree()
ORDER BY id
SETTINGS storage_policy = 'moving_from_hot_to_cold'
```

在定义 MergeTree 时，使用 storage_policy 配置项指定刚才定义的 moving_from_hot_to_cold 存储策略。存储策略一旦设置就不能再修改。

现在开始测试它的效果，首先写入第一批数据，创建一个分区目录，数据大小 500KB：

```
--写入500K大小,分区会写入hot
INSERT INTO TABLE hot_cold_table SELECT rand()FROM numbers(100000)
```

查询分区系统表，可以看到第一个分区写入了 hot 卷：

```
SELECT name, disk_name FROM system.parts WHERE table = 'hot_cold_table'
```

name	disk_name
all_1_1_0	disk_hot1

接着写入第二批数据，创建一个新的分区目录，数据大小还是 500KB：

```
INSERT INTO TABLE hot_cold_table SELECT rand()FROM numbers(100000)
```

再次查询分区系统表，可以看到第二个分区，仍然写入了 hot 卷：

```
SELECT name, disk_name FROM system.parts WHERE table = 'hot_cold_table'
┌─name──────────┬─disk_name─┐
│ all_1_1_0     │ disk_hot1 │
│ all_2_2_0     │ disk_hot1 │
└───────────────┴───────────┘
```

这是由于 hot 磁盘卷的 max_data_part_size 是 1MB，而前两次数据写入所创建的分区，单个分区大小是 500KB，自然分区目录都被保存到了 hot 磁盘卷下的 disk_hot1 磁盘。现在触发一次分区合并动作，生成一个新的分区目录：

```
optimize TABLE hot_cold_table
```

查询分区系统表，可以看到合并后生成的 all_1_2_1 分区写入了 cold 卷：

```
┌─name──────────┬─disk_name─┐
│ all_1_1_0     │ disk_hot1 │
│ all_1_2_1     │ disk_cold │
│ all_2_2_0     │ disk_hot1 │
└───────────────┴───────────┘
```

这是因为两个分区合并之后，所创建的新分区的大小超过了 1MB，所以它被写入了 cold 卷，相关查询代码如下：

```
SELECT
disk_name,
formatReadableSize(bytes_on_disk) AS size
FROM system.parts
WHERE (table = 'hot_cold_table') AND active = 1
┌─disk_name──┬─size───────┐
│ disk_cold  │ 1.01 MiB   │
└────────────┴────────────┘
```

注意，如果一次性写入大于 1MB 的数据，分区也会被写入 cold 卷。

至此，大家应该明白 HOT/COLD 策略的工作方式了。在这个策略中，由多个磁盘卷（volume 卷）组成了一个 volume 组。每当生成一个新数据分区的时候，按照阈值大小（max_data_part_size），分区目录会依照 volume 组中磁盘卷定义的顺序，依次轮询并写入各个卷下的磁盘。

虽然 MergeTree 的存储策略目前不能修改，但是分区目录却支持移动。例如，将某个分区移动至当前存储策略中当前 volume 卷下的其他 disk 磁盘：

```
ALTER TABLE hot_cold_table MOVE PART 'all_1_2_1' TO DISK 'disk_hot1'
```

或是将某个分区移动至当前存储策略中其他的 volume 卷：

```
ALTER TABLE hot_cold_table MOVE PART 'all_1_2_1' TO VOLUME 'cold'
```

7.2 ReplacingMergeTree

虽然 MergeTree 拥有主键，但是它的主键却没有唯一键的约束。这意味着即便多行数据的主键相同，它们还是能够被正常写入。在某些使用场合，用户并不希望数据表中含有重复的数据。ReplacingMergeTree 就是在这种背景下为了数据去重而设计的，它能够在合并分区时删除重复的数据。它的出现，确实也在一定程度上解决了重复数据的问题。为什么说是“一定程度”？此处先按下不表。

创建一张 ReplacingMergeTree 表的方法与创建普通 MergeTree 表无异，只需要替换 Engine：

```
ENGINE = ReplacingMergeTree(ver)
```

其中，ver 是选填参数，会指定一个 UInt*、Date 或者 DateTime 类型的字段作为版本号。这个参数决定了数据去重时所使用的算法。

接下来，用一个具体的示例说明它的用法。首先执行下面的语句创建数据表：

```
CREATE TABLE replace_table(
    id String,
    code String,
    create_time DateTime
)ENGINE = ReplacingMergeTree()
PARTITION BY toYYYYMM(create_time)
ORDER BY (id,code)
PRIMARY KEY id
```

注意这里的 ORDER BY 是去除重复数据的关键，排序键 ORDER BY 所声明的表达式是后续作为判断数据是否重复的依据。在这个例子中，数据会基于 id 和 code 两个字段去重。假设此时表内的测试数据如下：

```
┌─id───┬─code─┬─────────create_time─┐
│ A001 │ C1   │ 2019-05-10 17:00:00 │
│ A001 │ C1   │ 2019-05-11 17:00:00 │
│ A001 │ C100 │ 2019-05-12 17:00:00 │
│ A001 │ C200 │ 2019-05-13 17:00:00 │
│ A002 │ C2   │ 2019-05-14 17:00:00 │
│ A003 │ C3   │ 2019-05-15 17:00:00 │
└──────┴──────┴─────────────────────┘
```

那么在执行 optimize 强制触发合并后，会按照 id 和 code 分组，保留分组内的最后一条（观察 create_time 日期字段）：

```
optimize TABLE replace_table FINAL
```

将其余重复的数据删除：

```
┌─id───┬─code─┬──────────create_time─┐
│ A001 │ C1   │ 2019-05-11 17:00:00  │
│ A001 │ C100 │ 2019-05-12 17:00:00  │
│ A001 │ C200 │ 2019-05-13 17:00:00  │
│ A002 │ C2   │ 2019-05-14 17:00:00  │
│ A003 │ C3   │ 2019-05-15 17:00:00  │
└──────┴──────┴──────────────────────┘
```

从执行的结果来看，ReplacingMergeTree 在去除重复数据时，确实是以 ORDER BY 排序键为基准的，而不是 PRIMARY KEY。因为在上面的例子中，ORDER BY 是 (id,code)，而 PRIMARY KEY 是 id，如果按照 id 值去除重复数据，则最终结果应该只剩下 A001、A002 和 A003 三行数据。

到目前为止，ReplacingMergeTree 看起来完美地解决了重复数据的问题。事实果真如此吗？现在尝试写入一批新数据：

```
INSERT INTO TABLE replace_table VALUES('A001','C1','2019-08-10 17:00:00')
```

写入之后，执行 optimize 强制分区合并，并查询数据：

```
┌─id───┬─code─┬──────────────create_time─┐
│ A001 │ C1   │ 2019-08-22 17:00:00      │
└──────┴──────┴──────────────────────────┘
┌─id───┬─code─┬──────────────create_time─┐
│ A001 │ C1   │ 2019-05-11 17:00:00      │
│ A001 │ C100 │ 2019-05-12 17:00:00      │
│ A001 │ C200 │ 2019-05-13 17:00:00      │
│ A002 │ C2   │ 2019-05-14 17:00:00      │
│ A003 │ C3   │ 2019-05-15 17:00:00      │
└──────┴──────┴──────────────────────────┘
```

再次观察返回的数据，可以看到 A001:C1 依然出现了重复。这是怎么回事呢？这是因为 ReplacingMergeTree 是以分区为单位删除重复数据的。只有在相同的数据分区内重复的数据才可以被删除，而不同数据分区之间的重复数据依然不能被剔除。这就是上面说 ReplacingMergeTree 只是在一定程度上解决了重复数据问题的原因。

现在接着说明 ReplacingMcrgcTree 版本号的用法。以下面的语句为例：

```
CREATE TABLE replace_table_v(
    id String,
    code String,
    create_time DateTime
)ENGINE = ReplacingMergeTree(create_time)
PARTITION BY toYYYYMM(create_time)
ORDER BY id
```

replace_table_v 基于 id 字段去重，并且使用 create_time 字段作为版本号，假设表内的数据如下所示：

```
┌─id───┬─code─┬───────create_time─┐
│ A001 │ C1   │ 2019-05-10 17:00:00 │
│ A001 │ C1   │ 2019-05-25 17:00:00 │
│ A001 │ C1   │ 2019-05-13 17:00:00 │
└──────┴──────┴─────────────────────┘
```

那么在删除重复数据的时候，会保留同一组数据内create_time时间最长的那一行：

```
┌─id─────┬─code─┬──────────create_time─┐
│ A001   │ C1   │ 2019-05-25 17:00:00 │
└────────┴──────┴─────────────────────┘
```

在知道了ReplacingMergeTree的使用方法后，现在简单梳理一下它的处理逻辑。

（1）使用ORBER BY排序键作为判断重复数据的唯一键。

（2）只有在合并分区的时候才会触发删除重复数据的逻辑。

（3）以数据分区为单位删除重复数据。当分区合并时，同一分区内的重复数据会被删除；不同分区之间的重复数据不会被删除。

（4）在进行数据去重时，因为分区内的数据已经基于ORBER BY进行了排序，所以能够找到那些相邻的重复数据。

（5）数据去重策略有两种：

- 如果没有设置ver版本号，则保留同一组重复数据中的最后一行。
- 如果设置了ver版本号，则保留同一组重复数据中ver字段取值最大的那一行。

7.3 SummingMergeTree

假设有这样一种查询需求：终端用户只需要查询数据的汇总结果，不关心明细数据，并且数据的汇总条件是预先明确的（GROUP BY条件明确，且不会随意改变）。

对于这样的查询场景，在ClickHouse中如何解决呢？最直接的方案就是使用MergeTree存储数据，然后通过GROUP BY聚合查询，并利用SUM聚合函数汇总结果。这种方案存在两个问题。

- 存在额外的存储开销：终端用户不会查询任何明细数据，只关心汇总结果，所以不应该一直保存所有的明细数据。
- 存在额外的查询开销：终端用户只关心汇总结果，虽然MergeTree性能强大，但是每次查询都进行实时聚合计算也是一种性能消耗。

SummingMergeTree就是为了应对这类查询场景而生的。顾名思义，它能够在合并分区的时候按照预先定义的条件聚合汇总数据，将同一分组下的多行数据汇总合并成一行，这样既减少了数据行，又降低了后续汇总查询的开销。

在先前介绍MergeTree原理时曾提及，在MergeTree的每个数据分区内，数据会按照ORDER BY表达式排序。主键索引也会按照PRIMARY KEY表达式取值并排序。而

ORDER BY 可以指代主键，所以在一般情形下，只单独声明 ORDER BY 即可。此时，ORDER BY 与 PRIMARY KEY 定义相同，数据排序与主键索引相同。

如果需要同时定义 ORDER BY 与 PRIMARY KEY，通常只有一种可能，那便是明确希望 ORDER BY 与 PRIMARY KEY 不同。这种情况通常只会在使用 SummingMergeTree 或 AggregatingMergeTree 时才会出现。这是为何呢？这是因为 SummingMergeTree 与 AggregatingMergeTree 的聚合都是根据 ORDER BY 进行的。由此可以引出两点原因：主键与聚合的条件定义分离，为修改聚合条件留下空间。

现在用一个示例说明。假设一张 SummingMergeTree 数据表有 A、B、C、D、E、F 六个字段，如果需要按照 A、B、C、D 汇总，则有：

```
ORDER BY (A，B，C，D)
```

但是如此一来，此表的主键也被定义成了 A、B、C、D。而在业务层面，其实只需要对字段 A 进行查询过滤，应该只使用 A 字段创建主键。所以，一种更加优雅的定义形式应该是：

```
ORDER BY (A、B、C、D)
PRIMARY KEY A
```

如果同时声明了 ORDER BY 与 PRIMARY KEY，MergeTree 会强制要求 PRIMARY KEY 列字段必须是 ORDER BY 的前缀。例如下面的定义是错误的：

```
ORDER BY (B、C)
PRIMARY KEY A
```

PRIMARY KEY 必须是 ORDER BY 的前缀：

```
ORDER BY (B、C)
PRIMARY KEY B
```

这种强制约束保障了即便在两者定义不同的情况下，主键仍然是排序键的前缀，不会出现索引与数据顺序混乱的问题。

假设现在业务发生了细微的变化，需要减少字段，将先前的 A、B、C、D 改为按照 A、B 聚合汇总，则可以按如下方式修改排序键：

```
ALTER TABLE table_name MODIFY ORDER BY (A,B)
```

在修改 ORDER BY 时会有一些限制，只能在现有的基础上减少字段。如果是新增排序字段，则只能添加通过 ALTER ADD COLUMN 新增的字段。但是 ALTER 是一种元数据的操作，修改成本很低，相比不能被修改的主键，这已经非常便利了。

现在开始正式介绍 SummingMergeTree 的使用方法。表引擎的声明方式如下所示：

```
ENGINE = SummingMergeTree((col1,col2,…))
```

其中，col1、col2 为 columns 参数值，这是一个选填参数，用于设置除主键外的其他数值类型字段，以指定被 SUM 汇总的列字段。如若不填写此参数，则会将所有非主键的数值类型字段进行SUM汇总。接来下用一组示例说明它的使用方法：

```
CREATE TABLE summing_table(
    id String,
    city String,
    v1 UInt32,
    v2 Float64,
    create_time DateTime
)ENGINE = SummingMergeTree()
PARTITION BY toYYYYMM(create_time)
ORDER BY (id, city)
PRIMARY KEY id
```

注意，这里的ORDER BY是一项关键配置，SummingMergeTree在进行数据汇总时，会根据ORDER BY表达式的取值进行聚合操作。假设此时表内的数据如下所示：

```
┌─id───┬─city───┬─v1─┬─v2─┬─────────create_time─┐
│ A001 │ wuhan  │ 10 │ 20 │ 2019-08-10 17:00:00 │
│ A001 │ wuhan  │ 20 │ 30 │ 2019-08-20 17:00:00 │
│ A001 │ zhuhai │ 20 │ 30 │ 2019-08-10 17:00:00 │
└──────┴────────┴────┴────┴─────────────────────┘
┌─id───┬─city───┬─v1─┬─v2─┬─────────create_time─┐
│ A001 │ wuhan  │ 10 │ 20 │ 2019-02-10 09:00:00 │
└──────┴────────┴────┴────┴─────────────────────┘
┌─id───┬─city───┬─v1─┬─v2─┬─────────create_time─┐
│ A002 │ wuhan  │ 60 │ 50 │ 2019-10-10 17:00:00 │
└──────┴────────┴────┴────┴─────────────────────┘
```

执行optimize强制进行触发和合并操作：

```
optimize TABLE summing_table FINAL
```

再次查询，表内数据会变成下面的样子：

```
┌─id───┬─city───┬─v1─┬─v2─┬─────────create_time─┐
│ A001 │ wuhan  │ 30 │ 50 │ 2019-08-10 17:00:00 │
│ A001 │ zhuhai │ 20 │ 30 │ 2019-08-10 17:00:00 │
└──────┴────────┴────┴────┴─────────────────────┘
┌─id───┬─city───┬─v1─┬─v2─┬─────────create_time─┐
│ A001 │ wuhan  │ 10 │ 20 │ 2019-02-10 09:00:00 │
└──────┴────────┴────┴────┴─────────────────────┘
┌─id───┬─city───┬─v1─┬─v2─┬─────────create_time─┐
│ A002 │ wuhan  │ 60 │ 50 │ 2019-10-10 17:00:00 │
└──────┴────────┴────┴────┴─────────────────────┘
```

至此能够看到，在第一个分区内，同为A001:wuhan的两条数据汇总成了一行。其中，v1和v2被SUM汇总，不在汇总字段之列的create_time则选取了同组内第一行数据的取值。而不同分区之间，数据没有被汇总合并。

SummingMergeTree也支持嵌套类型的字段，在使用嵌套类型字段时，需要被SUM汇总的字段名称必须以Map后缀结尾，例如：

```
CREATE TABLE summing_table_nested(
    id String,
    nestMap Nested(
        id UInt32,
        key UInt32,
        val UInt64
    ),
    create_time DateTime
)ENGINE = SummingMergeTree()
PARTITION BY toYYYYMM(create_time)
ORDER BY id
```

在使用嵌套数据类型的时候，默认情况下，会以嵌套类型中第一个字段作为聚合条件Key。假设表内的数据如下所示：

```
┌─id───┬─nestMap.id─┬─nestMap.key─┬─nestMap.val─┬─────────create_time─┐
│ A001 │ [1,1,2]    │ [10,20,30]  │ [40,50,60]  │ 2019-08-10 17:00:00 │
└──────┴────────────┴─────────────┴─────────────┴─────────────────────┘
```

上述示例中数据会按照第一个字段 id 聚合，汇总后的数据会变成下面的样子：

```
┌─id───┬─nestMap.id─┬─nestMap.key─┬─nestMap.val─┬─────────create_time─┐
│ A001 │ [1,2]      │ [30,30]     │ [90,60]     │ 2019-08-10 17:00:00 │
└──────┴────────────┴─────────────┴─────────────┴─────────────────────┘
```

数据汇总的逻辑示意如下所示：

```
[(1, 10, 40)] + [(1, 20, 50)] -> [(1, 30, 90)]

[(2, 30, 60)] -> [(2, 30, 60)]
```

在使用嵌套数据类型的时候，也支持使用复合 Key 作为数据聚合的条件。为了使用复合Key，在嵌套类型的字段中，除第一个字段以外，任何名称是以 Key、Id 或 Type 为后缀结尾的字段，都将和第一个字段一起组成复合 Key。例如将上面的例子中小写 key 改为 Key：

```
nestMap Nested(
        id UInt32,
        Key UInt32,
        val UInt64
    ),
```

上述例子中数据会以 id 和 Key 作为聚合条件。

在知道了 SummingMergeTree 的使用方法后，现在简单梳理一下它的处理逻辑。

（1）用 ORDER BY 排序键作为聚合数据的条件 Key。

（2）只有在合并分区的时候才会触发汇总的逻辑。

（3）以数据分区为单位来聚合数据。当分区合并时，同一数据分区内聚合 Key 相同的数据会被合并汇总，而不同分区之间的数据则不会被汇总。

（4）如果在定义引擎时指定了 columns 汇总列（非主键的数值类型字段），则 SUM 汇总这些列字段；如果未指定，则聚合所有非主键的数值类型字段。

（5）在进行数据汇总时，因为分区内的数据已经基于ORBER BY排序，所以能够找到相邻且拥有相同聚合Key的数据。

（6）在汇总数据时，同一分区内，相同聚合Key的多行数据会合并成一行。其中，汇总字段会进行SUM计算；对于那些非汇总字段，则会使用第一行数据的取值。

（7）支持嵌套结构，但列字段名称必须以Map后缀结尾。嵌套类型中，默认以第一个字段作为聚合Key。除第一个字段以外，任何名称以Key、Id或Type为后缀结尾的字段，都将和第一个字段一起组成复合Key。

7.4 AggregatingMergeTree

有过数据仓库建设经验的读者一定知道“数据立方体”的概念，这是一个在数据仓库领域十分常见的模型。它通过以空间换时间的方法提升查询性能，将需要聚合的数据预先计算出来，并将结果保存起来。在后续进行聚合查询的时候，直接使用结果数据。

AggregatingMergeTree就有些许数据立方体的意思，它能够在合并分区的时候，按照预先定义的条件聚合数据。同时，根据预先定义的聚合函数计算数据并通过二进制的格式存入表内。将同一分组下的多行数据聚合成一行，既减少了数据行，又降低了后续聚合查询的开销。可以说，AggregatingMergeTree是SummingMergeTree的升级版，它们的许多设计思路是一致的，例如同时定义ORDER BY与PRIMARY KEY的原因和目的。但是在使用方法上，两者存在明显差异，应该说AggregatingMergeTree的定义方式是MergeTree家族中最为特殊的一个。

声明使用AggregatingMergeTree的方式如下：

```
ENGINE = AggregatingMergeTree()
```

AggregatingMergeTree没有任何额外的设置参数，在分区合并时，在每个数据分区内，会按照ORDER BY聚合。而使用何种聚合函数，以及针对哪些列字段计算，则是通过定义AggregateFunction数据类型实现的。以下面的语句为例：

```
CREATE TABLE agg_table(
    id String,
    city String,
    code AggregateFunction(uniq,String),
    value AggregateFunction(sum,UInt32),
    create_time DateTime
)ENGINE = AggregatingMergeTree()
PARTITION BY toYYYYMM(create_time)
ORDER BY (id,city)
PRIMARY KEY id
```

上例中列字段id和city是聚合条件，等同于下面的语义：

```
GROUP BY id, city
```

而 code 和 value 是聚合字段，其语义等同于：

```
UNIQ(code), SUM(value)
```

AggregateFunction 是 ClickHouse 提供的一种特殊的数据类型，它能够以二进制的形式存储中间状态结果。其使用方法也十分特殊，对于 AggregateFunction 类型的列字段，数据的写入和查询都与寻常不同。在写入数据时，需要调用 *State 函数；而在查询数据时，则需要调用相应的 *Merge 函数。其中，* 表示定义时使用的聚合函数。例如示例中定义的 code 和 value，使用了 uniq 和 sum 函数：

```
code AggregateFunction(uniq,String),
value AggregateFunction(sum,UInt32),
```

那么，在写入数据时需要调用与 uniq、sum 对应的 uniqState 和 sumState 函数，并使用 INSERT SELECT 语法：

```
INSERT INTO TABLE agg_table
SELECT 'A000','wuhan',
uniqState('code1'),
sumState(toUInt32(100)),
'2019-08-10 17:00:00'
```

在查询数据时，如果直接使用列名访问 code 和 value，将会是无法显示的二进制形式。此时，需要调用与 uniq、sum 对应的 uniqMerge、sumMerge 函数：

```
SELECT id,city,uniqMerge(code),sumMerge(value) FROM agg_table
GROUP BY id,city
```

讲到这里，你是否会认为 AggregatingMergeTree 使用起来过于烦琐了？连正常进行数据写入都需要借助 INSERT…SELECT 的句式并调用特殊函数。如果直接像刚才示例中那样使用 AggregatingMergeTree，确实会非常麻烦。不过各位读者并不需要忧虑，因为目前介绍的这种使用方法，并不是它的主流用法。

AggregatingMergeTree 更为常见的应用方式是结合物化视图使用，将它作为物化视图的表引擎。而这里的物化视图是作为其他数据表上层的一种查询视图，如图 7-1 所示。

现在用一组示例说明。首先，建立明细数据表，也就是俗称的底表：

```
CREATE TABLE agg_table_basic(
    id String,
    city String,
    code String,
    value UInt32
)ENGINE = MergeTree()
PARTITION BY city
ORDER BY (id,city)
```

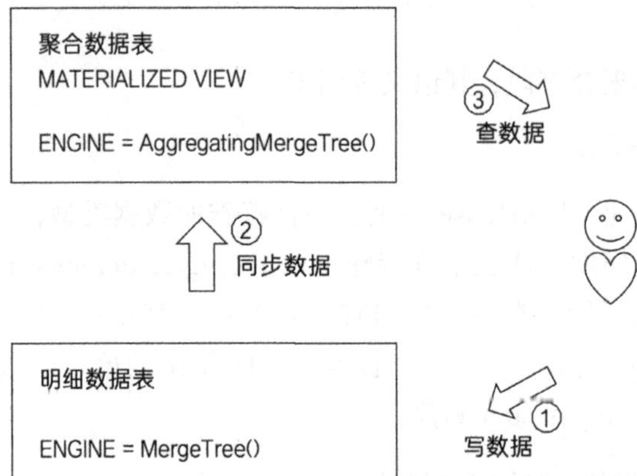

图 7-1　物化视图与普通表引擎组合使用的示例

通常会使用 MergeTree 作为底表，用于存储全量的明细数据，并以此对外提供实时查询。接着，新建一张物化视图：

```
CREATE MATERIALIZED VIEW agg_view
ENGINE = AggregatingMergeTree()
PARTITION BY city
ORDER BY (id,city)
AS SELECT
    id,
    city,
    uniqState(code) AS code,
    sumState(value) AS value
FROM agg_table_basic
GROUP BY id, city
```

物化视图使用 AggregatingMergeTree 表引擎，用于特定场景的数据查询，相比 MergeTree，它拥有更高的性能。

在新增数据时，面向的对象是底表 MergeTree：

```
INSERT INTO TABLE agg_table_basic
VALUES('A000','wuhan','code1',100),('A000','wuhan','code2',200),('A000','zhuhai',
'code1',200)
```

数据会自动同步到物化视图，并按照 AggregatingMergeTree 引擎的规则处理。

在查询数据时，面向的对象是物化视图 AggregatingMergeTree：

```
SELECT id, sumMerge(value), uniqMerge(code) FROM agg_view GROUP BY id, city
┌─id───┬─sumMerge(value)─┬─uniqMerge(code)─┐
│ A000 │             200 │               1 │
│ A000 │             300 │               2 │
└──────┴─────────────────┴─────────────────┘
```

接下来，简单梳理一下 AggregatingMergeTree 的处理逻辑。

（1）用 ORBER BY 排序键作为聚合数据的条件 Key。

（2）使用 AggregateFunction 字段类型定义聚合函数的类型以及聚合的字段。

（3）只有在合并分区的时候才会触发聚合计算的逻辑。

（4）以数据分区为单位来聚合数据。当分区合并时，同一数据分区内聚合 Key 相同的数据会被合并计算，而不同分区之间的数据则不会被计算。

（5）在进行数据计算时，因为分区内的数据已经基于 ORBER BY 排序，所以能够找到那些相邻且拥有相同聚合 Key 的数据。

（6）在聚合数据时，同一分区内，相同聚合 Key 的多行数据会合并成一行。对于那些非主键、非 AggregateFunction 类型字段，则会使用第一行数据的取值。

（7）AggregateFunction 类型的字段使用二进制存储，在写入数据时，需要调用 *State 函数；而在查询数据时，则需要调用相应的 *Merge 函数。其中，* 表示定义时使用的聚合函数。

（8）AggregatingMergeTree 通常作为物化视图的表引擎，与普通 MergeTree 搭配使用。

7.5　CollapsingMergeTree

假设现在需要设计一款数据库，该数据库支持对已经存在的数据实现行级粒度的修改或删除，你会怎么设计？一种最符合常理的思维可能是：首先找到保存数据的文件，接着修改这个文件，删除或者修改那些需要变化的数据行。然而在大数据领域，对于 ClickHouse 这类高性能分析型数据库而言，对数据源文件修改是一件非常奢侈且代价高昂的操作。相较于直接修改源文件，它们会将修改和删除操作转换成新增操作，即以增代删。

CollapsingMergeTree 就是一种通过以增代删的思路，支持行级数据修改和删除的表引擎。它通过定义一个 sign 标记位字段，记录数据行的状态。如果 sign 标记为 1，则表示这是一行有效的数据；如果 sign 标记为 -1，则表示这行数据需要被删除。当 CollapsingMergeTree 分区合并时，同一数据分区内，sign 标记为 1 和 -1 的一组数据会被抵消删除。这种 1 和 -1 相互抵消的操作，犹如将一张瓦楞纸折叠了一般。这种直观的比喻，想必也正是折叠合并树（CollapsingMergeTree）名称的由来，其折叠的过程如图 7-2 所示。

声明 CollapsingMergeTree 的方式如下：

```
ENGINE = CollapsingMergeTree(sign)
```

其中，sign 用于指定一个 Int8 类型的标志位字段。一个完整的使用示例如下所示：

```
CREATE TABLE collpase_table(
    id String,
    code Int32,
    create_time DateTime,
    sign Int8
```

```
)ENGINE = CollapsingMergeTree(sign)
PARTITION BY toYYYYMM(create_time)
ORDER BY id
```

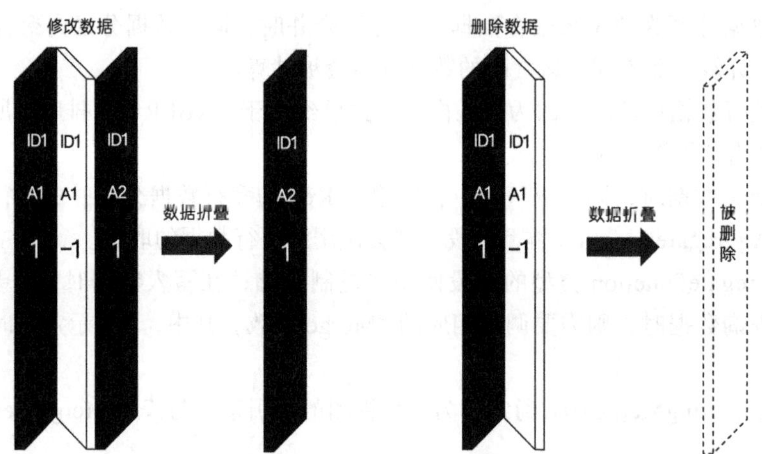

图 7-2 CollapsingMergeTree 折叠数据的示意图

与其他的 MergeTree 变种引擎一样，CollapsingMergeTree 同样是以 ORDER BY 排序键作为后续判断数据唯一性的依据。按照之前的介绍，对于上述 collpase_table 数据表而言，除了常规的新增数据操作之外，还能够支持两种操作。

其一，修改一行数据：

```
--修改前的源数据，它需要被修改
INSERT INTO TABLE collpase_table VALUES('A000',100,'2019-02-20 00:00:00',1)
--镜像数据，ORDER BY字段与源数据相同(其他字段可以不同),sign取反为-1,它会和源数据折叠
INSERT INTO TABLE collpase_table VALUES('A000',100,'2019-02-20 00:00:00',-1)
--修改后的数据 ,sign为1
INSERT INTO TABLE collpase_table VALUES('A000',120,'2019-02-20 00:00:00',1)
```

其二，删除一行数据：

```
--修改前的源数据，它需要被删除
INSERT INTO TABLE collpase_table VALUES('A000',100,'2019-02-20 00:00:00',1)

--镜像数据，ORDER BY字段与源数据相同，sign取反为-1，它会和源数据折叠
INSERT INTO TABLE collpase_table VALUES('A000',100,'2019-02-20 00:00:00',-1)
```

CollapsingMergeTree 在折叠数据时，遵循以下规则。

- 如果 sign=1 比 sign=-1 的数据多一行，则保留最后一行 sign=1 的数据。
- 如果 sign=-1 比 sign=1 的数据多一行，则保留第一行 sign=-1 的数据。
- 如果 sign=1 和 sign=-1 的数据行一样多，并且最后一行是 sign=1，则保留第一行

sign=-1 和最后一行 sign=1 的数据。

- 如果 sign=1 和 sign=-1 的数据行一样多，并且最后一行是 sign=-1，则什么也不保留。
- 其余情况，ClickHouse 会打印警告日志，但不会报错，在这种情形下，查询结果不可预知。

在使用 CollapsingMergeTree 的时候，还有几点需要注意。

（1）折叠数据并不是实时触发的，和所有其他的 MergeTree 变种表引擎一样，这项特性也只有在分区合并的时候才会体现。所以在分区合并之前，用户还是会看到旧的数据。解决这个问题的方式有两种。

- 在查询数据之前，使用 optimize TABLE table_name FINAL 命令强制分区合并，但是这种方法效率极低，在实际生产环境中慎用。
- 需要改变我们的查询方式。以 collpase_table 举例，如果原始的 SQL 如下所示：

```
SELECT id,SUM(code),COUNT(code),AVG(code),uniq(code)
FROM collpase_table
GROUP BY id
```

则需要改写成如下形式：

```
SELECT id,SUM(code * sign),COUNT(code * sign),AVG(code * sign),uniq(code * sign)
    FROM collpase_table
    GROUP BY id
    HAVING SUM(sign) > 0
```

（2）只有相同分区内的数据才有可能被折叠。不过这项限制对于 CollapsingMergeTree 来说通常不是问题，因为修改或者删除数据的时候，这些数据的分区规则通常都是一致的，并不会改变。

（3）最后这项限制可能是 CollapsingMergeTree 最大的命门所在。CollapsingMergeTree 对于写入数据的顺序有着严格要求。现在用一个示例说明。如果按照正常顺序写入，先写入 sign=1，再写入 sign=-1，则能够正常折叠：

```
--先写入sign=1
INSERT INTO TABLE collpase_table VALUES('A000',102,'2019-02-20 00:00:00',1)

--再写入sign=-1
INSERT INTO TABLE collpase_table VALUES('A000',101,'2019-02-20 00:00:00',-1)
```

现在将写入的顺序置换，先写入 sign=-1，再写入 sign=1，则不能够折叠：

```
--先写入sign=-1
INSERT INTO TABLE collpase_table VALUES('A000',101,'2019-02-20 00:00:00',-1)

--再写入sign=1
INSERT INTO TABLE collpase_table VALUES('A000',102,'2019-02-20 00:00:00',1)
```

这种现象是CollapsingMergeTree的处理机制引起的，因为它要求sign=1和sign=-1的数据相邻。而分区内的数据基于ORBER BY排序，要实现sign=1和sign=-1的数据相邻，则只能依靠严格按照顺序写入。

如果数据的写入程序是单线程执行的，则能够较好地控制写入顺序；如果需要处理的数据量很大，数据的写入程序通常是多线程执行的，那么此时就不能保障数据的写入顺序了。在这种情况下，CollapsingMergeTree的工作机制就会出现问题。为了解决这个问题，ClickHouse另外提供了一个名为VersionedCollapsingMergeTree的表引擎，7.6节会介绍它。

7.6 VersionedCollapsingMergeTree

VersionedCollapsingMergeTree表引擎的作用与CollapsingMergeTree完全相同，它们的不同之处在于，VersionedCollapsingMergeTree对数据的写入顺序没有要求，在同一个分区内，任意顺序的数据都能够完成折叠操作。VersionedCollapsingMergeTree是如何做到这一点的呢？其实从它的命名各位就应该能够猜出来，是版本号。

在定义VersionedCollapsingMergeTree的时候，除了需要指定sign标记字段以外，还需要指定一个UInt8类型的ver版本号字段：

```
ENGINE = VersionedCollapsingMergeTree(sign,ver)
```

一个完整的例子如下：

```
CREATE TABLE ver_collpase_table(
    id String,
    code Int32,
    create_time DateTime,
    sign Int8,
    ver UInt8
)ENGINE = VersionedCollapsingMergeTree(sign,ver)
PARTITION BY toYYYYMM(create_time)
ORDER BY id
```

VersionedCollapsingMergeTree是如何使用版本号字段的呢？其实很简单，在定义ver字段之后，VersionedCollapsingMergeTree会自动将ver作为排序条件并增加到ORDER BY的末端。以上面的ver_collpase_table表为例，在每个数据分区内，数据会按照ORDER BY id，ver DESC排序。所以无论写入时数据的顺序如何，在折叠处理时，都能回到正确的顺序。

可以用一组示例证明，首先是删除数据：

```
--删除
INSERT INTO TABLE ver_collpase_table VALUES('A000',101,'2019-02-20 00:00:00',-1,1)

INSERT INTO TABLE ver_collpase_table VALUES('A000',102,'2019-02-20 00:00:00',1,1)
```

接着是修改数据：

```
--修改
INSERT INTO TABLE ver_collpase_table VALUES('A000',101,'2019-02-20 00:00:00',-1,1)

INSERT INTO TABLE ver_collpase_table VALUES('A000',102,'2019-02-20 00:00:00',1,1)

INSERT INTO TABLE ver_collpase_table VALUES('A000',103,'2019-02-20 00:00:00',1,2)
```

上述操作中，数据均能够按照正常预期被折叠。

7.7 各种 MergeTree 之间的关系总结

经过上述介绍之后是不是觉得 MergeTree 功能非常丰富？但凡事都有两面性，功能丰富的同时很多朋友也会被这么多表引擎弄晕。其实我们可以使用继承和组合这两种关系来理解整个 MergeTree。

7.7.1 继承关系

首先，为了便于理解，可以使用继承关系来理解 MergeTree。MergeTree 表引擎向下派生出 6 个变种表引擎，如图 7-3 所示。

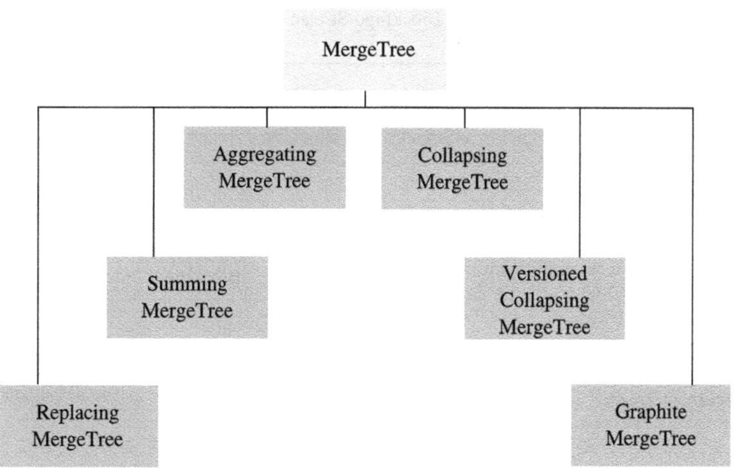

图 7-3　MergeTree 家族的继承关系示意图

在 ClickHouse 底层的实现方法中，上述 7 种表引擎的区别主要体现在 Merge 合并的逻辑部分。图 7-4 所示是简化后的对象关系。

可以看到，在具体的实现逻辑部分，7 种 MergeTree 共用一个主体，在触发 Merge 动作时，它们调用了各自独有的合并逻辑。

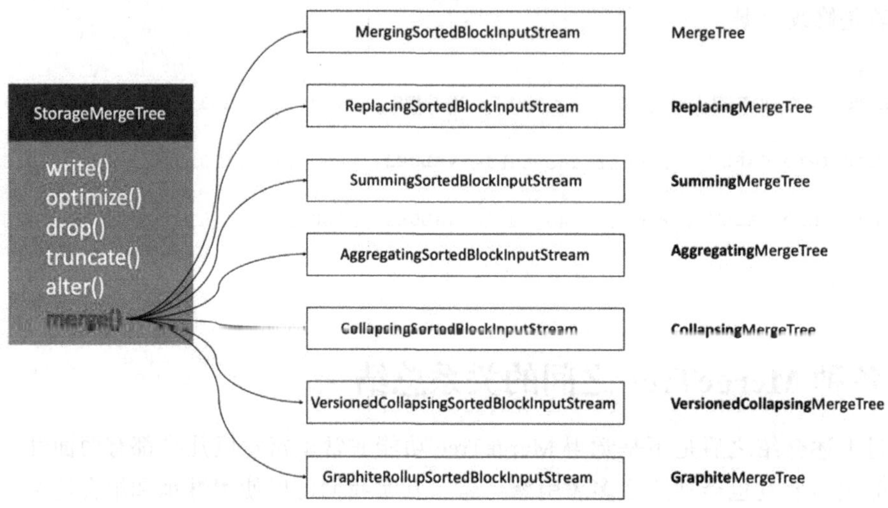

图 7-4 MergeTree 各种表引擎的逻辑部分

除 MergeTree 之外的其他 6 个变种表引擎的 Merge 合并逻辑，全部是建立在 MergeTree 基础之上的，且均继承于 MergeTree 的 MergingSortedBlockInputStream，如图 7-5 所示。

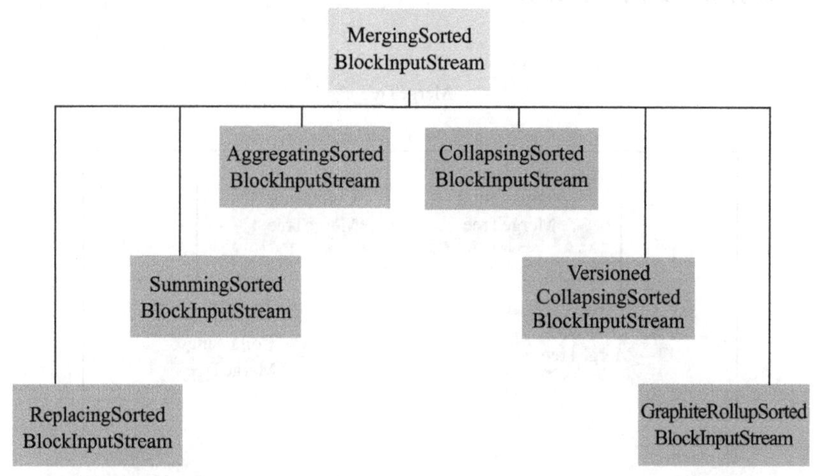

图 7-5 合并树变种表引擎的 Merge 逻辑

MergingSortedBlockInputStream 的主要作用是按照 ORDER BY 的规则保持新分区数据的有序性。而其他 6 种变种 MergeTree 的合并逻辑，则是在有序的基础之上“各有所长”，要么是将排序后相邻的重复数据消除、要么是将重复数据累加汇总……

所以，从继承关系的角度来看，7 种 MergeTree 的主要区别在于 Merge 逻辑部分，所以特殊功能只会在 Merge 合并时才会触发。

7.7.2 组合关系

上一节已经介绍了 7 种 MergeTree 关系，本节介绍 ReplicatedMergeTree 系列。

ReplicatedMergeTree 与普通的 MergeTree 有什么区别呢？我们看图 7-6 所示。

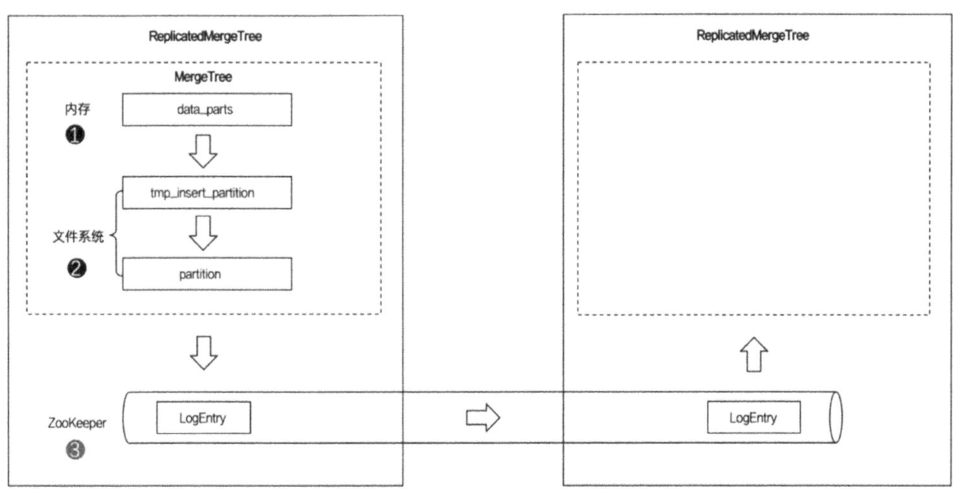

图 7-6 ReplicatedMergeTree 系列

上图中的虚线框部分是 MergeTree 的能力边界，而 ReplicatedMergeTree 在 MergeTree 能力的基础之上增加了分布式协同的能力，其借助 ZooKeeper 的消息日志广播功能，实现了副本实例之间的数据同步功能。

ReplicatedMergeTree 系列可以用组合关系来理解，如图 7-7 所示。

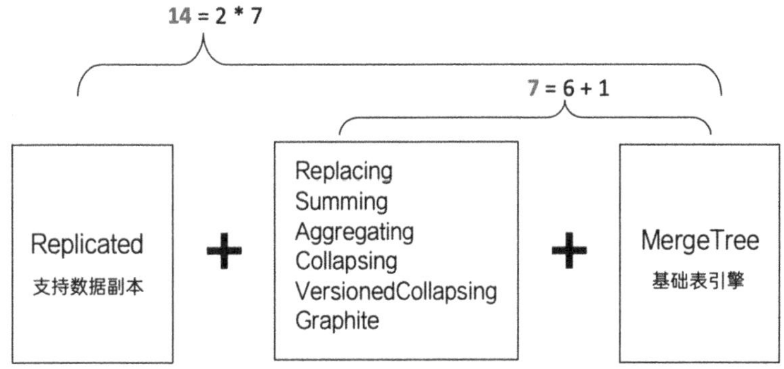

图 7-7 ReplicatedMergeTree 组合关系示意图

当我们为 7 种 MergeTree 加上 Replicated 前缀后，又能组合出 7 种新的表引擎，这些 ReplicatedMergeTree 拥有副本协同的能力。关于 ReplicatedMergeTree 表引擎的详细说明见第 10 章。

7.8 本章小结

本章全面介绍了 MergeTree 表引擎系列，通过本章我们知道了，合并树家族除了基础表引擎 MergeTree 之外，还有另外 5 种常用的变种来引擎。对于 MergeTree 而言，继上一章介绍了它的核心工作原理之后，本章又进一步介绍了它的 TTL 机制和多数据块存储。除此之外，我们还知道了 MergeTree 各个变种表引擎的特点和使用方法，包括支持数据去重的 ReplacingMergeTree、支持预先聚合计算的 SummingMergeTree 与 AggregatingMergeTree，以及支持数据更新且能够折叠数据的 CollapsingMergeTree 与 VersionedCollapsingMergeTree。这些 MergeTree 系列的表引擎，都用 ORDER BY 作为条件 Key，在分区合并时触发各自的处理逻辑。下一章将进一步介绍其他常见表引擎的具体使用方法。

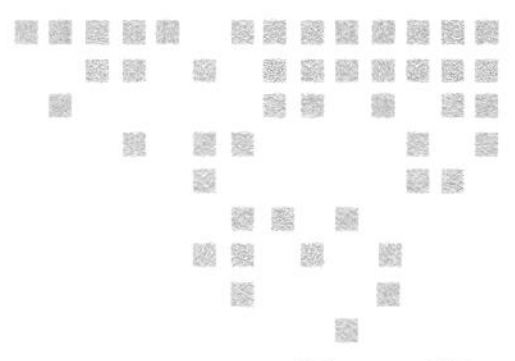

第 8 章 Chapter 8

其他常见类型表引擎

Everything is table（万物皆为表）是 ClickHouse 一个非常有意思的设计思路，正因为 ClickHouse 是一款数据库，所以自然而然的，数据表就是它的武器，是它与外部进行交互的接口层。在数据表背后无论连接的是本地文件、HDFS、Zookeeper 还是其他服务，终端用户始终只需面对数据表，只需使用 SQL 查询语言。

本章将继续介绍其他常见类型的表引擎，它们以表作为接口，极大地丰富了 ClickHouse 的查询能力。这些表引擎各自特点突出，或是独立地应用于特定场景，或是能够与 MergeTree 一起搭配使用。例如，外部存储系列的表引擎，能够直接读取其他系统的数据，ClickHouse 自身只负责元数据管理，类似使用外挂表的形式；内存系列的表引擎，能够充当数据分发的临时存储载体或消息通道；日志文件系列的表引擎，拥有简单易用的特点；接口系列表引擎，能够串联已有的数据表，起到黏合剂的作用。在本章后续的内容中，会按照表引擎的分类逐个进行介绍，包括它们的特点和使用方法。

8.1 外部存储类型

顾名思义，外部存储表引擎直接从其他的存储系统读取数据，例如直接读取 HDFS 的文件或者 MySQL 数据库的表。这些表引擎只负责元数据管理和数据查询，而它们自身通常并不负责数据的写入，数据文件直接由外部系统提供。

8.1.1 HDFS

HDFS 是一款分布式文件系统，堪称 Hadoop 生态的基石，HDFS 表引擎则能够直接与它对接，读取HDFS内的文件。关于HDFS环境的安装部署，相关资料很多，在我撰写的《企业级大数据平台构建：架构与实现》一书中也有详细介绍，此处不再赘述。

假设HDFS环境已经准备就绪，在正式使用HDFS表引擎之前还需要做一些准备工作：首先需要关闭HDFS的Kerberos认证（因为HDFS表引擎目前还不支持Kerberos）；接着在HDFS上创建用于存放文件的目录：

```
hadoop fs -mkdir /clickhouse
```

最后，在HDFS上给ClickHouse用户授权。例如，为默认用户clickhouse授权的方法如下：

```
hadoop fs -chown -R clickhouse:clickhouse /clickhouse
```

至此，前期的准备工作就算告一段落了。

HDFS表引擎的定义方法如下：

```
ENGINE = HDFS(hdfs_uri,format)
```

其中：

- hdfs_uri表示HDFS的文件存储路径；
- format表示文件格式（指ClickHouse支持的文件格式，常见的有CSV、TSV和JSON等）。

HDFS表引擎通常有两种使用形式：

- 既负责读文件，又负责写文件。
- 只负责读文件，文件写入工作则由其他外部系统完成。

首先，介绍第一种形式的使用方法，即HDFS文件的创建与查询均使用HDFS数据表。创建HDFS数据表的方式如下：

```
CREATE TABLE hdfs_table1(
    id UInt32,
    code String,
    name String
)ENGINE = HDFS('hdfs://hdp1.nauu.com:8020/clickhouse/hdfs_table1','CSV')
```

在上面的配置中，hdfs_uri是数据文件的绝对路径，文件格式为CSV。

接着写入测试数据：

```
INSERT INTO hdfs_table1 SELECT number,concat('code',toString(number)),
concat('n',toString(number)) FROM numbers(5)
```

在数据写入之后，就可以通过数据表查询了：

```
SELECT * FROM hdfs_table1
```

```
┌─id─┬─code──┬─name─┐
│  0 │ code0 │ n0   │
│  1 │ code1 │ n1   │
│  2 │ code2 │ n2   │
│  3 │ code3 │ n3   │
│  4 │ code4 │ n4   │
└────┴───────┴──────┘
```

接着再看看在 HDFS 上发生了什么变化。执行 hadoop fs -cat 查看文件：

```
$ hadoop fs -cat /clickhouse/hdfs_table1
0,"code0","n0"
1,"code1","n1"
2,"code2","n2"
3,"code3","n3"
4,"code4","n4"
```

可以发现，通过 HDFS 表引擎，ClickHouse 在 HDFS 的指定目录下创建了一个名为 hdfs_table1 的文件，并且按照 CSV 格式写入了数据。不过目前 ClickHouse 并没有提供删除 HDFS 文件的方法，即便将数据表 hdfs_table1 删除：

```
DROP Table hdfs_table1
```

在 HDFS 上文件依然存在：

```
$ hadoop fs -ls /clickhouse
Found 1 items
-rwxrwxrwx   3 clickhouse clickhouse        /clickhouse/hdfs_table1
```

接下来，介绍第二种形式的使用方法，这种形式类似 Hive 的外挂表，由其他系统直接将文件写入 HDFS。通过 HDFS 表引擎的 hdfs_uri 和 format 参数分别与 HDFS 的文件路径、文件格式建立映射。其中，hdfs_uri 支持以下几种常见的配置方法：

- 绝对路径：会读取指定路径的单个文件，例如 /clickhouse/hdfs_table1。
- * 通配符：匹配所有字符，例如路径为 /clickhouse/hdfs_table/*，则会读取 /clickhouse/hdfs_tablc 路径下的所有文件。
- ? 通配符：匹配单个字符，例如路径为 /clickhouse/hdfs_table/organization_?.csv，则会读取 /clickhouse/hdfs_table 路径下与 organization_?.csv 匹配的文件，其中 ? 代表任意一个合法字符。
- {M..N} 数字区间：匹配指定数字的文件，例如路径为 /clickhouse/hdfs_table/organization_{1..3}.csv，则会读取 /clickhouse/hdfs_table/ 路径下的文件 organization_1.csv、organization_2.csv 和 organization_3.csv。

现在用一个具体示例验证表引擎的效果。首先，将事先准备好的 3 个 CSV 测试文件上传至 HDFS 的 /clickhouse/hdfs_table2 路径（用于测试的 CSV 文件，可以在本书的 github 仓库获取）：

```
--上传文件至HDFS
$ hadoop fs -put /chbase/demo-data/ /clickhouse/hdfs_table2
--查询路径
$ hadoop fs -ls /clickhouse/hdfs_table2
Found 3 items
-rw-r--r--   3 hdfs clickhouse  /clickhouse/hdfs_table2/organization_1.csv
-rw-r--r--   3 hdfs clickhouse  /clickhouse/hdfs_table2/organization_2.csv
-rw-r--r--   3 hdfs clickhouse  /clickhouse/hdfs_table2/organization_3.csv
```

接着，创建HDFS测试表：

```
CREATE TABLE hdfs_table2(
    id UInt32,
    code String,
    name String
) ENGINE = HDFS('hdfs://hdp1.nauu.com:8020/clickhouse/hdfs_table2/*','CSV')
```

其中，下列几种配置路径的方式，针对上面的测试表，效果是等价的：

*通配符：

```
HDFS('hdfs://hdp1.nauu.com:8020/clickhouse/hdfs_table2/*','CSV')
```

?通配符：

```
HDFS('hdfs://hdp1.nauu.com:8020/clickhouse/hdfs_table2/organization_?.csv','CSV')
```

{M..N}数字区间：

```
HDFS('hdfs://hdp1.nauu.com:8020/clickhouse/hdfs_table2/organization_{1..3}.csv','CSV')
```

选取上面任意一种配置方式后，查询数据表：

```
SELECT * FROM hdfs_table2
┌─id─┬─code──┬─name───┐
│  4 │ a0004 │ 测试部 │
│  5 │ a0005 │ 运维部 │
└────┴───────┴────────┘
┌─id─┬─code──┬─name───┐
│  1 │ a0001 │ 研发部 │
│  2 │ a0002 │ 产品部 │
│  3 │ a0003 │ 数据部 │
└────┴───────┴────────┘
┌─id─┬─code──┬─name───┐
│  6 │ a0006 │ 规划部 │
│  7 │ a0007 │ 市场部 │
└────┴───────┴────────┘
```

可以看到，3个文件的数据以3个分区的形式合并返回了。

8.1.2 MySQL

MySQL 表引擎可以与 MySQL 数据库中的数据表建立映射，并通过 SQL 向其发起远程查询，包括 SELECT 和 INSERT，它的声明方式如下：

```
ENGINE = MySQL('host:port', 'database', 'table', 'user', 'password'[, replace_
    query, 'on_duplicate_clause'])
```

其中各参数的含义分别如下：

- host:port 表示 MySQL 的地址和端口。
- database 表示数据库的名称。
- table 表示需要映射的表名称。
- user 表示 MySQL 的用户名。
- password 表示 MySQL 的密码。
- replace_query 默认为 0，对应 MySQL 的 REPLACE INTO 语法。如果将它设置为 1，则会用 REPLACE INTO 代替 INSERT INTO。
- on_duplicate_clause 默认为 0，对应 MySQL 的 ON DUPLICATE KEY 语法。如果需要使用该设置，则必须将 replace_query 设置成 0。

现在用一个具体的示例说明 MySQL 表引擎的用法。假设 MySQL 数据库已准备就绪，则使用 MySQL 表引擎与其建立映射：

```
CREATE TABLE dolphin_scheduler_table(
    id UInt32,
    name String
)ENGINE = MySQL('10.37.129.2:3306', 'escheduler', 't_escheduler_process_definition',
    'root', '')
```

创建成功之后，就可以通过这张数据表代为查询 MySQL 中的数据了，例如：

```
SELECT * FROM dolphin_scheduler_table
┌─id─┬─name──────┐
│  1 │ 流程1      │
│  2 │ 流程2      │
│  3 │ 流程3      │
└────┴───────────┘
```

接着，尝试写入数据：

```
INSERT INTO TABLE dolphin_scheduler_table VALUES (4,'流程4')
```

再次查询 t_escheduler_proess_definition，可以发现数据已被写入远端的 MySQL 表内了。

在具备了 INSERT 写入能力之后，就可以尝试一些组合玩法了。例如执行下面的语句，创建一张物化视图，将 MySQL 表引擎与物化视图一起搭配使用：

```
CREATE MATERIALIZED VIEW view_mysql1
ENGINE = MergeTree()
ORDER BY id
AS SELECT * FROM dolphin_scheduler_table
```

当通过MySQL表引擎向远端MySQL数据库写入数据的同时，物化视图也会同步更新数据。

不过比较遗憾的是，目前MySQL表引擎不支持任何UPDATE和DELETE操作，如果有数据更新方面的诉求，可以考虑使用CollapsingMergeTree作为视图的表引擎。

8.1.3 JDBC

相对MySQL表引擎而言，JDBC表引擎不仅可以对接MySQL数据库，还能够与PostgreSQL、SQLite和H2数据库对接。但是，JDBC表引擎无法单独完成所有的工作，它需要依赖名为clickhouse-jdbc-bridge的查询代理服务。clickhouse-jdbc-bridge是一款基于Java语言实现的SQL代理服务，它的项目地址为https://github.com/ClickHouse/clickhouse-jdbc-bridge。clickhouse-jdbc-bridge可以为ClickHouse代理访问其他的数据库，并自动转换数据类型。数据类型的映射规则如表8-1所示：

表8-1 ClickHouse数据类型与JDBC标准类型的对应关系

ClickHouse数据类型	JDBC标准数据类型	ClickHouse数据类型	JDBC标准数据类型
Int8	TINYINT	DateTime	TIME
Int16	SMALLINT	Date	DATE
Int32	INTEGER	UInt8	BIT
Int64	BIGINT	UInt8	BOOLEAN
Float32	FLOAT	String	CHAR
Float32	REAL	String	VARCHAR
Float64	DOUBLE	String	LONGVARCHAR
DateTime	TIMESTAMP		

关于clickhouse-jdbc-bridge的构建方法，其项目首页有详细说明，此处不再赘述。简单而言，在通过Maven构建之后，最终会生成一个名为clickhouse-jdbc-bridge-1.0.jar的服务jar包。在本书对应的Github仓库上，我已经为大家编译好了jar包，可以直接下载使用。

在使用JDBC表引擎之前，首先需要启动clickhouse-jdbc-bridge代理服务，启动的方式如下：

```
java -jar ./clickhouse-jdbc-bridge-1.0.jar --driver-path /chbase/jdbc-bridge
    --listen-host ch5.nauu.com
```

一些配置参数的含义如下：

- --driver-path 用于指定放置数据库驱动的目录，例如要代理查询 PostgreSQL 数据库，则需要将它的驱动 jar 放置到这个目录。
- --listen-host 用于代理服务的监听端口，通过这个地址访问代理服务，ClickHouse 的 jdbc_bridge 配置项与此参数对应。

至此，代理服务就配置好了。接下来，需要在 config.xml 全局配置中增加代理服务的访问地址：

```
......
    <jdbc_bridge>
        <host>ch5.nauu.com</host>
        <port>9019</port>
    </jdbc_bridge>
</yandex>
```

前期准备工作全部就绪之后就可以开始创建 JDBC 表了。JDBC 表引擎的声明方式如下所示：

```
ENGINE = JDBC('jdbc:url', 'database', 'table')
```

其中，url 表示需要对接的数据库的驱动地址；database 表示数据库名称；table 则表示对接的数据表的名称。现在创建一张 JDBC 表：

```
CREATE TABLE t_ds_process_definition (
    id Int32,
    name String
)ENGINE = JDBC('jdbc:postgresql://ip:5432/dolphinscheduler?user=test&password=te
    st, '', 't_ds_process_definition')
```

查询这张数据表：

```
SELECT id,name FROM t_ds_process_definition
```

观察 ClickHouse 的服务日志：

```
<Debug>executeQuery:(from  ip:36462)SELECT id, name FROM t_ds_process_definition
```

可以看到，伴随着每一次的 SELECT 查询，JDBC 表引擎首先会向 clickhouse-jdbc-bridge 发送一次 ping 请求，以探测代理是否启动：

```
<Trace> ReadWriteBufferFromHTTP: Sending request to http://ch5.nauu.com:9019/ping
```

如果 ping 服务访问不到，或者返回值不是“Ok.”，那么将会得到下面这条错误提示：

```
DB::Exception: jdbc-bridge is not running. Please, start it manually
```

在这个示例中，clickhouse-jdbc-bridge 早已启动，所以在 ping 探测之后，JDBC 表引擎向代理服务发送了查询请求：

```
<Trace> ReadWriteBufferFromHTTP: Sending request to http://ch5.nauu.com:9019/
    ?connection_string=jdbc%3Apo.....
```

之后，代理查询通过 JDBC 协议访问数据库，并将数据返回给 JDBC 表引擎：

```
┌─id─┬─name────┐
│  3 │ db2测试 │
│  4 │ dag2    │
│  5 │ hive    │
│  6 │ db2     │
│  7 │ flink-A │
└────┴─────────┘
```

除了 JDBC 表引擎之外，jdbc 函数也能够通过 clickhouse-jdbc-bridge 代理访问其他数据库，例如执行下面的语句：

```
SELECT id,name FROM
jdbc('jdbc:postgresql://ip:5432/dolphinscheduler?user=test&password=test, '',
    't_ds_process_definition')
```

得到的查询结果将会与示例中的 JDBC 表相同。

8.1.4 Kafka

Kafka 是大数据领域非常流行的一款分布式消息系统。Kafka 表引擎能够直接与 Kafka 系统对接，进而订阅 Kafka 中的主题并实时接收消息数据。

众所周知，在消息系统中存在三层语义，它们分别是：

- 最多一次（At most once）：可能出现丢失数据的情况，因为在这种情形下，一行数据在消费端最多只会被接收一次。
- 最少一次（At least once）：可能出现重复数据的情况，因为在这种情形下，一行数据在消费端允许被接收多次。
- 恰好一次（Exactly once）：数据不多也不少，这种情形是最为理想的状况。

虽然 Kafka 本身能够支持上述三层语义，但是目前 ClickHouse 还不支持恰好一次（Exactly once）的语义，因为这需要应用端与 Kafka 深度配合才能实现。Kafka 使用 offset 标志位记录主题数据被消费的位置信息，当应用端接收到消息之后，通过自动或手动执行 Kafka commit，提交当前的 offset 信息，以保障消息的语义，所以 ClickHouse 在这方面还有进步的空间。

Kafka 表引擎的声明方式如下所示：

```
ENGINE = Kafka()
SETTINGS
    kafka_broker_list = 'host:port,... ',
    kafka_topic_list = 'topic1,topic2,...',
    kafka_group_name = 'group_name',
    kafka_format = 'data_format'[,]
```

```
[kafka_row_delimiter = 'delimiter_symbol']
[kafka_schema = '']
[kafka_num_consumers = N]
[kafka_skip_broken_messages = N]
[kafka_commit_every_batch = N]
```

其中，带有方括号的参数表示选填项，现在依次介绍这些参数的作用。首先是必填参数：

- kafka_broker_list：表示 Broker 服务的地址列表，多个地址之间使用逗号分隔，例如 'hdp1.nauu.com:6667，hdp2.nauu.com:6667'。
- kafka_topic_list：表示订阅消息主题的名称列表，多个主题之间使用逗号分隔，例如 'topic1, topic2'。多个主题中的数据均会被消费。
- kafka_group_name：表示消费组的名称，表引擎会依据此名称创建 Kafka 的消费组。
- kafka_format：表示用于解析消息的数据格式，在消息的发送端，必须按照此格式发送消息。数据格式必须是 ClickHouse 提供的格式之一，例如 TSV、JSONEachRow 和 CSV 等。

接下来是选填参数：

- kafka_row_delimiter：表示判定一行数据的结束符，默认值为 '\0'。
- kafka_schema：对应 Kafka 的 schema 参数。
- kafka_num_consumers：表示消费者的数量，默认值为 1。表引擎会依据此参数在消费组中开启相应数量的消费者线程。在 Kafka 的主题中，一个 Partition 分区只能使用一个消费者。
- kafka_skip_broken_messages：当表引擎按照预定格式解析数据出现错误时，允许跳过失败的数据行数，默认值为 0，即不允许任何格式错误的情形发生。在此种情形下，只要 Kafka 主题中存在无法解析的数据，数据表都将不会接收任何数据。如果将其设置为非 0 正整数，例如 kafka_skip_broken_messages=10，表示只要 Kafka 主题中存在无法解析的数据的总数小于 10，数据表就能正常接收消息数据，而解析错误的数据会被自动跳过。
- kafka_commit_every_batch：表示执行 Kafka commit 的频率，默认值为 0，即当一整个 Block 数据块完全写入数据表后才执行 Kafka commit。如果将其设置为 1，则每写完一个 Batch 批次的数据就会执行一次 Kafka commit（一次 Block 写入操作，由多次 Batch 写入操作组成）。

除此之外，还有一些配置参数可以调整表引擎的行为。在默认情况下，Kafka 表引擎每间隔 500 毫秒会拉取一次数据，时间由 stream_poll_timeout_ms 参数控制（默认 500 毫秒）。数据首先会被放入缓存，在时机成熟的时候，缓存数据会被刷新到数据表。

触发 Kafka 表引擎刷新缓存的条件有两个，当满足其中的任意一个时，便会触发刷新动作：

- 当一个数据块完成写入的时候（一个数据块的大小由 kafka_max_block_size 参数控制，默认情况下 kafka_max_block_size = max_block_size = 65536）。
- 等待间隔超过 7500 毫秒，由 stream_flush_interval_ms 参数控制（默认 7500 ms）。

Kafka 表引擎底层负责与 Kafka 通信的部分，是基于 librdkafka 实现的，这是一个由 C++ 实现的 Kafka 库，项目地址为 https://github.com/edenhill/librdkafka。librdkafka 提供了许多自定义的配置参数，例如在默认的情况下，它每次只会读取 Kafka 主题中最新的数据（auto.offset.reset=latest），如果将其改为 earliest 后，数据将会从头读取。更多的自定义参数可以在如下地址找到：https://github.com/edenhill/librdkafka/blob/master/CONFIGURATION.md。

ClickHouse 对 librdkafka 的自定义参数提供了良好的扩展支持。在 ClickHouse 的全局设置中，提供了一组 Kafka 标签，专门用于定义 librdkafka 的自定义参数。不过需要注意的是，librdkafka 的原生参数使用了点连接符，在 ClickHouse 中需要将其改为下划线的形式，例如：

```
<kafka>
    //librdkafka中，此参数名是auto.offset.reset
    <auto_offset_reset>earliest</auto_offset_reset>
</kafka>
```

现在用一个例子说明 Kafka 表引擎的使用方法。首先需要准备 Kafka 的测试数据。假设 Kafka(V 0.10.1) 的环境已准备就绪，执行下面的命令在 Kafka 中创建主题：

```
#   ./kafka-topics.sh --create --zookeeper hdp1.nauu.com:2181 --replication-
     factor 1 --partitions 1 --topic sales-queue
Created topic "sales-queue".
```

接着发送测试消息：

```
#   ./kafka-console-producer.sh  --broker-list hdp1.nauu.com:6667 --topic sales-queue
{"id":1,"code":"code1","name":"name1"}
{"id":2,"code":"code2","name":"name2"}
{"id":3,"code":"code3","name":"name3"}
```

验证测试消息是否发送成功：

```
#  ./kafka-console-consumer.sh  --bootstrap-server hdp1.nauu.com:6667  --topic
    sales-queue --from-beginning
{"id":1,"code":"code1","name":"name1"}
{"id":2,"code":"code2","name":"name2"}
{"id":3,"code":"code3","name":"name3"}
```

Kafka 端的相关准备工作完成之后就可以开始 ClickHouse 部分的工作了。首先新建一张数据表：

```
CREATE TABLE kafka_test(
        id UInt32,
```

```
        code String,
        name String
) ENGINE = Kafka()
SETTINGS
    kafka_broker_list = 'hdp1.nauu.com:6667',
    kafka_topic_list = 'sales-queue',
    kafka_group_name = 'chgroup',
    kafka_format = 'JSONEachRow',
    kafka_skip_broken_messages = 100
```

该数据表订阅了名为 sales-queue 的消息主题，且消费组的名称为 chgroup，而消息的格式采用了 JSONEachRow。在此之后，查询这张数据表就能够看到 Kafka 的数据了。

到目前为止，似乎一切都进展顺利，但如果此时再次执行 SELECT 查询会发现 kafka_test 数据表空空如也，这是怎么回事呢？这是因为 Kafka 表引擎在执行查询之后就会删除表内的数据。读到这里，各位应该能够猜到，刚才介绍的 Kafka 表引擎使用方法一定不是 ClickHouse 设计团队所期望的模式。Kafka 表引擎的正确使用方式，如图 8-1 所示。

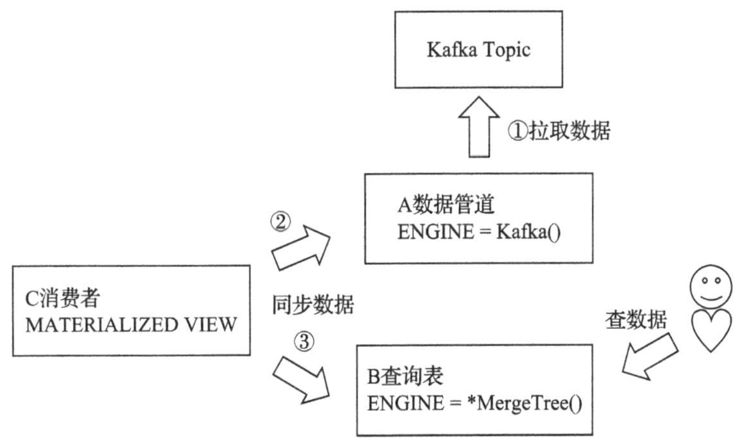

图 8-1　使用 Kafka 表引擎作为数据管道用途的示意图

在上图中，整个拓扑分为三类角色：

- 首先是 Kafka 数据表 A，它充当的角色是一条数据管道，负责拉取 Kafka 中的数据。
- 接着是另外一张任意引擎的数据表 B，它充当的角色是面向终端用户的查询表，在生产环境中通常是 MergeTree 系列。
- 最后，是一张物化视图 C，它负责将表 A 的数据实时同步到表 B。

现在用一个具体的示例演示这种使用方法。首先新建一张 Kafka 引擎的表，让其充当数据管道：

```
CREATE TABLE kafka_queue(
        id UInt32,
```

```
        code String,
        name String
) ENGINE = Kafka()
SETTINGS
    kafka_broker_list = 'hdp1.nauu.com:6667',
    kafka_topic_list = 'sales-queue',
    kafka_group_name = 'chgroup',
    kafka_format = 'JSONEachRow',
    kafka_skip_broken_messages = 100
```

接着，新建一张面向终端用户的查询表，这里使用MergeTree表引擎：

```
CREATE TABLE kafka_table (
    id UInt32,
    code String,
    name String
) ENGINE = MergeTree()
ORDER BY id
```

最后，新建一张物化视图，用于将数据从kafka_queue同步到kafka_table：

```
CREATE MATERIALIZED VIEW consumer TO kafka_table
AS SELECT id,code,name FROM kafka_queue
```

至此，全部的工作就完成了。现在可以继续向Kafka主题发送消息，数据查询则只需面向kafka_table：

```
SELECT * FROM kafka_table
┌─id─┬─code──┬─name──┐
│  1 │ code1 │ name1 │
│  1 │ code1 │ name1 │
│  2 │ code2 │ name2 │
│  3 │ code3 │ name3 │
└────┴───────┴───────┘
```

如果需要停止数据同步，则可以删除视图：

```
DROP TABLE consumer
```

或者将其卸载：

```
DETACH TABLE consumer
```

在卸载了视图之后，如果想要再次恢复，可以使用装载命令：

```
ATTACH MATERIALIZED VIEW consumer TO kafka_table(
    id UInt32,
    code String,
    name String
)
AS SELECT id, code, name FROM kafka_queue
```

8.1.5 File

File 表引擎能够直接读取本地文件的数据，通常被作为一种扩充手段来使用。例如：它可以读取由其他系统生成的数据文件，如果外部系统直接修改了文件，则变相达到了数据更新的目的；它可以将 ClickHouse 数据导出为本地文件；它还可以用于数据格式转换等场景。除此以外，File 表引擎也被应用于 clickhouse-local 工具（参见第 3 章相关内容）。

File 表引擎的声明方式如下所示：

```
ENGINE = File(format)
```

其中，format 表示文件中的数据格式，其类型必须是 ClickHouse 支持的数据格式，例如 TSV、CSV 和 JSONEachRow 等。可以发现，在 File 表引擎的定义参数中，并没有包含文件路径这一项。所以，File 表引擎的数据文件只能保存在 config.xml 配置中由 path 指定的路径下。

每张 File 数据表均由目录和文件组成，其中目录以表的名称命名，而数据文件则固定以 data.format 命名，例如：

```
<ch-path>/data/default/test_file_table/data.CSV
```

创建 File 表目录和文件的方式有自动和手动两种。首先介绍自动创建的方式，即由 File 表引擎全权负责表目录和数据文件的创建：

```
CREATE TABLE file_table (
    name String,
    value UInt32
) ENGINE = File("CSV")
```

当执行完上面的语句后，在 <ch-path>/data/default 路径下便会创建一个名为 file_table 的目录。此时在该目录下还没有数据文件，接着写入数据：

```
INSERT INTO file_table VALUES ('one', 1), ('two', 2), ('three', 3)
```

在数据写入之后，file_table 目录下便会生成一个名为 data.CSV 的数据文件：

```
# pwd
/chbase/data/default/file_table
# cat ./data.CSV
"one",1
"two",2
"three",3
```

可以看到数据被写入了文件之中。

接下来介绍手动创建的形式，即表目录和数据文件由 ClickHouse 之外的其他系统创建，例如使用 shell 创建：

```
//切换到clickhouse用户，以确保ClickHouse有权限读取目录和文件
# su clickhouse
//创建表目录
# mkdir /chbase/data/default/file_table1

//创建数据文件
# mv /chbase/data/default/file_table/data.CSV /chbase/data/default/file_table1
```

在表目录和数据文件准备妥当之后，挂载这张数据表：

```
ATTACH TABLE file_table1(
    name String,
    value UInt32
)ENGINE = File(CSV)
```

查询 file_table1 内的数据：

```
SELECT * FROM file_table1
┌─name──┬─value─┐
│ one   │     1 │
│ two   │     2 │
│ three │     3 │
└───────┴───────┘
```

可以看到，file_table1 同样读取到了文件内的数据。

即便是手动创建的表目录和数据文件，仍然可以对数据表插入数据，例如：

```
INSERT INTO file_table1 VALUES ('four', 4), ('five', 5)
```

File 表引擎会在数据文件中追加数据：

```
# cat /chbase/data/default/file_table1/data.CSV
"one",1
"two",2
"three",3
"four",4
"five",5
```

可以看到，新写入的数据被追加到了文件尾部。

至此，File 表引擎的基础用法就介绍完毕了。灵活运用这些方法，就能够实现开篇提到的一些典型场景。

8.2 内存类型

接下来将要介绍的几款表引擎，都是面向内存查询的，数据会从内存中被直接访问，所以它们被归纳为内存类型。但这并不意味着内存类表引擎不支持物理存储，事实上，除了 Memory 表引擎之外，其余的几款表引擎都会将数据写入磁盘，这是为了防止数据丢失，

是一种故障恢复手段。而在数据表被加载时，它们会将数据全部加载至内存，以供查询之用。将数据全量放在内存中，对于表引擎来说是一把双刃剑：一方面，这意味着拥有较好的查询性能；而另一方面，如果表内装载的数据量过大，可能会带来极大的内存消耗和负担。

8.2.1 Memory

Memory 表引擎直接将数据保存在内存中，数据既不会被压缩也不会被格式转换，数据在内存中保存的形态与查询时看到的如出一辙。正因为如此，当 ClickHouse 服务重启的时候，Memory 表内的数据会全部丢失。所以在一些场合，会将 Memory 作为测试表使用，很多初学者在学习 ClickHouse 的时候所写的 Hello World 程序很可能用的就是 Memory 表。由于不需要磁盘读取、序列化以及反序列等操作，所以 Memory 表引擎支持并行查询，并且在简单的查询场景中能够达到与 MergeTree 旗鼓相当的查询性能（一亿行数据量以内）。Memory 表的创建方法如下所示：

```
CREATE TABLE memory_1 (
    id UInt64
)ENGINE = Memory()
```

当数据被写入之后，磁盘上不会创建任何数据文件。

最后需要说明的是，相较于被当作测试表使用，Memory 表更为广泛的应用场景是在 ClickHouse 的内部，它会作为集群间分发数据的存储载体来使用。例如在分布式 IN 查询的场合中，会利用 Memory 临时表保存 IN 子句的查询结果，并通过网络将它传输到远端节点。关于这方面的更多细节，会在后续章节介绍。

8.2.2 Set

Set 表引擎是拥有物理存储的，数据首先会被写至内存，然后被同步到磁盘文件中。所以当服务重启时，它的数据不会丢失，当数据表被重新装载时，文件数据会再次被全量加载至内存。众所周知，在 Set 数据结构中，所有元素都是唯一的。Set 表引擎具有去重的能力，在数据写入的过程中，重复的数据会被自动忽略。然而 Set 表引擎的使用场景既特殊又有限，它虽然支持正常的 INSERT 写入，但并不能直接使用 SELECT 对其进行查询，Set 表引擎只能间接作为 IN 查询的右侧条件被查询使用。

Set 表引擎的存储结构由两部分组成，它们分别是：

- [num].bin 数据文件：保存了所有列字段的数据。其中，num 是一个自增 id，从 1 开始。伴随着每一批数据的写入（每一次 INSERT），都会生成一个新的 .bin 文件，num 也会随之加 1。
- tmp 临时目录：数据文件首先会被写到这个目录，当一批数据写入完毕之后，数据文件会被移出此目录。

现在用一个示例说明Set表引擎的使用方法，首先新建一张数据表：

```
CREATE TABLE set_1 (
    id UInt8
)ENGINE = Set()
```

接着写入数据：

```
INSERT INTO TABLE set_1 SELECT number FROM numbers(10)
```

如果直接查询set_1，则会出现错误，因为Set表引擎不能被直接查询，例如：

```
SELECT * FROM set_1
DB::Exception: Method read is not supported by storage Set.
```

正确的查询方法是将Set表引擎作为IN查询的右侧条件，例如：

```
SELECT arrayJoin([1, 2, 3]) AS a WHERE a IN set_1
```

8.2.3 Join

Join表引擎可以说是为JOIN查询而生的，它等同于将JOIN查询进行了一层简单封装。在Join表引擎的底层实现中，它与Set表引擎共用了大部分的处理逻辑，所以Join和Set表引擎拥有许多相似之处。例如，Join表引擎的存储也由[num].bin数据文件和tmp临时目录两部分组成；数据首先会被写至内存，然后被同步到磁盘文件。但是相比Set表引擎，Join表引擎有着更加广泛的应用场景，它既能够作为JOIN查询的连接表，也能够被直接查询使用。

Join表引擎的声明方式如下所示：

```
ENGINE = Join(join_strictness, join_type, key1[, key2, ...])
```

其中，各参数的含义分别如下：

- join_strictness：连接精度，它决定了JOIN查询在连接数据时所使用的策略，目前支持ALL、ANY和ASOF三种类型。
- join_type：连接类型，它决定了JOIN查询组合左右两个数据集合的策略，它们所形成的结果是交集、并集、笛卡儿积或其他形式，目前支持INNER、OUTER和CROSS三种类型。当join_type被设置为ANY时，在数据写入时，join_key重复的数据会被自动忽略。
- join_key：连接键，它决定了使用哪个列字段进行关联。

上述这些参数中，每一条都对应了JOIN查询子句的语法规则，关于JOIN查询子句的更多介绍将会在后续章节展开。

接下来用一个具体的示例演示Join表引擎的用法。首先建立一张主表：

```
CREATE TABLE join_tb1(
    id UInt8,
    name String,
    time Datetime
) ENGINE = Log
```

向主表写入数据：

```
INSERT INTO TABLE join_tb1 VALUES (1,'ClickHouse','2019-05-01 12:00:00'),(2,'Spark',
    '2019-05-01 12:30:00'),(3,'ElasticSearch','2019-05-01 13:00:00')
```

接着创建 Join 表：

```
CREATE TABLE id_join_tb1(
        id UInt8,
        price UInt32,
    time Datetime
) ENGINE = Join(ANY, LEFT, id)
```

其中，join_strictness 为 ANY，所以 join_key 重复的数据会被忽略：

```
INSERT INTO TABLE id_join_tb1 VALUES (1,100,'2019-05-01 11:55:00'),(1,105,'2019-
    05-01 11:10:00'),(2,90,'2019-05-01 12:01:00'),(3,80,'2019-05-01
    13:10:00'),(5,70,'2019-05-01 14:00:00'),(6,60,'2019-05-01 13:50:00')
```

在刚才写入的数据中，存在两条 id 为 1 的重复数据，现在查询这张表：

```
SELECT * FROM id_join_tb1
┌─id─┬─price─┬──────────time─┐
│  1 │   100 │ 2019-05-01 11:55:00 │
│  2 │    90 │ 2019-05-01 12:01:00 │
│  3 │    80 │ 2019-05-01 13:10:00 │
│  5 │    70 │ 2019-05-01 14:00:00 │
│  6 │    60 │ 2019-05-01 13:50:00 │
└────┴───────┴─────────────────────┘
```

可以看到，只有第一条 id 为 1 的数据写入成功，重复的数据被自动忽略了。

从刚才的示例可以得知，Join 表引擎是可以被直接查询的，但这种方式并不是 Join 表引擎的主战场，它的主战场显然应该是 JOIN 查询，例如：

```
SELECT id,name,price FROM join_tb1 LEFT JOIN id_join_tb1 USING(id)
┌─id─┬─name──────────┬─price─┐
│  1 │ ClickHouse    │   100 │
│  2 │ Spark         │    90 │
│  3 │ ElasticSearch │    80 │
└────┴───────────────┴───────┘
```

Join 表引擎除了可以直接使用 SELECT 和 JOIN 访问之外，还可以通过 join 函数访问，例如：

```
SELECT joinGet('id_join_tb1', 'price', toUInt8(1))
┌─joinGet('id_join_tb1', 'price', toUInt8(1))─┐
│                                          100 │
└──────────────────────────────────────────────┘
```

8.2.4 Buffer

Buffer 表引擎完全使用内存装载数据，不支持文件的持久化存储，所以当服务重启之后，表内的数据会被清空。Buffer 表引擎不是为了面向查询场景而设计的，它的作用是充当缓冲区的角色。假设有这样一种场景，我们需要将数据写入目标 MergeTree 表 A，由于写入的并发数很高，这可能会导致 MergeTree 表 A 的合并速度慢于写入速度（因为每一次 INSERT 都会生成一个新的分区目录）。此时，可以引入 Buffer 表来缓解这类问题，将 Buffer 表作为数据写入的缓冲区。数据首先被写入 Buffer 表，当满足预设条件时，Buffer 表会自动将数据刷新到目标表，如图 8-2 所示。

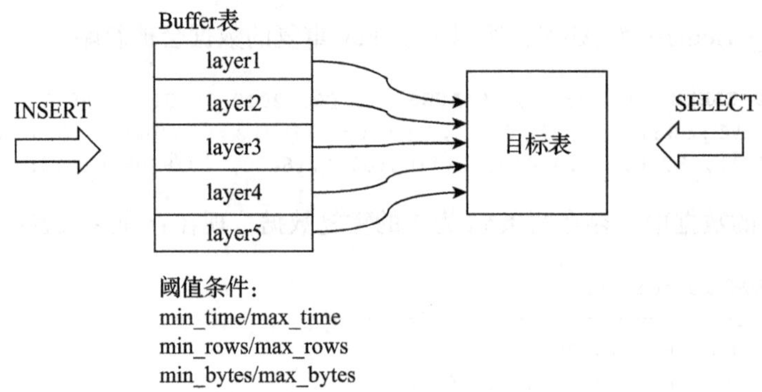

图 8-2　将 Buffer 表引擎作为数据缓冲器的示意图

Buffer 表引擎的声明方式如下所示：

```
ENGINE = Buffer(database, table, num_layers, min_time, max_time, min_rows, max_
    rows, min_bytes, max_bytes)
```

其中，参数可以分成基础参数和条件参数两类，首先说明基础参数的作用：

- database：目标表的数据库。
- table：目标表的名称，Buffer 表内的数据会自动刷新到目标表。
- num_layers：可以理解成线程数，Buffer 表会按照 num_layers 的数量开启线程，以并行的方式将数据刷新到目标表，官方建议设为 16。

Buffer 表并不是实时刷新数据的，只有在阈值条件满足时它才会刷新。阈值条件由三组最小和最大值组成。接下来说明三组极值条件参数的具体含义：

- min_time 和 max_time：时间条件的最小和最大值，单位为秒，从第一次向表内写入数据的时候开始计算；

- min_rows 和 max_rows：数据行条件的最小和最大值；
- min_bytes 和 max_bytes：数据体量条件的最小和最大值，单位为字节。

根据上述条件可知，Buffer 表刷新的判断依据有三个，满足其中任意一个，Buffer 表就会刷新数据，它们分别是：

- 如果三组条件中所有的最小阈值都已满足，则触发刷新动作；
- 如果三组条件中至少有一个最大阈值条件满足，则触发刷新动作；
- 如果写入的一批数据的数据行大于 max_rows，或者数据体量大于 max_bytes，则数据直接被写入目标表。

还有一点需要注意，上述三组条件在每一个 num_layers 中都是单独计算的。假设 num_layers=16，则 Buffer 表最多会开启 16 个线程来响应数据的写入，它们以轮询的方式接收请求，在每个线程内，会独立进行上述条件判断的过程。也就是说，假设一张 Buffer 表的 max_bytes=100000000（约 100 MB），num_layers=16，那么这张 Buffer 表能够同时处理的最大数据量约是 1.6 GB。

现在用一个示例演示它的用法。首先新建一张 Buffer 表 buffer_to_memory_1：

```
CREATE TABLE buffer_to_memory_1 AS memory_1
ENGINE = Buffer(default, memory_1, 16, 10, 100, 10000, 1000000, 10000000, 100000000)
```

buffer_to_memory_1 将 memory_1 作为数据输送的目标，所以必须使用与 memory_1 相同的表结构。

接着向 Buffer 表写入 100 万行数据：

```
INSERT INTO TABLE buffer_to_memory_1 SELECT number FROM numbers(1000000)
```

此时，buffer_to_memory_1 内有数据，而目标表 memory_1 是没有的，因为目前不论从时间、数据行还是数据大小来判断，没有一个达到了最大阈值。所以在大致 100 秒之后，数据才会从 buffer_to_memory_1 刷新到 memory_1。可以在 ClickHouse 的日志中发现相关记录信息：

```
<Trace> StorageBuffer (buffer_to_memory_1): Flushing buffer with 1000000 rows,
    1000000 bytes, age 101 seconds.
```

接着，再次写入数据，这一次写入一百万零一行数据：

```
INSERT INTO TABLE buffer_to_memory_1 SELECT number FROM numbers(1000001)
```

查询目标表，可以看到数据不经等待即被直接写入目标表：

```
SELECT COUNT(*) FROM memory_1
┌─COUNT()─┐
│ 2000001 │
└─────────┘
```

8.3 日志类型

如果使用的数据量很小（100万以下），面对的数据查询场景也比较简单，并且是“一次”写入多次查询的模式，那么使用日志家族系列的表引擎将会是一种不错的选择。与合并树家族表引擎类似，日志家族系列的表引擎也拥有一些共性特征。例如：它们均不支持索引、分区等高级特性；不支持并发读写，当针对一张日志表写入数据时，针对这张表的查询会被阻塞，直至写入动作结束；但它们也同时拥有切实的物理存储，数据会被保存到本地文件中。除了这些共同的特征之外，日志家族系列的表引擎也有着各自的特点。接下来，会按照性能由低到高的顺序逐个介绍它们的使用方法。

8.3.1 TinyLog

TinyLog是日志家族系列中性能最低的表引擎，它的存储结构由数据文件和元数据两部分组成。其中，数据文件是按列独立存储的，也就是说每一个列字段都拥有一个与之对应的.bin文件。这种结构和MergeTree有些相似，但是TinyLog既不支持分区，也没有.mrk标记文件。由于没有标记文件，它自然无法支持.bin文件的并行读取操作，所以它只适合在非常简单的场景下使用。接下来用一个示例说明它的用法。首先创建一张TinyLog表：

```
CREATE TABLE tinylog_1 (
    id UInt64,
    code UInt64
)ENGINE = TinyLog()
```

接着，对其写入数据：

```
INSERT INTO TABLE tinylog_1 SELECT number,number+1 FROM numbers(100)
```

数据写入后就能够通过SELECT语句对它进行查询了。现在找到它的文件目录，分析一下它的存储结构：

```
# pwd
/chbase/data/default/tinylog_1
ll
total 12
-rw-r-----. 1 clickhouse clickhouse 432 23:39 code.bin
-rw-r-----. 1 clickhouse clickhouse 430 23:39 id.bin
-rw-r-----. 1 clickhouse clickhouse  66 23:39 sizes.json
```

可以看到，在表目录之下，id和code字段分别生成了各自的.bin数据文件。现在进一步查看sizes.json文件：

```
# cat ./sizes.json
{"yandex":{"code%2Ebin":{"size":"432"},"id%2Ebin":{"size":"430"}}}
```

由上述操作发现，在 sizes.json 文件内使用 JSON 格式记录了每个 .bin 文件内对应的数据大小的信息。

8.3.2 StripeLog

StripeLog 表引擎的存储结构由固定的 3 个文件组成，它们分别是：

- data.bin：数据文件，所有的列字段使用同一个文件保存，它们的数据都会被写入 data.bin。
- index.mrk：数据标记，保存了数据在 data.bin 文件中的位置信息。利用数据标记能够使用多个线程，以并行的方式读取 data.bin 内的压缩数据块，从而提升数据查询的性能。
- sizes.json：元数据文件，记录了 data.bin 和 index.mrk 大小的信息。

从上述信息能够得知，相比 TinyLog 而言，StripeLog 拥有更高的查询性能（拥有 .mrk 标记文件，支持并行查询），同时其使用了更少的文件描述符（所有数据使用同一个文件保存）。

接下来用一个示例说明它的用法。首先创建一张 StripeLog 表：

```
CREATE TABLE stripelog_1 (
    id UInt64,
    price Float32
)ENGINE = StripeLog()
```

接着，对其写入数据：

```
INSERT INTO TABLE stripelog_1 SELECT number,number+100 FROM numbers(1000)
```

写入之后，就可以使用 SELECT 语句对它进行查询了。现在，同样找到它的文件目录，下面分析它的存储结构：

```
# pwd
/chbase/data/default/stripelog_1
# ll
total 16
-rw-r-----. 1 clickhouse clickhouse 8121 01:10 data.bin
-rw-r-----. 1 clickhouse clickhouse   70  01:10 index.mrk
-rw-r-----. 1 clickhouse clickhouse   69  01:10 sizes.json
```

在表目录下，StripeLog 表引擎创建了 3 个固定文件，现在进一步查看 sizes.json：

```
# cd /chbase/data/default/stripelog_1
# cat ./sizes.json
{"yandex":{"data%2Ebin":{"size":"8121"},"index%2Emrk":{"size":"70"}}}
```

在 sizes.json 文件内，使用 JSON 格式记录了每个 data.bin 和 index.mrk 文件内对应的数据大小的信息。

8.3.3 Log

Log表引擎结合了TinyLog表引擎和StripeLog表引擎的长处，是日志家族系列中性能最高的表引擎。Log表引擎的存储结构由3个部分组成：

- [column].bin：数据文件，数据文件按列独立存储，每一个列字段都拥有一个与之对应的.bin文件。
- __marks.mrk：数据标记，统一保存了数据在各个[column].bin文件中的位置信息。利用数据标记能够使用多个线程，以并行的方式读取.bin内的压缩数据块，从而提升数据查询的性能。
- sizes.json：元数据文件，记录了[column].bin和__marks.mrk大小的信息。

从上述信息能够得知，由于拥有数据标记且各列数据独立存储，所以Log既能够支持并行查询，又能够按列按需读取，而付出的代价仅仅是比StripeLog消耗更多的文件描述符（每个列字段都拥有自己的.bin文件）。

接下来用一个示例说明它的用法。首先创建一张Log：

```
CREATE TABLE log_1 (
    id UInt64,
    code UInt64
)ENGINE = Log()
```

接着，对其写入数据：

```
INSERT INTO TABLE log_1 SELECT number,number+1 FROM numbers(200)
```

数据写入之后就能够通过SELECT语句对它进行查询了。现在，再次找到它的文件目录，对它的存储结构进行分析：

```
# pwd
/chbase/data/default/log_1
# ll
total 16
-rw-r-----. 1 clickhouse clickhouse 432 23:55 code.bin
-rw-r-----. 1 clickhouse clickhouse 430 23:55 id.bin
-rw-r-----. 1 clickhouse clickhouse  32 23:55 __marks.mrk
-rw-r-----. 1 clickhouse clickhouse  96 23:55 sizes.json
```

可以看到，在表目录下，各个文件与先前表引擎中的文件如出一辙。现在进一步查看sizes.json文件：

```
# cd /chbase/data/default/log_1
# cat ./sizes.json
{"yandex":{"__marks%2Emrk":{"size":"32"},"code%2Ebin":{"size":"432"},"id%2Ebin":
    {"size":"430"}}}
```

在 sizes.json 文件内，使用 JSON 格式记录了每个 [column].bin 和 __marks.mrk 文件内对应的数据大小的信息。

8.4 接口类型

有这么一类表引擎，它们自身并不存储任何数据，而是像黏合剂一样可以整合其他的数据表。在使用这类表引擎的时候，不用担心底层的复杂性，它们就像接口一样，为用户提供了统一的访问界面，所以我将它们归为接口类表引擎。

8.4.1 Merge

假设有这样一种场景：在数据仓库的设计中，数据按年分表存储，例如 test_table_2018、test_table_2019 和 test_table_2020。假如现在需要跨年度查询这些数据，应该如何实现呢？在这情形下，使用 Merge 表引擎是一种合适的选择了。

Merge 表引擎就如同一层使用了门面模式的代理，它本身不存储任何数据，也不支持数据写入。它的作用就如其名，即负责合并多个查询的结果集。Merge 表引擎可以代理查询任意数量的数据表，这些查询会异步且并行执行，并最终合成一个结果集返回。

被代理查询的数据表被要求处于同一个数据库内，且拥有相同的表结构，但是它们可以使用不同的表引擎以及不同的分区定义（对于 MergeTree 而言）。Merge 表引擎的声明方式如下所示：

```
ENGINE = Merge(database, table_name)
```

其中：database 表示数据库名称；table_name 表示数据表的名称，它支持使用正则表达式，例如 ^test 表示合并查询所有以 test 为前缀的数据表。

现在用一个简单示例说明 Merge 的使用方法，假设数据表 test_table_2018 保存了整个 2018 年度的数据，它数据结构如下所示：

```
CREATE TABLE test_table_2018(
    id String,
    create_time DateTime,
    code String
)ENGINE = MergeTree
PARTITION BY toYYYYMM(create_time)
ORDER BY id
```

表 test_table_2019 的结构虽然与 test_table_2018 相同，但是它使用了不同的表引擎：

```
CREATE TABLE test_table_2019(
    id String,
    create_time DateTime,
```

```
    code String
)ENGINE = Log
```

现在创建一张 Merge 表，将上述两张表组合：

```
CREATE TABLE test_table_all as test_table_2018
ENGINE = Merge(currentDatabase(), '^test_table_')
```

其中，Merge 表 test_table_all 直接复制了 test_table_2018 的表结构，它会合并当前数据库中所有以 ^test_table_ 开头的数据表。创建 Merge 之后，就可以查询这张 Merge 表了：

```
SELECT _table,* FROM test_table_all
┌─_table──────────────┬─id───┬─────────create_time─┬─code─┐
│ test_table_2018     │ A001 │ 2018-06-01 11:00:00 │ C2   │
└─────────────────────┴──────┴─────────────────────┴──────┘
┌─_table──────────────┬─id───┬─────────create_time─┬─code─┐
│ test_table_2018     │ A000 │ 2018-05-01 17:00:00 │ C1   │
│ test_table_2018     │ A002 │ 2018-05-01 12:00:00 │ C3   │
└─────────────────────┴──────┴─────────────────────┴──────┘
┌─_table──────────────┬─id───┬─────────create_time─┬─code─┐
│ test_table_2019     │ A020 │ 2019-05-01 17:00:00 │ C1   │
│ test_table_2019     │ A021 │ 2019-06-01 11:00:00 │ C2   │
│ test_table_2019     │ A022 │ 2019-05-01 12:00:00 │ C3   │
└─────────────────────┴──────┴─────────────────────┴──────┘
```

通过返回的结果集可以印证，所有以 ^test_table_ 为前缀的数据表被分别查询后进行了合并返回。

值得一提的是，在上述示例中用到了虚拟字段 _table，它表示某行数据的来源表。如果在查询语句中，将虚拟字段 _table 作为过滤条件：

```
SELECT _table,* FROM test_table_all WHERE _table = 'test_table_2018'
```

那么它将等同于索引，Merge 表会忽略那些被排除在外的数据表，不会向它们发起查询请求。

8.4.2 Dictionary

Dictionary 表引擎是数据字典的一层代理封装，它可以取代字典函数，让用户通过数据表查询字典。字典内的数据被加载后，会全部保存到内存中，所以使用 Dictionary 表对字典性能不会有任何影响。声明 Dictionary 表的方式如下所示：

```
ENGINE = Dictionary(dict_name)
```

其中，dict_name 对应一个已被加载的字典名称，例如下面的例子：

```
CREATE TABLE tb_test_flat_dict (
    id UInt64,
    code String,
```

```
    name String
)Engine = Dictionary(test_flat_dict);
```

tb_test_flat_dict 等同于数据字典 test_flat_dict 的代理表，现在对它使用 SELECT 语句进行查询：

```
SELECT * FROM tb_test_flat_dict
┌─id─┬─code──┬─name─┐
│  1 │ a0001 │ 研发部 │
│  2 │ a0002 │ 产品部 │
│  3 │ a0003 │ 数据部 │
│  4 │ a0004 │ 测试部 │
└────┴───────┴──────┘
```

由上可以看到，字典数据被如数返回。

如果字典的数量很多，逐一为它们创建各自的 Dictionary 表未免过于烦琐。这时候可以使用 Dictionary 引擎类型的数据库来解决这个问题，例如：

```
CREATE DATABASE test_dictionaries ENGINE = Dictionary
```

上述语句创建了一个名为 test_dictionaries 的数据库，它使用了 Dictionary 类型的引擎。在这个数据库中，ClickHouse 会自动为每个字典分别创建它们的 Dictionary 表：

```
SELECT database,name,engine_full FROM system.tables WHERE database = 'test_
  dictionaries'
┌─database──────────┬─name──────────────────────────────┬─engine─────┐
│ test_dictionaries │ test_cache_dict                   │ Dictionary │
│ test_dictionaries │ test_ch_dict                      │ Dictionary │
│ test_dictionaries │ test_flat_dict                    │ Dictionary │
└───────────────────┴───────────────────────────────────┴────────────┘
```

由上可以看到，当前系统中所有已加载的数据字典都在这个数据库下创建了各自的 Dictionary 表。

8.4.3 Distributed

在数据库领域，当面对海量业务数据的时候，一种主流的做法是实施 Sharding 方案，即将一张数据表横向扩展到多个数据库实例。其中，每个数据库实例称为一个 Shard 分片，数据在写入时，需要按照预定的业务规则均匀地写至各个 Shard 分片；而在数据查询时，则需要在每个 Shard 分片上分别查询，最后归并结果集。所以为了实现 Sharding 方案，一款支持分布式数据库的中间件是必不可少的，例如 Apache ShardingSphere。

ClickHouse 作为一款性能卓越的分布式数据库，自然是支持 Sharding 方案的，而 Distributed 表引擎就等同于 Sharding 方案中的数据库中间件。Distributed 表引擎自身不存储任何数据，它能够作为分布式表的一层透明代理，在集群内部自动开展数据的写入分发以及查询路由工作。关于 Distributed 表引擎的详细介绍，将会在后续章节展开。

8.5 其他类型

接下来将要介绍的几款表引擎，由于各自用途迥异，所以只好把它们归为其他类型。虽然这些表引擎的使用场景并不广泛，但仍建议大家了解它们的特性和使用方法。因为这些表引擎扩充了 ClickHouse 的能力边界，在一些特殊的场合，它们也能够发挥重要作用。

8.5.1 Live View

虽然 ClickHouse 已经提供了准实时的数据处理手段，例如 Kafka 表引擎和物化视图，但是在应用层面，一直缺乏开放给用户的事件监听机制。所以从 19.14 版本开始，ClickHouse 提供了一种全新的视图——Live View。

Live View 是一种特殊的视图，虽然它并不属于表引擎，但是因为它与数据表息息相关，所以我还是把 Live View 归类到了这里。Live View 的作用类似事件监听器，它能够将一条 SQL 查询结果作为监控目标，当目标数据增加时，Live View 可以及时发出响应。

若要使用 Live View，首先需要将 allow_experimental_live_view 参数设置为 1，可以执行如下语句确认参数是否设置正确：

```
SELECT name, value FROM system.settings WHERE name LIKE '%live_view%'
┌─name─────────────────────────────────────────────────────────┬─value─┐
│ allow_experimental_live_view                                 │ 1     │
└──────────────────────────────────────────────────────────────┴───────┘
```

现在用一个示例说明它的使用方法。首先创建一张数据表，它将作为 Live View 的监听目标：

```
CREATE TABLE origin_table1(
    id UInt64
) ENGINE = Log
```

接着，创建一张 Live View 表示：

```
CREATE LIVE VIEW lv_origin AS SELECT COUNT(*) FROM origin_table1
```

然后，执行 watch 命令以开启监听模式：

```
WATCH lv_origin
┌─COUNT()─┬─_version─┐
│       0 │        1 │
└─────────┴──────────┘
↖ Progress: 1.00 rows, 16.00 B (0.07 rows/s., 1.07 B/s.)
```

如此一来，Live View 就进入监听模式了。接着再开启另外一个客户端，向 origin_table1 写入数据：

```
INSERT INTO TABLE origin_table1 SELECT rand() FROM numbers(5)
```

此时再观察 Live View，可以看到它做出了实时响应：

```
WATCH lv_origin
┌─COUNT()─┬─_version─┐
│       0 │        1 │
└─────────┴──────────┘
┌─COUNT()─┬─_version─┐
│       5 │        2 │
└─────────┴──────────┘
↓ Progress: 2.00 rows, 32.00 B (0.04 rows/s., 0.65 B/s.)
```

注意，虚拟字段 _version 伴随着每一次数据的同步，它的位数都会加 1。

8.5.2 Null

Null 表引擎的功能与作用，与 Unix 系统的空设备 /dev/null 很相似。如果用户向 Null 表写入数据，系统会正确返回，但是 Null 表会自动忽略数据，永远不会将它们保存。如果用户向 Null 表发起查询，那么它将返回一张空表。

在使用物化视图的时候，如果不希望保留源表的数据，那么将源表设置成 Null 引擎将会是极好的选择。接下来，用一个具体示例来说明这种使用方法。

首先新建一张 Null 表：

```
CREATE TABLE null_table1(
    id UInt8
) ENGINE = Null
```

接着以 null_table1 为源表，建立一张物化视图：

```
CREATE MATERIALIZED VIEW view_table10
ENGINE = TinyLog
AS SELECT * FROM null_table1
```

现在向 null_table1 写入数据，会发现数据被顺利同步到了视图 view_table10 中，而源表 null_table1 依然空空如也。

8.5.3 URL

URL 表引擎的作用等价于 HTTP 客户端，它可以通过 HTTP/HTTPS 协议，直接访问远端的 REST 服务。当执行 SELECT 查询的时候，底层会将其转换为 GET 请求的远程调用。而执行 INSERT 查询的时候，会将其转换为 POST 请求的远程调用。URL 表引擎的声明方式如下所示：

```
ENGINE = URL('url', format)
```

其中，url 表示远端的服务地址，而 format 则是 ClickHouse 支持的数据格式，如 TSV、CSV 和 JSON 等。

接下来，用一个具体示例说明它的用法。下面的这段代码片段来自于一个通过 NodeJS 模拟实现的 REST 服务：

```
    /* GET users listing. */
router.get('/users', function(req, res, next) {
    var result = '';
    for (let i = 0; i < 5; i++) {
        result += '{"name":"nauu'+i+'"}\n';
    }
    res.send(result);
});
/* Post user. */
router.post('/ users'', function(req, res) {
    res.sendStatus(200)
});
```

该服务的访问路径是 /users，其中，GET 请求对应了用户查询功能；而 POST 请求对应了新增用户功能。现在新建一张 URL 表：

```
CREATE TABLE url_table(
    name String
)ENGINE = URL('http://client1.nauu.com:3000/users', JSONEachRow)
```

其中，url 参数对应了 REST 服务的访问地址，数据格式使用了 JSONEachRow。

按如下方式执行 SELECT 查询：

```
SELECT * FROM url_table
```

此时 SELECT 会转换成一次 GET 请求，访问远端的 HTTP 服务：

```
<Debug> executeQuery: (from 10.37.129.2:62740) SELECT * FROM url_table
<Trace> ReadWriteBufferFromHTTP: Sending request to http://client1.nauu.com:3000/
    users
```

最终，数据以表的形式被呈现在用户面前：

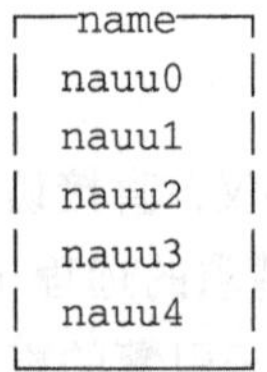

name
nauu0
nauu1
nauu2
nauu3
nauu4

按如下方式执行 INSERT 查询：

```
INSERT INTO TABLE url_table VALUES('nauu-insert')
```

INSERT 会转换成一次 POST 请求，访问远端的 HTTP 服务：

```
<Debug> executeQuery: (from 10.37.129.2:62743) INSERT INTO TABLE url_table VALUES
<Trace> WriteBufferToHTTP: Sending request to http://client1.nauu.com:3000/users
```

8.6　本章小结

本章全面介绍了除第 7 章介绍的表引擎之外的其他类型的表引擎，知道了 MergeTree 家族表引擎之外还有另外 5 类表引擎。这些表引擎丰富了 ClickHouse 的使用场景，扩充了 ClickHouse 的能力界限。

外部存储类型的表引擎与 Hive 的外挂表很相似，它们只负责元数据管理和数据查询，自身并不负责数据的生成，数据文件直接由外部系统维护。它们可以直接读取 HDFS、本地文件、常见关系型数据库和 KafKa 的数据。

内存类型的表引擎中的数据是常驻内存的，所以它们拥有堪比 MergeTree 的查询性能（1 亿数据量以内）。其中 Set 和 Join 表引擎拥有物理存储，数据在写入内存的同时也会被刷新到磁盘；而 Memory 和 Buffer 表引擎在服务重启之后，数据便会被清空。内存类表引擎是一把双刃剑，在数据大于 1 亿的场景下不建议使用内存类表引擎。

日志类型表引擎适用于数据量在 100 万以下，并且是"一次"写入多次查询的场景。其中 TinyLog、StripeLog 和 Log 的性能依次升高的。

接口类型的表引擎自身并不存储任何数据，而是像黏合剂一样可以整合其他的数据表。其中 Merge 表引擎能够合并查询任意张表结构相同的数据表；Dictionary 表引擎能够代理查询数据字典；而 Distributed 表引擎的作用类似分布式数据库的分表中间件，能够帮助用户简化数据的分发和路由工作。

其他类型的表引擎用途迥异。其中 Live View 是一种特殊的视图，能够对 SQL 查询进行准实时监听；Null 表引擎类似于 Unix 系统的空设备 /dev/null，通常与物化视图搭配使用；而 URL 表引擎类似于 HTTP 客户端，能够代理调用远端的 REST 服务。

Chapter 9 第9章

数据查询

作为一款OLAP分析型数据库，我相信大家在绝大部分时间内都在使用它的查询功能。在日常运转的过程中，数据查询也是ClickHouse的主要工作之一。ClickHouse完全使用SQL作为查询语言，能够以SELECT查询语句的形式从数据库中选取数据，这也是它具备流行潜质的重要原因。虽然ClickHouse拥有优秀的查询性能，但是我们也不能滥用查询，掌握ClickHouse所支持的各种查询子句，并选择合理的查询形式是很有必要的。使用不恰当的SQL语句进行查询不仅会带来低性能，还可能导致不可预知的系统错误。

虽然在之前章节的部分示例中，我们已经见识过一些查询语句的用法，但那些都是为了演示效果简化后的代码，与真正的生产环境中的代码相差较大。例如在绝大部分场景中，都应该避免使用SELECT * 形式来查询数据，因为通配符 * 对于采用列式存储的ClickHouse而言没有任何好处。假如面对一张拥有数百个列字段的数据表，下面这两条SELECT语句的性能可能会相差100倍之多：

```
--使用通配符*与按列按需查询相比，性能可能相差100倍
SELECT * FROM datasets.hits_v1;
SELECT WatchID FROM datasets.hits_v1;
```

ClickHouse对于SQL语句的解析是大小写敏感的，这意味着 *SELECT a* 和 *SELECT A* 表示的语义是不相同的。ClickHouse目前支持的查询子句如下所示：

```
[WITH expr |(subquery)]
SELECT [DISTINCT] expr
[FROM [db.]table | (subquery) | table_function] [FINAL]
[SAMPLE expr]
[[LEFT] ARRAY JOIN]
[GLOBAL] [ALL|ANY|ASOF] [INNER | CROSS | [LEFT|RIGHT|FULL [OUTER]] ] JOIN
```

```
    (subquery)|table ON|USING columns_list
[PREWHERE expr]
[WHERE expr]
[GROUP BY expr] [WITH ROLLUP|CUBE|TOTALS]
[HAVING expr]
[ORDER BY expr]
[LIMIT [n[,m]]
[UNION ALL]
[INTO OUTFILE filename]
[FORMAT format]
[LIMIT [offset] n BY columns]
```

其中，方括号包裹的查询子句表示其为可选项，所以只有 SELECT 子句是必须的，而 ClickHouse 对于查询语法的解析也大致是按照上面各个子句排列的顺序进行的。在本章后续会正视 ClickHouse 的本地查询部分，并大致依照各子句的解析顺序系统性地介绍它们的使用方法，而分布式查询部分则留待第 10 章介绍。

9.1 WITH 子句

ClickHouse 支持 CTE（Common Table Expression，公共表表达式），以增强查询语句的表达。例如下面的函数嵌套：

```
SELECT pow(pow(2, 2), 3)
```

在改用 CTE 的形式后，可以极大地提高语句的可读性和可维护性，简化后的语句如下所示：

```
WITH pow(2, 2) AS a SELECT pow(a, 3)
```

CTE 通过 WITH 子句表示，目前支持以下四种用法。

1. 定义变量

可以定义变量，这些变量能够在后续的查询子句中被直接访问。例如下面示例中的常量 start，被直接用在紧接的 WHERE 子句中：

```
WITH 10 AS start
SELECT number FROM system.numbers
WHERE number > start
LIMIT 5
┌number─┐
│    11 │
│    12 │
│    13 │
│    14 │
│    15 │
└───────┘
```

2. 调用函数

可以访问 SELECT 子句中的列字段，并调用函数做进一步的加工处理。例如在下面的示例中，对 data_uncompressed_bytes 使用聚合函数求和后，又紧接着在 SELECT 子句中对其进行了格式化处理：

```
WITH SUM(data_uncompressed_bytes) AS bytes
SELECT database , formatReadableSize(bytes) AS format FROM system.columns
GROUP BY database
ORDER BY bytes DESC
┌─database─────────┬─format────┐
│ datasets         │ 12.12 GiB │
│ default          │ 1.87 GiB  │
│ system           │ 1.10 MiB  │
│ dictionaries     │ 0.00 B    │
└──────────────────┴───────────┘
```

3. 定义子查询

可以定义子查询。例如在下面的示例中，借助子查询可以得出各 database 未压缩数据大小与数据总和大小的比例的排名：

```
WITH (
    SELECT SUM(data_uncompressed_bytes) FROM system.columns
) AS total_bytes
SELECT database , (SUM(data_uncompressed_bytes) / total_bytes) * 100 AS
    database_disk_usage
FROM system.columns
GROUP BY database
ORDER BY database_disk_usage DESC
┌─database─────────┬───database_disk_usage─┐
│ datasets         │     85.15608638238845 │
│ default          │     13.15591656190217 │
│ system           │  0.007523354055850406 │
│ dictionaries     │                     0 │
└──────────────────┴───────────────────────┘
```

在 WITH 中使用子查询时有一点需要特别注意，该查询语句只能返回一行数据，如果结果集的数据大于一行则会抛出异常。

4. 在子查询中重复使用 WITH

在子查询中可以嵌套使用 WITH 子句，例如在下面的示例中，在计算出各 database 未压缩数据大小与数据总和的比例之后，又进行了取整函数的调用：

```
WITH (
    round(database_disk_usage)
) AS database_disk_usage_v1
SELECT database,database_disk_usage, database_disk_usage_v1
FROM (
```

```
    --嵌套
    WITH (
        SELECT SUM(data_uncompressed_bytes)  FROM system.columns
    ) AS total_bytes
    SELECT database , (SUM(data_uncompressed_bytes) / total_bytes) * 100 AS
        database_disk_usage FROM system.columns
    GROUP BY database
    ORDER BY database_disk_usage DESC
)
┌─database─────────┬─────database_disk_usage─┬─database_disk_usage_v1─────┐
│ datasets         │       85.15608638238845 │                         85 │
│ default          │       13.15591656190217 │                         13 │
│ system           │    0.007523354055850406 │                          0 │
└──────────────────┴─────────────────────────┴────────────────────────────┘
```

9.2 FROM子句

FROM子句表示从何处读取数据，目前支持如下3种形式。

（1）从数据表中取数：

```
SELECT WatchID FROM hits_v1
```

（2）从子查询中取数：

```
SELECT MAX_WatchID
FROM (SELECT MAX(WatchID) AS MAX_WatchID FROM hits_v1)
```

（3）从表函数中取数：

```
SELECT number FROM numbers(5)
```

FROM关键字可以省略，此时会从虚拟表中取数。在ClickHouse中，并没有数据库中常见的DUAL虚拟表，取而代之的是system.one。例如下面的两条查询语句，其效果是等价的：

```
SELECT 1
SELECT 1 FROM system.one
┌─1─┐
│ 1 │
└───┘
```

在FROM子句后，可以使用Final修饰符。它可以配合CollapsingMergeTree和Versioned-CollapsingMergeTree等表引擎进行查询操作，以强制在查询过程中合并，但由于Final修饰符会降低查询性能，所以应该尽可能避免使用它。

9.3 SAMPLE 子句

SAMPLE 子句能够实现数据采样的功能，使查询仅返回采样数据而不是全部数据，从而有效减少查询负载。SAMPLE 子句的采样机制是一种幂等设计，也就是说在数据不发生变化的情况下，使用相同的采样规则总是能够返回相同的数据，所以这项特性非常适合在那些可以接受近似查询结果的场合使用。例如在数据量十分巨大的情况下，对查询时效性的要求大于准确性时就可以尝试使用 SAMPLE 子句。

SAMPLE 子句只能用于 MergeTree 系列引擎的数据表，并且要求在 CREATE TABLE 时声明 SAMPLE BY 抽样表达式，例如下面的语句：

```
CREATE TABLE hits_v1 (
    CounterID UInt64,
    EventDate DATE,
    UserID UInt64
) ENGINE = MergeTree()
PARTITION BY toYYYYMM(EventDate)
ORDER BY (CounterID, intHash32(UserID))
--Sample Key声明的表达式必须也包含在主键的声明中
SAMPLE BY intHash32(UserID)
```

SAMPLE BY 表示 hits_v1 内的数据，可以按照 intHash32(UserID) 分布后的结果采样查询。

在声明 Sample Key 的时候有两点需要注意：

- SAMPLE BY 所声明的表达式必须同时包含在主键的声明内；
- Sample Key 必须是 Int 类型，如若不是，ClickHouse 在进行 CREATE TABLE 操作时也不会报错，但在数据查询时会得到如下类似异常：

```
Invalid sampling column type in storage parameters: Float32. Must be unsigned
    integer type.
```

SAMPLE 子句目前支持如下 3 种用法。

1. SAMPLE factor

SAMPLE factor 表示按因子系数采样，其中 factor 表示采样因子，它的取值支持 0～1 之间的小数。如果 factor 设置为 0 或者 1，则效果等同于不进行数据采样。如下面的语句表示按 10% 的因子采样数据：

```
SELECT CounterID FROM hits_v1 SAMPLE 0.1
```

factor 也支持使用十进制的形式表述：

```
SELECT CounterID FROM hits_v1 SAMPLE 1/10
```

在进行统计查询时，为了得到最终的近似结果，需要将得到的直接结果乘以采样系数。

例如若想按 0.1 的因子采样数据，则需要将统计结果放大 10 倍：

```
SELECT count() * 10 FROM hits_v1 SAMPLE 0.1
```

一种更为优雅的方法是借助虚拟字段 _sample_factor 来获取采样系数，并以此代替硬编码的形式。_sample_factor 可以返回当前查询所对应的采样系数：

```
SELECT CounterID, _sample_factor FROM hits_v1 SAMPLE 0.1 LIMIT 2
┌─CounterID─┬─_sample_factor─┐
│        57 │             10 │
│        57 │             10 │
└───────────┴────────────────┘
```

在使用 _sample_factor 之后，可以将之前的查询语句改写成如下形式：

```
SELECT count() * any(_sample_factor) FROM hits_v1 SAMPLE 0.1
```

2. SAMPLE rows

SAMPLE rows 表示按样本数量采样，其中 rows 表示至少采样多少行数据，它的取值必须是大于 1 的整数。如果 rows 的取值大于表内数据的总行数，则效果等于 rows=1（即不使用采样）。

下面的语句表示采样 10000 行数据：

```
SELECT count() FROM hits_v1 SAMPLE 10000
┌─count()─┐
│    9576 │
└─────────┘
```

最终查询返回了 9576 行数据，从返回的结果中可以得知，数据采样的范围是一个近似范围，这是由于采样数据的最小粒度是由 index_granularity 索引粒度决定的。由此可知，设置一个小于索引粒度或者较小的 rows 值没有什么意义，应该设置一个较大的值。

同样可以使用虚拟字段 _sample_factor 来获取当前查询所对应的采样系数：

```
SELECT CounterID,_sample_factor FROM hits_v1 SAMPLE 100000 LIMIT 1
┌─CounterID─┬─_sample_factor─┐
│        63 │       13.27104 │
└───────────┴────────────────┘
```

3. SAMPLE factor OFFSET n

SAMPLE factor OFFSET n 表示按因子系数和偏移量采样，其中 factor 表示采样因子，n 表示偏移多少数据后才开始采样，它们两个的取值都是 0～1 之间的小数。例如下面的语句表示偏移量为 0.5 并按 0.4 的系数采样：

```
SELECT CounterID FROM hits_v1 SAMPLE 0.4 OFFSET 0.5
```

上述代码最终的查询会从数据的二分之一处开始，按 0.4 的系数采样数据，如图 9-1 所示。

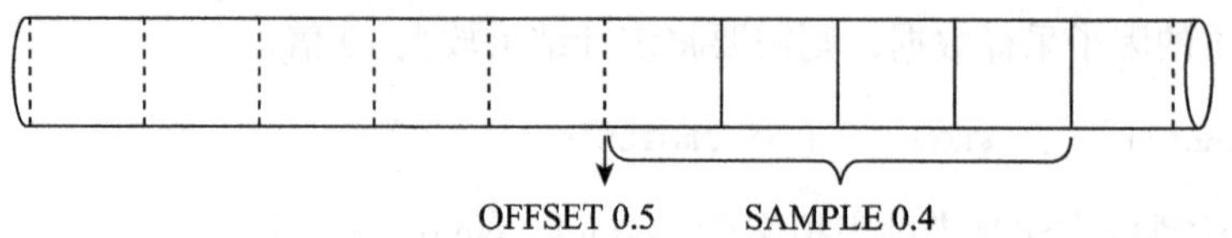

图 9-1　采样数据的示意图

如果在计算 OFFSET 偏移量后，按照 SAMPLE 比例采样出现了溢出，则数据会被自动截断，如图 9-2 所示。

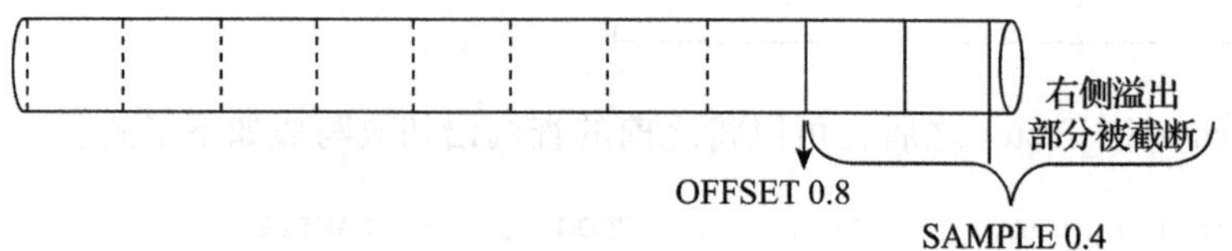

图 9-2　当采样比例溢出时会自动截断多余部分

这种用法支持使用十进制的表达形式，也支持虚拟字段 _sample_factor：

```
SELECT CounterID,_sample_factor FROM hits_v1 SAMPLE 1/10 OFFSET 1/2
```

9.4 ARRAY JOIN 子句

ARRAY JOIN 子句允许在数据表的内部，与数组或嵌套类型的字段进行 JOIN 操作，从而将一行数组展开为多行。接下来让我们看看它的基础用法。首先新建一张包含 Array 数组字段的测试表：

```
CREATE TABLE query_v1
(
    title String,
    value Array(UInt8)
) ENGINE = Log
```

接着写入测试数据，注意最后一行数据的数组为空：

```
INSERT INTO query_v1 VALUES ('food', [1,2,3]), ('fruit', [3,4]), ('meat', [])
SELECT title,value FROM query_v1
┌─title─┬─value───┐
│ food  │ [1,2,3] │
│ fruit │ [3,4]   │
│ meat  │ []      │
└───────┴─────────┘
```

在一条 SELECT 语句中，只能存在一个 ARRAY JOIN（使用子查询除外）。目前支持 INNER 和 LEFT 两种 JOIN 策略：

1. INNER ARRAY JOIN

ARRAY JOIN 在默认情况下使用的是 INNER JOIN 策略，例如下面的语句：

```
SELECT title,value FROM query_v1 ARRAY JOIN value
┌─title─┬─value─┐
│ food  │     1 │
│ food  │     2 │
│ food  │     3 │
│ fruit │     3 │
│ fruit │     4 │
└───────┴───────┘
```

从查询结果可以发现，最终的数据基于 value 数组被展开成了多行，并且排除掉了空数组。在使用 ARRAY JOIN 时，如果为原有的数组字段添加一个别名，则能够访问展开前的数组字段，例如：

```
SELECT title,value,v FROM query_v1 ARRAY JOIN value AS v
┌─title─┬─value───┬─v─┐
│ food  │ [1,2,3] │ 1 │
│ food  │ [1,2,3] │ 2 │
│ food  │ [1,2,3] │ 3 │
│ fruit │ [3,4]   │ 3 │
│ fruit │ [3,4]   │ 4 │
└───────┴─────────┴───┘
```

2. LEFT ARRAY JOIN

ARRAY JOIN 子句支持 LEFT 连接策略，例如执行下面的语句：

```
SELECT title,value,v FROM query_v1 LEFT ARRAY JOIN value AS v
┌─title─┬─value───┬─v─┐
│ food  │ [1,2,3] │ 1 │
│ food  │ [1,2,3] │ 2 │
│ food  │ [1,2,3] │ 3 │
│ fruit │ [3,4]   │ 3 │
│ fruit │ [3,4]   │ 4 │
│ meat  │ []      │ 0 │
└───────┴─────────┴───┘
```

在改为 LEFT 连接查询后，可以发现，在 INNER JOIN 中被排除掉的空数组出现在了返回的结果集中。

当同时对多个数组字段进行 ARRAY JOIN 操作时，查询的计算逻辑是按行合并而不是产生笛卡儿积，例如下面的语句：

```
-- ARRAY JOIN多个数组时，是合并，不是笛卡儿积
SELECT title,value,v ,arrayMap(x -> x * 2,value) as mapv,v_1 FROM query_v1 LEFT
    ARRAY JOIN value AS v , mapv as v_1
```

```
┌─title─┬─value───┬─v─┬─mapv────┬─v_1─┐
│ food  │ [1,2,3] │ 1 │ [2,4,6] │   2 │
│ food  │ [1,2,3] │ 2 │ [2,4,6] │   4 │
│ food  │ [1,2,3] │ 3 │ [2,4,6] │   6 │
│ fruit │ [3,4]   │ 3 │ [6,8]   │   6 │
│ fruit │ [3,4]   │ 4 │ [6,8]   │   8 │
│ meat  │ []      │ 0 │ []      │   0 │
└───────┴─────────┴───┴─────────┴─────┘
```

value 和 mapv 数组是按行合并的，并没有产生笛卡儿积。

在前面介绍数据定义时曾介绍过，嵌套数据类型的本质是数组，所以 ARRAY JOIN 也支持嵌套数据类型。接下来继续用一组示例说明。首先新建一张包含嵌套类型的测试表：

```
--ARRAY JOIN嵌套类型
CREATE TABLE query_v2
(
    title String,
    nest Nested(
    v1 UInt32,
    v2 UInt64)
) ENGINE = Log
```

接着写入测试数据，在写入嵌套数据类型时，记得同一行数据中各个数组的长度需要对齐，而对多行数据之间的数组长度没有限制：

```
-- 同一行数据，数组长度要对齐
INSERT INTO query_v2 VALUES ('food', [1,2,3], [10,20,30]), ('fruit', [4,5],
    [40,50]), ('meat', [], [])
SELECT title, nest.v1, nest.v2 FROM query_v2
┌─title─┬─nest.v1─┬─nest.v2────┐
│ food  │ [1,2,3] │ [10,20,30] │
│ fruit │ [4,5]   │ [40,50]    │
│ meat  │ []      │ []         │
└───────┴─────────┴────────────┘
```

对嵌套类型数据的访问，ARRAY JOIN 既可以直接使用字段列名：

```
SELECT title, nest.v1, nest.v2 FROM query_v2 ARRAY JOIN nest
```

也可以使用点访问符的形式：

```
SELECT title, nest.v1, nest.v2 FROM query_v2 ARRAY JOIN nest.v1, nest.v2
```

上述两种形式的查询效果完全相同：

```
┌─title─┬─nest.v1─┬─nest.v2─┐
│ food  │       1 │      10 │
│ food  │       2 │      20 │
│ food  │       3 │      30 │
│ fruit │       4 │      40 │
│ fruit │       5 │      50 │
└───────┴─────────┴─────────┘
```

嵌套类型也支持 ARRAY JOIN 部分嵌套字段：

```
--也可以只ARRAY JOIN其中部分字段
SELECT title, nest.v1, nest.v2 FROM query_v2 ARRAY JOIN nest.v1
┌─title─┬─nest.v1─┬─nest.v2────┐
│ food  │       1 │ [10,20,30] │
│ food  │       2 │ [10,20,30] │
│ food  │       3 │ [10,20,30] │
│ fruit │       4 │ [40,50]    │
│ fruit │       5 │ [40,50]    │
└───────┴─────────┴────────────┘
```

可以看到，在这种情形下，只有被 ARRAY JOIN 的数组才会展开。

在查询嵌套类型时也能够通过别名的形式访问原始数组：

```
SELECT title, nest.v1, nest.v2, n.v1, n.v2 FROM query_v2 ARRAY JOIN nest as n
┌─title─┬─nest.v1─┬─nest.v2────┬─n.v1─┬─n.v2─┐
│ food  │ [1,2,3] │ [10,20,30] │    1 │   10 │
│ food  │ [1,2,3] │ [10,20,30] │    2 │   20 │
│ food  │ [1,2,3] │ [10,20,30] │    3 │   30 │
│ fruit │ [4,5]   │ [40,50]    │    4 │   40 │
│ fruit │ [4,5]   │ [40,50]    │    5 │   50 │
└───────┴─────────┴────────────┴──────┴──────┘
```

9.5 JOIN 子句

JOIN 子句可以对左右两张表的数据进行连接，这是最常用的查询子句之一。它的语法包含连接精度和连接类型两部分。目前 ClickHouse 支持的 JOIN 子句形式如图 9-3 所示。

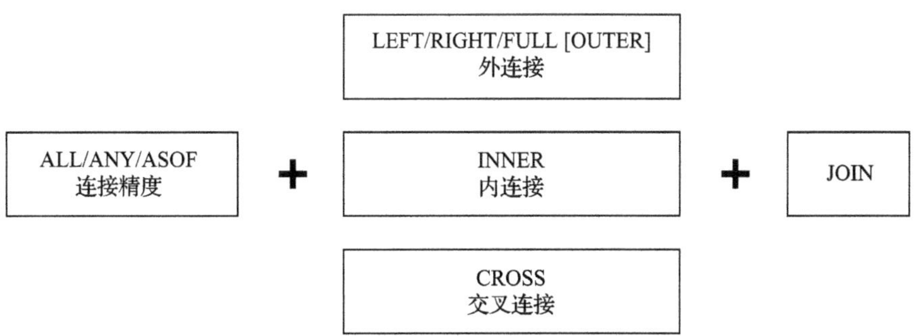

图 9-3 JOIN 子句组合规则

由上图可知，连接精度分为 ALL、ANY 和 ASOF 三种，而连接类型也可分为外连接、内连接和交叉连接三种。

除此之外，JOIN查询还可以根据其执行策略被划分为本地查询和远程查询。关于远程查询的内容放在后续章节进行说明，这里着重讲解本地查询。接下来，会基于下面三张测试表介绍JOIN用法。

代码清单9-1 JOIN测试表join_tb1

```
┌─id──┬─name──────────┬────────────────time─┐
│  1  │ ClickHouse    │ 2019-05-01 12:00:00 │
│  2  │ Spark         │ 2019-05-01 12:30:00 │
│  3  │ ElasticSearch │ 2019-05-01 13:00:00 │
│  4  │ HBase         │ 2019-05-01 13:30:00 │
│ NULL│ ClickHouse    │ 2019-05-01 12:00:00 │
│ NULL│ Spark         │ 2019-05-01 12:30:00 │
└─────┴───────────────┴─────────────────────┘
```

代码清单9-2 JOIN测试表join_tb2

```
┌─id─┬─rate─┬────────────────time─┐
│  1 │  100 │ 2019-05-01 11:55:00 │
│  2 │   90 │ 2019-05-01 12:01:00 │
│  3 │   80 │ 2019-05-01 13:10:00 │
│  5 │   70 │ 2019-05-01 14:00:00 │
│  6 │   60 │ 2019-05-01 13:50:00 │
└────┴──────┴─────────────────────┘
```

代码清单9-3 JOIN测试表join_tb3

```
┌─id─┬─star─┐
│  1 │ 1000 │
│  2 │  900 │
└────┴──────┘
```

9.5.1 连接精度

连接精度决定了JOIN查询在连接数据时所使用的策略，目前支持ALL、ANY和ASOF三种类型。如果不主动声明，则默认是ALL。可以通过join_default_strictness配置参数修改默认的连接精度类型。

对数据是否连接匹配的判断是通过JOIN KEY进行的，目前只支持等式（EQUAL JOIN）。交叉连接（CROSS JOIN）不需要使用JOIN KEY，因为它会产生笛卡儿积。

1. ALL

如果左表内的一行数据，在右表中有多行数据与之连接匹配，则返回右表中全部连接的数据。而判断连接匹配的依据是左表与右表内的数据，基于连接键（JOIN KEY）的取值完全相等（equal），等同于left.key = right.key。例如执行下面的语句：

```
SELECT a.id,a.name,b.rate FROM join_tb1 AS a
ALL INNER JOIN join_tb2 AS b ON a.id = b.id
┌─id─┬─name──────────┬─rate──┐
│  1 │ ClickHouse    │  100  │
│  2 │ Spark         │   90  │
│  3 │ ElasticSearch │   80  │
└────┴───────────────┴───────┘
```

结果集返回了右表中所有与左表 id 相匹配的数据。

2. ANY

如果左表内的一行数据，在右表中有多行数据与之连接匹配，则仅返回右表中第一行连接的数据。ANY 与 ALL 判断连接匹配的依据相同。例如执行下面的语句：

```
SELECT a.id,a.name,b.rate FROM join_tb1 AS a
ANY INNER JOIN join_tb2 AS b ON a.id = b.id

┌─id─┬─name──────────┬─rate──┐
│  1 │ ClickHouse    │  100  │
│  2 │ Spark         │   90  │
│  3 │ ElasticSearch │   80  │
└────┴───────────────┴───────┘
```

结果集仅返回了右表中与左表 id 相连接的第一行数据。

3. ASOF

ASOF 是一种模糊连接，它允许在连接键之后追加定义一个模糊连接的匹配条件 asof_column。以下面的语句为例：

```
SELECT a.id,a.name,b.rate,a.time,b.time
FROM join_tb1 AS a ASOF INNER JOIN join_tb2 AS b
ON a.id = b.id AND a.time = b.time
```

其中 a.id = b.id 是寻常的连接键，而紧随其后的 a.time = b.time 则是 asof_column 模糊连接条件，这条语句的语义等同于：

```
a.id = b.id AND a.time >= b.time
```

执行上述这条语句后：

```
┌─id─┬─name───────┬─rate─┬────────time─────────┬────────b.time───────┐
│  1 │ ClickHouse │  100 │ 2019-05-01 12:00:00 │ 2019-05-01 11:55:00 │
│  2 │ Spark      │   90 │ 2019-05-01 12:30:00 │ 2019-05-01 12:01:00 │
└────┴────────────┴──────┴─────────────────────┴─────────────────────┘
```

由上可以得知，其最终返回的查询结果符合连接条件 a.id = b.id AND a.time >= b.time，且仅返回了右表中第一行连接匹配的数据。

ASOF 支持使用 USING 的简写形式，USING 后声明的最后一个字段会被自动转换成 asof_colum 模糊连接条件。例如将上述语句改成 USING 的写法后，将会是下面的样子：

```
SELECT a.id,a.name,b.rate,a.time,b.time FROM join_tb1 AS a ASOF
INNER JOIN join_tb2 AS b USING(id,time)
```

USING 后的 time 字段会被转换成 asof_colum。

对于 asof_colum 字段的使用有两点需要注意：asof_colum 必须是整型、浮点型和日期型这类有序序列的数据类型；asof_colum 不能是数据表内的唯一字段，换言之，连接键（JOIN KEY）和 asof_colum 不能是同一个字段。

9.5.2 连接类型

连接类型决定了 JOIN 查询组合左右两个数据集合要用的策略，它们所形成的结果是交集、并集、笛卡儿积或是其他形式。接下来会分别介绍这几种连接类型的使用方法。

1. INNER

INNER JOIN 表示内连接，在查询时会以左表为基础逐行遍历数据，然后从右表中找出与左边连接的行，它只会返回左表与右表两个数据集合中交集的部分，其余部分都会被排除，如图 9-4 所示。

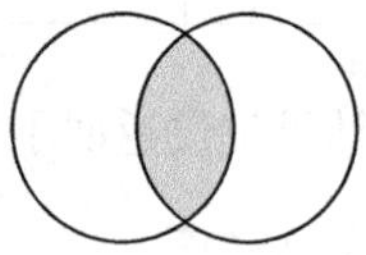

图 9-4　INNER JOIN 示意图

在前面介绍连接精度时所用的演示用例中，使用的正是 INNER JOIN，它的使用方法如下所示：

```
SELECT a.id,a.name,b.rate FROM join_tb1 AS a
INNER JOIN join_tb2 AS b ON a.id = b.id
┌─id─┬─name──────────┬─rate──┐
│  1 │ ClickHouse    │  100  │
│  1 │ ClickHouse    │  105  │
│  2 │ Spark         │   90  │
│  3 │ ElasticSearch │   80  │
└────┴───────────────┴───────┘
```

从返回的结果集能够得知，只有左表与右表中 id 完全相同的数据才会保留，也就是只保留交集部分。

2. OUTER

OUTER JOIN 表示外连接，它可以进一步细分为左外连接（LEFT）、右外连接（RIGHT）和全外连接（FULL）三种形式。根据连接形式的不同，其返回数据集合的逻辑也不尽相同。OUTER JOIN 查询的语法如下所示：

```
[LEFT|RIGHT|FULL [OUTER]] ] JOIN
```

其中，OUTER 修饰符可以省略。

1）LEFT

在进行左外连接查询时，会以左表为基础逐行遍历数据，然后从右表中找出与左边连接的行以补齐属性。如果在右表中没有找到连接的行，则采用相应字段数据类型的默认值填充。换言之，对于左连接查询而言，左表的数据总是能够全部返回。图 9-5 是左连接的示意图。

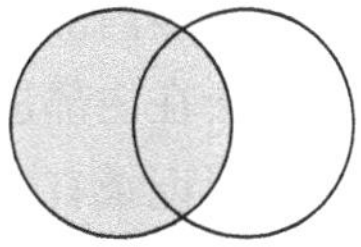

图 9-5　LEFT JOIN 示意图

左外连接查询的示例语句如下所示：

```
SELECT a.id,a.name,b.rate FROM join_tb1 AS a
LEFT OUTER JOIN join_tb2 AS b ON a.id = b.id

┌─id─┬─name──────────┬─rate─┐
│  1 │ ClickHouse    │  100 │
│  1 │ ClickHouse    │  105 │
│  2 │ Spark         │   90 │
│  3 │ ElasticSearch │   80 │
│  4 │ HBase         │    0 │
└────┴───────────────┴──────┘
```

由查询的返回结果可知，左表 join_tb1 内的数据全部返回，其中 id 为 4 的数据在右表中没有连接，所以由默认值 0 补全。

2）RIGHT

右外连接查询的效果与左连接恰好相反，右表的数据总是能够全部返回，而左表不能连接的数据则使用默认值补全，如图 9-6 所示。

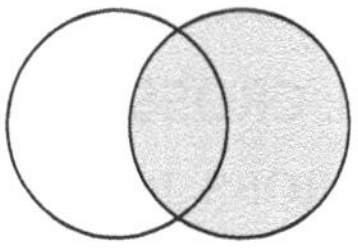

图 9-6　RIGHT JOIN 示意图

在进行右外连接查询时，内部的执行逻辑大致如下：

（1）在内部进行类似 INNER JOIN 的内连接查询，在计算交集部分的同时，顺带记录右表中那些未能被连接的数据行。

（2）将那些未能被连接的数据行追加到交集的尾部。

（3）将追加数据中那些属于左表的列字段用默认值补全。

右外连接查询的示例语句如下所示：

```
SELECT a.id,a.name,b.rate FROM join_tb1 AS a
RIGHT JOIN join_tb2 AS b ON a.id = b.id
┌─id─┬─name──────────┬─rate─┐
│  1 │ ClickHouse    │  100 │
│  1 │ ClickHouse    │  105 │
│  2 │ Spark         │   90 │
│  3 │ ElasticSearch │   80 │
│  5 │               │   70 │
│  6 │               │   60 │
└────┴───────────────┴──────┘
```

由查询的返回结果可知，右表 join_tb2 内的数据全部返回，在左表中没有被连接的数据由默认值补全。

3）FULL

全外连接查询会返回左表与右表两个数据集合的并集，如图 9-7 所示。

全外连接内部的执行逻辑大致如下：

（1）会在内部进行类似 LEFT JOIN 的查询，在左外连接的过程中，顺带记录右表中已经被连接的数据行。

（2）通过在右表中记录已被连接的数据行，得到未被连接的数据行。

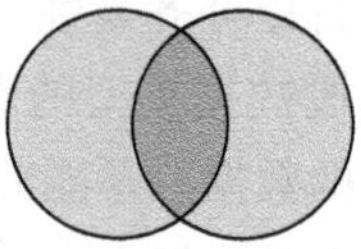

图 9-7　FULL JOIN 示意图

（3）将右表中未被连接的数据追加至结果集，并将那些属于左表中的列字段以默认值补全。

全外连接查询的示例如下所示。

```
SELECT a.id,a.name,b.rate FROM join_tb1 AS a
FULL JOIN join_tb2 AS b ON a.id = b.id
┌─id─┬─name──────────┬─rate──┐
│  1 │ ClickHouse    │  100  │
│  1 │ ClickHouse    │  105  │
│  2 │ Spark         │   90  │
│  3 │ ElasticSearch │   80  │
│  4 │ HBase         │  0    │
│  5 │               │  70   │
│  6 │               │  60   │
└────┴───────────────┴───────┘
```

3. CROSS

CROSS JOIN 表示交叉连接，它会返回左表与右表两个数据集合的笛卡儿积。也正因为如此，CROSS JOIN 不需要声明 JOIN KEY，因为结果会包含它们的所有组合，如下面的语句所示：

```
SELECT a.id,a.name,b.rate FROM join_tb1 AS a
CROSS JOIN join_tb2 AS b
┌─id─┬─name──────────┬─rate─┐
│  1 │ ClickHouse    │  100 │
│  1 │ ClickHouse    │  105 │
│  1 │ ClickHouse    │   90 │
│  1 │ ClickHouse    │   80 │
│  1 │ ClickHouse    │   70 │
│  1 │ ClickHouse    │   60 │
│  2 │ Spark         │  100 │
│  2 │ Spark         │  105 │
│  2 │ Spark         │   90 │
│  2 │ Spark         │   80 │
…省略
```

上述语句返回的结果是两张数据表的笛卡儿积，它们的计算过程大致如图 9-8 所示。

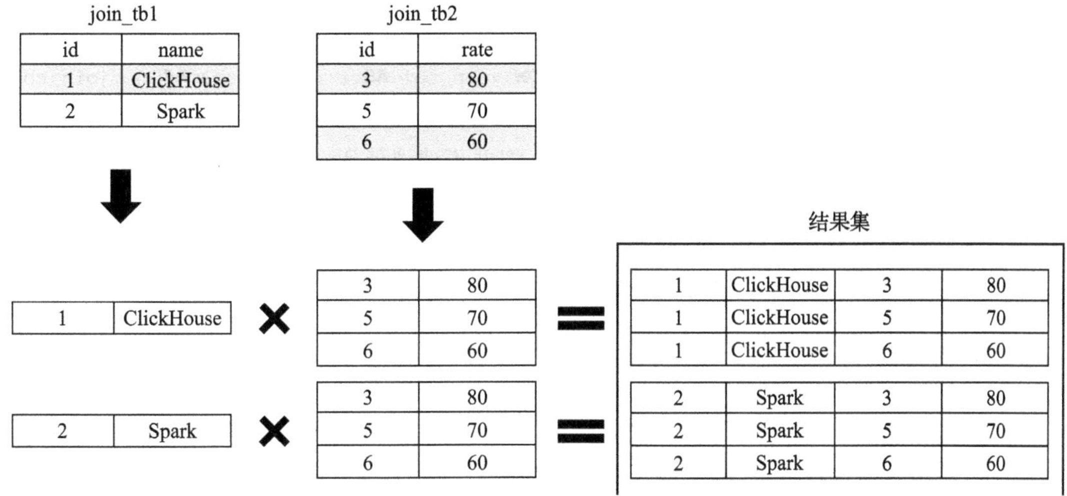

图 9-8 CROSS JOIN 示意图

在进行交叉连接查询时，会以左表为基础，逐行与右表全集相乘。

9.5.3 多表连接

在进行多张数据表的连接查询时，ClickHouse 会将它们转为两两连接的形式，例如执行下面的语句，对三张测试表进行内连接查询：

```
SELECT a.id,a.name,b.rate,c.star FROM join_tb1 AS a
INNER JOIN join_tb2 AS b ON a.id = b.id
LEFT JOIN join_tb3 AS c ON a.id = c.id
┌─a.id─┬─a.name────────┬─b.rate─┬─c.star─┐
│    1 │ ClickHouse    │    100 │   1000 │
│    1 │ ClickHouse    │    105 │   1000 │
│    2 │ Spark         │     90 │    900 │
│    3 │ ElasticSearch │     80 │      0 │
└──────┴───────────────┴────────┴────────┘
```

在执行上述查询时，会先将 join_tb1 与 join_tb2 进行内连接，之后再将它们的结果集与 join_tb3 左连接。

ClickHouse 虽然也支持关联查询的语法，但是会自动将其转换成指定的连接查询。要想使用这项特性，需要将 allow_experimental_cross_to_join_conversion 参数设置为 1（默认为 1，该参数在新版本中已经取消），它的转换规则如下：

- 转换为 CROSS JOIN：如果查询语句中不包含 WHERE 条件，则会转为 CROSS JOIN。

```
SELECT a.id,a.name,b.rate,c.star FROM join_tb1 AS a , join_tb2 AS b ,join_tb3
  AS c
```

- 转换为INNER JOIN：如果查询语句中包含WHERE条件，则会转为INNER JOIN。

```
SELECT a.id,a.name,b.rate,c.star FROM join_tb1 AS a , join_tb2 AS b ,join_tb3
    AS c WHERE a.id = b.id AND a.id = c.id
```

虽然ClickHouse支持上述语法转换特性，但并不建议使用，因为在编写复杂的业务查询语句时，我们无法确定最终的查询意图。

9.5.4 注意事项

最后，还有两个关于JOIN查询的注意事项。

1. 关于性能

为了能够优化JOIN查询性能，首先**应该遵循左大右小的原则**，即将数据量小的表放在右侧。这是因为在执行JOIN查询时，无论使用的是哪种连接方式，右表都会被全部加载到内存中与左表进行比较。

其次，**JOIN查询目前没有缓存的支持**，这意味着每一次JOIN查询，即便是连续执行相同的SQL，也都会生成一次全新的执行计划。如果应用程序会大量使用JOIN查询，则需要进一步考虑借助上层应用侧的缓存服务或使用JOIN表引擎来改善性能。

最后，**如果是在大量维度属性补全的查询场景中，则建议使用字典代替JOIN查询**。因为在进行多表的连接查询时，查询会转换成两两连接的形式，这种“滚雪球”式的查询很可能带来性能问题。

2. 关于空值策略与简写形式

细心的读者应该能够发现，在之前的介绍中，连接查询的空值（那些未被连接的数据）是由默认值填充的，这与其他数据库所采取的策略不同（由Null填充）。连接查询的空值策略是通过join_use_nulls参数指定的，默认为0。当参数值为0时，空值由数据类型的默认值填充；而当参数值为1时，空值由Null填充。

JOIN KEY支持简化写法，当数据表的连接字段名称相同时，可以使用USING语法简写，例如下面两条语句的效果是等同的：

```
SELECT a.id,a.name,b.rate FROM join_tb1 AS a
INNER JOIN join_tb2 AS b ON a.id = b.id
--USING简写
SELECT id,name,rate FROM join_tb1 INNER JOIN join_tb2 USING id
```

9.6 WHERE与PREWHERE子句

WHERE子句基于条件表达式来实现数据过滤。如果过滤条件恰好是主键字段，则能够进一步借助索引加速查询，所以WHERE子句是一条查询语句能否启用索引的判断依据（前提是表引擎支持索引特性）。例如下面的查询语句：

```
SELECT id,url,v1,v2,v3,v4 FROM query_v3 WHERE id = 'A000'
(SelectExecutor):  Key condition: (column 0 in ['A000', 'A000'])
```

WHERE 表达式中包含主键，所以它能够使用索引过滤数据区间。除此之外，ClickHouse 还提供了全新的 PREWHERE 子句。

PREWHERE 目前只能用于 MergeTree 系列的表引擎，它可以看作对 WHERE 的一种优化，其作用与 WHERE 相同，均是用来过滤数据。它们的不同之处在于，使用 PREWHERE 时，首先只会读取 PREWHERE 指定的列字段数据，用于数据过滤的条件判断。待数据过滤之后再读取 SELECT 声明的列字段以补全其余属性。所以在一些场合下，PREWHERE 相比 WHERE 而言，处理的数据量更少，性能更高。

接下来，就让我们用一组具体的例子对比两者的差异。首先执行 set optimize_move_to_prewhere=0 强制关闭自动优化（关于这个参数，之后会进一步介绍），然后执行下面的语句：

```
-- 执行set optimize_move_to_prewhere=0关闭PREWHERE自动优化
SELECT WatchID,Title,GoodEvent FROM hits_v1 WHERE JavaEnable = 1
981110 rows in set. Elapsed: 0.095 sec. Processed 1.34 million rows, 124.65 MB
    (639.61 thousand rows/s., 59.50 MB/s.)
```

从查询统计结果可以看到，此次查询总共处理了 134 万行数据，其数据大小为 124.65 MB。

现在，将语句中的 WHERE 替换为 PREWHERE，其余保持不变：

```
SELECT WatchID,Title,GoodEvent FROM hits_v1 PREWHERE JavaEnable = 1
981110 rows in set. Elapsed: 0.080 sec. Processed 1.34 million rows, 91.61 MB
    (740.98 thousand rows/s., 50.66 MB/s.)
```

从 PREWHERE 语句的查询统计结果可以发现，虽然处理数据的总量没有发生变化，仍然是 134 万行数据，但是其数据大小从 124.65 MB 减少至 91.61 MB，从而提高了每秒处理数据的吞吐量，这种现象充分印证了 PREWHERE 的优化效果。这是因为在执行 PREWHERE 查询时，只需获取 JavaEnable 字段进行数据过滤，减少了需要处理的数据量大小。

进一步观察两次查询的执行计划，也能够发现它们查询过程之间的差异：

```
 WHERE查询
Union
     Expression × 2
          Expression
               Filter
                    MergeTreeThread

--PREWHERE查询
Union
     Expression × 2
          Expression
               MergeTreeThread
```

由上可以看到，PREWHERE 查询省去了一次 Filter 操作。

既然 PREWHERE 性能更优，那么是否需要将所有的 WHERE 子句都替换成 PREWHERE 呢？其实大可不必，因为 ClickHouse 实现了自动优化的功能，会在条件合适的情况下将 WHERE 替换为 PREWHERE。如果想开启这项特性，需要将 optimize_move_to_prewhere 设置为 1（默认值为 1，即开启状态），例如执行下面的语句：

```
SELECT id,url FROM query_v3 WHERE v1 = 10
```

通过观察执行日志可以发现，谓词 v1 = 10 被移动到了 PREWHERE 子句：

```
<Debug> InterpreterSelectQuery: MergeTreeWhereOptimizer: condition "v1 = 10"
moved to PREWHERE
```

但是也有例外情况，假设数据表 query_v3 所有的字段类型如下：

```
desc query_v3
┌─name─────┬─type──────────┬─default_type─┬─default_expression───────┐
│ id       │ String        │              │                          │
│ url      │ String        │              │                          │
│ time     │ Date          │              │                          │
│ v1       │ UInt8         │              │                          │
│ v2       │ UInt8         │              │                          │
│ nest.v1  │ Array(UInt32) │              │                          │
│ nest.v2  │ Array(UInt64) │              │                          │
│ v3       │ UInt8         │ MATERIALIZED │ CAST(v1 / v2, 'UInt8')   │
│ v4       │ String        │ ALIAS        │ id                       │
└──────────┴───────────────┴──────────────┴──────────────────────────┘
```

则在以下情形时并不会自动优化：

- 使用了常量表达式：

```
SELECT id,url,v1,v2,v3,v4 FROM query_v3 WHERE 1=1
```

- 使用了默认值为 ALIAS 类型的字段：

```
SELECT id,url,v1,v2,v3,v4 FROM query_v3 WHERE v4 = 'A000'
```

- 包含了 arrayJoin、globalIn、globalNotIn 或者 indexHint 的查询：

```
SELECT title, nest.v1, nest.v2 FROM query_v2 ARRAY JOIN nest WHERE nest.v1=1
```

- SELECT 查询的列字段与 WHERE 谓词相同：

```
SELECT v3 FROM query_v3 WHERE v3 = 1
```

- 使用了主键字段：

```
SELECT id FROM query_v3 WHERE id = 'A000'
```

虽然在上述情形中 ClickHouse 不会自动将谓词移动到 PREWHERE，但仍然可以主动使用PREWHERE。以主键字段为例，当使用PREWHERE进行主键查询时，首先会通过稀疏索引过滤数据区间（index_granularity粒度），接着会读取PREWHERE指定的条件列以进一步过滤，这样一来就有可能截掉数据区间的尾巴，从而返回低于index_granularity粒度的数据范围。即便如此，相比其他场合移动谓词所带来的性能提升，这类效果还是比较有限的，所以目前ClickHouse在这类场合下仍然保持不移动的处理方式。

9.7 GROUP BY子句

GROUP BY又称聚合查询，是最常用的子句之一，它是让ClickHouse最凸显卓越性能的地方。在GROUP BY后声明的表达式，通常称为聚合键或者Key，数据会按照聚合键进行聚合。在ClickHouse的聚合查询中，SELECT可以声明聚合函数和列字段，如果SELECT后只声明了聚合函数，则可以省略GROUP BY关键字：

```
--如果只有聚合函数，可以省略GROUP BY
SELECT SUM(data_compressed_bytes) AS compressed ,
SUM(data_uncompressed_bytes) AS uncompressed
FROM system.parts
```

如若声明了列字段，则只能使用聚合键包含的字段，否则会报错：

```
--除了聚合函数外，只能使用聚合key中包含的table字段
SELECT table,COUNT() FROM system.parts GROUP BY table
--使用聚合key中未声明的rows字段，则会报错
SELECT table,COUNT(),rows FROM system.parts GROUP BY table
```

但是在某些场合下，可以借助any、max和min等聚合函数访问聚合键之外的列字段：

```
SELECT table,COUNT(),any(rows) FROM system.parts GROUP BY table
┌─table────────┬─COUNT()─┬─any(rows)─┐
│ partition_v1 │       1 │         4 │
│ agg_merge2   │       1 │         1 │
│ hits_v1      │       2 │   8873898 │
└──────────────┴─────────┴───────────┘
```

当聚合查询内的数据存在NULL值时，ClickHouse会将NULL作为NULL=NULL的特定值处理，例如：

```
SELECT arrayJoin([1, 2, 3,null,null,null]) AS v GROUP BY v

┌────v─┐
│    1 │
│    2 │
│    3 │
│ NULL │
└──────┘
```

可以看到所有的 NULL 值都被聚合到了 NULL 分组。

除了上述特性之外，聚合查询目前还能配合 WITH ROLLUP、WITH CUBE 和 WITH TOTALS 三种修饰符获取额外的汇总信息。

9.7.1 WITH ROLLUP

顾名思义，ROLLUP 能够按照聚合键从右向左上卷数据，基于聚合函数依次生成分组小计和总计。如果设聚合键的个数为 n，则最终会生成小计的个数为 $n+1$。例如执行下面的语句：

```
SELECT table, name, SUM(bytes_on_disk) FROM system.parts
GROUP BY table,name
WITH ROLLUP
ORDER BY table
┌─table──────────────┬─name──────────────┬─SUM(bytes_on_disk)─┐
│                    │                   │         2938852157 │
│partition_v1        │                   │                670 │
│ partition_v1       │ 201906_6_6_0      │                160 │
│ partition_v1       │ 201905_1_3_1      │                175 │
│ partition_v1       │ 201905_5_5_0      │                160 │
│ partition_v1       │ 201906_2_4_1      │                175 │
│query_v4            │                   │                459 │
│ query_v4           │ 201906_2_2_0      │                203 │
│ query_v4           │ 201905_1_1_0      │                256 │
省略…
└────────────────────┴───────────────────┴────────────────────┘
```

可以看到在最终返回的结果中，附加返回了显示名称为空的小计汇总行，包括所有表分区磁盘大小的汇总合计以及每张 table 内所有分区大小的合计信息。

9.7.2 WITH CUBE

顾名思义，CUBE 会像立方体模型一样，基于聚合键之间所有的组合生成小计信息。如果设聚合键的个数为 n，则最终小计组合的个数为 2 的 n 次方。接下来用示例说明它的用法。假设在数据库 (database)default 和 datasets 中分别拥有一张数据表 hits_v1，现在需要通过查询 system.parts 系统表分别按照数据库 database、表 table 和分区 name 分组合计汇总，则可以执行下面的语句：

```
SELECT database, table, name, SUM(bytes_on_disk) FROM
(SELECT database, table, name, bytes_on_disk FROM system.parts WHERE table ='hits_
    v1')
GROUP BY database,table,name
WITH CUBE
ORDER BY database,table ,name
```

```
┌─database─┬─table────┬─name──────────┬─SUM(bytes_on_disk)─┐
│          │          │               │          1460381504 │
│          │          │ 201403_1_29_2 │          1271367153 │
│          │          │ 201403_1_6_1  │           189014351 │
│          │ hits_v1  │               │          1460381504 │
│          │ hits_v1  │ 201403_1_29_2 │          1271367153 │
│          │ hits_v1  │ 201403_1_6_1  │           189014351 │
│ datasets │          │               │          1271367153 │
│ datasets │          │ 201403_1_29_2 │          1271367153 │
│ datasets │ hits_v1  │               │          1271367153 │
│ datasets │ hits_v1  │ 201403_1_29_2 │          1271367153 │
│ default  │          │               │           189014351 │
│ default  │          │ 201403_1_6_1  │           189014351 │
│ default  │ hits_v1  │               │           189014351 │
│ default  │ hits_v1  │ 201403_1_6_1  │           189014351 │
└──────────┴──────────┴───────────────┴─────────────────────┘
```

由返回结果可知，基于3个分区键database、table与name按照立方体CUBE组合后，形成了[空]、[database, table,name]、[database]、[table]、[name]、[database, table]、[database, name]和[table, name]共计8种小计组合，恰好是2的3次方。

9.7.3 WITH TOTALS

使用TOTALS修饰符后，会基于聚合函数对所有数据进行总计，例如执行下面的语句：

```
SELECT database, SUM(bytes_on_disk),COUNT(table) FROM system.parts
GROUP BY database WITH TOTALS
┌─database─┬─SUM(bytes_on_disk)─┬─COUNT(table)─┐
│ default  │          378059851 │           46 │
│ datasets │         2542748913 │            3 │
│ system   │             152144 │            3 │
└──────────┴────────────────────┴──────────────┘
Totals:
┌─database─┬─SUM(bytes_on_disk)─┬─COUNT(table)─┐
│          │         2920960908 │           52 │
└──────────┴────────────────────┴──────────────┘
```

其结果附加了一行Totals汇总合计，这一结果是基于聚合函数对所有数据聚合总计的结果。

9.8 HAVING子句

HAVING子句需要与GROUP BY同时出现，不能单独使用。它能够在聚合计算之后实现二次过滤数据。例如下面的语句是一条普通的聚合查询，会按照table分组并计数：

```
SELECT COUNT() FROM system.parts GROUP BY table
--执行计划
Expression
    Expression
        Aggregating
            Concat
                Expression
                    One
```

现在增加 HAVING 子句后再次执行上述操作，则数据在按照 table 聚合之后，进一步截掉了 table = 'query_v3' 的部分。

```
SELECT COUNT() FROM system.parts GROUP BY table HAVING table = 'query_v3'
--执行计划
Expression
    Expression
        Filter
            Aggregating
                Concat
                    Expression
                        One
```

观察两次查询的执行计划，可以发现 HAVING 的本质是在聚合之后增加了 Filter 过滤动作。

对于类似上述的查询需求，除了使用 HAVING 之外，通过嵌套的 WHERE 也能达到相同的目的，例如下面的语句：

```
SELECT COUNT() FROM
(SELECT table FROM system.parts WHERE table = 'query_v3')
    GROUP BY table
--执行计划
Expression
    Expression
        Aggregating
            Concat
                Expression
                    Expression
                        Expression
                            Filter
                                One
```

分析上述查询的执行计划，相比使用 HAVING，嵌套 WHERE 的执行计划效率更高。因为 WHERE 等同于使用了谓词下推，在聚合之前就进行了数据过滤，从而减少了后续聚合时需要处理的数据量。

既然如此，那是否意味着 HAVING 子句没有存在的意义了呢？其实不然，现在来看另外一种查询诉求。假设现在需要按照 table 分组聚合，并且返回均值 bytes_on_disk 大于

10 000字节的数据表，在这种情形下需要使用HAVING子句：

```
SELECT table ,avg(bytes_on_disk) as avg_bytes
FROM system.parts GROUP BY table
HAVING avg_bytes > 10000
┌─table───────────┬──────avg_bytes─────┐
│ hits_v1         │          730190752 │
└─────────────────┴────────────────────┘
```

这是因为WHERE的执行优先级大于GROUP BY，所以如果需要按照聚合值进行过滤，就必须借助HAVING实现。

9.9 ORDER BY子句

ORDER BY子句通过声明排序键来指定查询数据返回时的顺序。通过先前的介绍大家知道，在MergeTree表引擎中也有ORDER BY参数用于指定排序键，那么这两者有何不同呢？在MergeTree中指定ORDER BY后，数据在各个分区内会按照其定义的规则排序，这是一种分区内的局部排序。如果在查询时数据跨越了多个分区，则它们的返回顺序是无法预知的，每一次查询返回的顺序都可能不同。在这种情形下，如果需要数据总是能够按照期望的顺序返回，就需要借助ORDER BY子句来指定全局顺序。

ORDER BY在使用时可以定义多个排序键，每个排序键后需紧跟ASC（升序）或DESC（降序）来确定排列顺序。如若不写，则默认为ASC（升序）。例如下面的两条语句即是等价的：

```
--按照v1升序、v2降序排序
SELECT arrayJoin([1,2,3]) as v1 , arrayJoin([4,5,6]) as v2
ORDER BY v1 ASC, v2 DESC

SELECT  arrayJoin([1,2,3]) as v1 , arrayJoin([4,5,6]) as v2
ORDER BY v1, v2 DESC
```

数据首先会按照v1升序，接着再按照v2降序。

对于数据中NULL值的排序，目前ClickHouse拥有NULL值最后和NULL值优先两种策略，可以通过NULLS修饰符进行设置：

1. NULLS LAST

NULL值排在最后，这也是默认行为，修饰符可以省略。在这种情形下，数据的排列顺序为其他值（value）→NaN→NULL。

```
-- 顺序是value -> NaN -> NULL
WITH arrayJoin([30,null,60.5,0/0,1/0,-1/0,30,null,0/0]) AS v1
SELECT v1 ORDER BY v1 DESC NULLS LAST
```

```
┌──v1─┐
│  inf │
│ 60.5 │
│   30 │
│   30 │
│ -inf │
│  nan │
│  nan │
│ NULL │
│ NULL │
└──────┘
```

2. NULLS FIRST

NULL 值排在最前，在这种情形下，数据的排列顺序为 NULL→NaN→其他值（value）：

```
-- 顺序是NULL -> NaN -> value
WITH arrayJoin([30,null,60.5,0/0,1/0,-1/0,30,null,0/0]) AS v1
SELECT v1 ORDER BY v1 DESC NULLS FIRST
┌──v1─┐
│ NULL │
│ NULL │
│  nan │
│  nan │
│  inf │
│ 60.5 │
│   30 │
│   30 │
│ -inf │
└──────┘
```

从上述的两组测试中不难发现，对于 NaN 而言，它总是紧跟在 NULL 的身边。在使用 NULLS LAST 策略时，NaN 好像比所有非 NULL 值都小；而在使用 NULLS FIRST 时，NaN 又好像比所有非 NULL 值都大。

9.10 LIMIT BY 子句

LIMIT BY 子句和大家常见的 LIMIT 所有不同，它运行于 ORDER BY 之后和 LIMIT 之前，能够按照指定分组，最多返回前 *n* 行数据（如果数据少于 *n* 行，则按实际数量返回），常用于 TOP N 的查询场景。LIMIT BY 的常规语法如下：

```
LIMIT n BY express
```

例如执行下面的语句后便能够在基于数据库和数据表分组的情况下，查询返回数据占磁盘空间最大的前 3 张表：

```
-- limit n by
SELECT database,table,MAX(bytes_on_disk) AS bytes FROM system.parts
GROUP BY database,table ORDER BY database ,bytes DESC
LIMIT 3 BY database
┌─database─┬─table───────────┬────bytes─┐
│ datasets │ hits_v1         │ 1271367153 │
│ datasets │ hits_v1_1       │ 1269636153 │
│ default  │ hits_v1_1       │  189025442 │
│ default  │ hits_v1         │  189014351 │
│ default  │ partition_v5    │       5344 │
│ system   │ query_log       │      81127 │
│ system   │ query_thread_log │     68838 │
└──────────┴─────────────────┴──────────┘
```

声明多个表达式需使用逗号分隔，例如下面的语句能够得到每张数据表所定义的字段中，使用最频繁的前5种数据类型：

```
SELECT database,table,type,COUNT(name) AS col_count FROM system.columns
GROUP BY database,table,type ORDER BY col_count DESC
LIMIT 5 BY database,table
```

除了常规语法以外，LIMIT BY 也支持跳过 OFFSET 偏移量获取数据，具体语法如下：

```
LIMIT n OFFSET y BY express
--简写
LIMIT y,n BY express
```

例如在执行下面的语句时，查询会从跳过1行数据的位置开始：

```
SELECT database,table,MAX(bytes_on_disk) AS bytes FROM system.parts
GROUP BY database,table ORDER BY bytes DESC
LIMIT 3 OFFSET 1 BY database
```

使用简写形式也能够得到相同效果：

```
SELECT database,table,MAX(bytes_on_disk) AS bytes FROM system.parts
GROUP BY database,table ORDER BY bytes DESC
LIMIT 1, 3 BY database
```

9.11 LIMIT 子句

LIMIT 子句用于返回指定的前 *n* 行数据，常用于分页场景，它的三种语法形式如下所示：

```
LIMIT n
LIMIT n OFFSET m
LIMIT m, n
```

例如下面的语句，会返回前 10 行数据：

```
SELECT number FROM system.numbers LIMIT 10
```

从指定 m 行开始并返回前 n 行数据的语句如下：

```
SELECT number FROM system.numbers LIMIT 10 OFFSET 5
```

上述语句的简写形式如下：

```
SELECT number FROM system.numbers LIMIT 5 ,10
```

LIMIT 子句可以和 LIMIT BY 一同使用，以下面的语句为例：

```
SELECT database,table,MAX(bytes_on_disk) AS bytes FROM system.parts
GROUP BY database,table ORDER BY bytes DESC
LIMIT 3 BY database
LIMIT 10
```

上述语句表示，查询返回数据占磁盘空间最大的前 3 张表，而返回的总数据行等于 10。

在使用 LIMIT 子句时有一点需要注意，如果数据跨越了多个分区，在没有使用 ORDER BY 指定全局顺序的情况下，每次 LIMIT 查询所返回的数据有可能不同。如果对数据的返回顺序敏感，则应搭配 ORDER BY 一同使用。

9.12 SELECT 子句

SELECT 子句决定了一次查询语句最终返回哪些列字段或表达式。与直观的感受不同，虽然 SELECT 位于 SQL 语句的起始位置，但它却是在上述一众子句之后执行的。在其他子句执行之后，SELECT 会将选取的字段或表达式作用于每行数据之上。如果使用 * 通配符，则会返回数据表的所有字段。正如本章开篇所言，在大多数情况下都不建议这么做，因为对于一款列式存储的数据库而言，这绝对是劣势而不是优势。

在选择列字段时，ClickHouse 还为特定场景提供了一种基于正则查询的形式。例如执行下面的语句后，查询会返回名称以字母 n 开头和包含字母 p 的列字段：

```
SELECT COLUMNS('^n'), COLUMNS('p') FROM system.databases
┌─name────────┬─data_path─────────┬─metadata_path───────┐
│ default     │ /data/default/    │ /metadata/default/  │
│ system      │ /data/system/     │ /metadata/system/   │
└─────────────┴───────────────────┴─────────────────────┘
```

9.13 DISTINCT 子句

DISTINCT 子句能够去除重复数据，使用场景广泛。有时候，人们会拿它与 GROUP BY 子句进行比较。假设数据表 query_v5 的数据如下所示：

```
┌─name─┬─v1─┐
│ a    │  1 │
│ c    │  2 │
│ b    │  3 │
│ NULL │  4 │
│ d    │  5 │
│ a    │  6 │
│ a    │  7 │
│ NULL │  8 │
└──────┴────┘
```

则下面两条SQL查询的返回结果相同：

```
-- DISTINCT查询
SELECT DISTINCT name FROM query_v5
-- DISTINCT查询执行计划
Expression
    Distinct
        Expression
        Log

-- GROUP BY查询
SELECT name FROM query_v5 GROUP BY name
-- GROUP BY查询执行计划
Expression
    Expression
        Aggregating
        Concat
            Expression
                Log
```

其中，第一条SQL语句使用了DISTINCT子句，第二条SQL语句使用了GROUP BY子句。但是观察它们执行计划不难发现，DISTINCT子句的执行计划更简单。与此同时，DISTINCT也能够与GROUP BY同时使用，所以它们是互补而不是互斥的关系。

如果使用了LIMIT且没有ORDER BY子句，则DISTINCT在满足条件时能够迅速结束查询，这样可避免多余的处理逻辑；而当DISTINCT与ORDER BY同时使用时，其执行的优先级是先DISTINCT后ORDER BY。例如执行下面的语句，首先以升序查询：

```
SELECT DISTINCT name FROM query_v5 ORDER BY v1 ASC
```

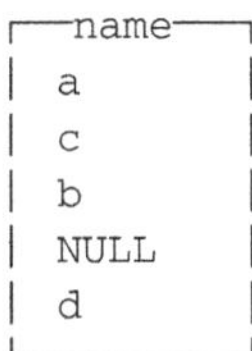

```
┌─name─┐
│ a    │
│ c    │
│ b    │
│ NULL │
│ d    │
└──────┘
```

接着再反转顺序，以倒序查询：

```
SELECT DISTINCT name FROM query_v5 ORDER BY v1 DESC
```

```
┌─name─┐
│ d    │
│ NULL │
│ b    │
│ c    │
│ a    │
└──────┘
```

从两组查询结果中能够明显看出，执行逻辑是先 DISTINCT 后 ORDER BY。对于 NULL 值而言，DISTINCT 也遵循着 NULL=NULL 的语义，所有的 NULL 值都会归为一组。

9.14 UNION ALL 子句

UNION ALL 子句能够联合左右两边的两组子查询，将结果一并返回。在一次查询中，可以声明多次 UNION ALL 以便联合多组查询，但 UNION ALL 不能直接使用其他子句（例如 ORDER BY、LIMIT 等），这些子句只能在它联合的子查询中使用。下面用一组示例说明它的用法。首先准备用于测试的数据表以及测试数据：

```
CREATE TABLE union_v1
(
    name String,
    v1 UInt8
) ENGINE = Log
INSERT INTO union_v1 VALUES('apple',1),('cherry',2),('banana',3)

CREATE TABLE union_v2
(
    title Nullable(String),
    v1 Float32
) ENGINE = Log
INSERT INTO union_v2 VALUES('apple',20),
(null,4.5),('orange',1.1),('pear',2.0),('lemon',3.54)
```

现在执行联合查询：

```
SELECT name,v1 FROM union_v1
UNION ALL
SELECT title,v1 FROM union_v2
```

在上述查询中，对于 UNION ALL 两侧的子查询能够得到几点信息：首先，列字段的数量必须相同；其次，列字段的数据类型必须相同或相兼容；最后，列字段的名称可以不同，查询结果中的列名会以左边的子查询为准。

对于联合查询还有一点要说明，目前 ClickHouse 只支持 UNION ALL 子句，如果想得到 UNION DISTINCT 子句的效果，可以使用嵌套查询来变相实现，例如：

```
SELECT DISTINCT name FROM
(
SELECT name,v1 FROM union_v1
```

```
UNION ALL
SELECT title,v1 FROM union_v2
)
```

9.15 查看 SQL 执行计划

ClickHouse 目前并没有直接提供 EXPLAIN 查询，但是借助后台的服务日志，能变相实现该功能。例如，执行下面的语句，就能看到 SQL 的执行计划：

```
clickhouse-client -h ch7.nauu.com --send_logs_level=trace <<< 'SELECT * FROM
    hits_v1' > /dev/null
```

假设数据表 hits_v1 的关键属性如下所示：

```
CREATE TABLE hits_v1 (
    WatchID UInt64,
    EventDate DATE,
    CounterID UInt32,
...
)ENGINE = MergeTree()
PARTITION BY toYYYYMM(EventDate)
ORDER BY CounterID
SETTINGS index_granularity = 8192
```

其中，分区键是 EventDate，主键是 CounterID。在写入测试数据后，这张表的数据约 900 万行：

```
SELECT COUNT(*) FROM hits_v1
┌─COUNT()─┐
│ 8873910 │
└─────────┘
1 rows in set. Elapsed: 0.010 sec.
```

另外，测试数据还拥有 12 个分区：

```
SELECT partition_id ,name FROM 'system'.parts WHERE 'table' = 'hits_v1' AND
    active = 1
┌─partition_id─┬─name──────────────┐
│ 201403       │ 201403_1_7_1      │
│ 201403       │ 201403_8_13_1     │
│ 201403       │ 201403_14_19_1    │
│ 201403       │ 201403_20_25_1    │
│ 201403       │ 201403_26_26_0    │
│ 201403       │ 201403_27_27_0    │
│ 201403       │ 201403_28_28_0    │
│ 201403       │ 201403_29_29_0    │
│ 201403       │ 201403_30_30_0    │
│ 201405       │ 201405_31_40_2    │
│ 201405       │ 201405_41_41_0    │
│ 201406       │ 201406_42_42_0    │
└──────────────┴───────────────────┘
12 rows in set. Elapsed: 0.008 sec.
```

因为数据刚刚写入完毕，所以名为201403的分区目前有8个，该阶段还没有将其最终合并成1个。

1. 全字段、全表扫描

首先，执行SELECT * FROM hits_v进行全字段、全表扫描，具体语句如下：

```
[root@ch7 ~]# clickhouse-client  -h ch7.nauu.com --send_logs_level=trace <<<
    'SELECT * FROM hits_v1' > /dev/null
[ch7.nauu.com] 2020.03.24 21:17:18.197960 {910ebccd-6af9-4a3e-82f4-d2291686e319}
    [ 45 ] <Debug> executeQuery: (from 10.37.129.15:47198) SELECT * FROM hits_v1
[ch7.nauu.com] 2020.03.24 21:17:18.200324 {910ebccd-6af9-4a3e-82f4-d2291686e319}
    [ 45 ] <Debug> default.hits_v1 (SelectExecutor): Key condition: unknown
[ch7.nauu.com] 2020.03.24 21:17:18.200350 {910ebccd-6af9-4a3e-82f4-d2291686e319}
    [ 45 ] <Debug> default.hits_v1 (SelectExecutor): MinMax index condition: unknown
[ch7.nauu.com] 2020.03.24 21:17:18.200453 {910ebccd-6af9-4a3e-82f4-d2291686e319}
    [ 45 ] <Debug> default.hits_v1 (SelectExecutor): Selected 12 parts by date,
    12 parts by key, 1098 marks to read from 12 ranges
[ch7.nauu.com] 2020.03.24 21:17:18.205865 {910ebccd-6af9-4a3e-82f4-d2291686e319}
    [ 45 ] <Trace> default.hits_v1 (SelectExecutor): Reading approx. 8917216 rows
    with 2 streams
[ch7.nauu.com] 2020.03.24 21:17:18.206333 {910ebccd-6af9-4a3e-82f4-d2291686e319}
    [ 45 ] <Trace> InterpreterSelectQuery: FetchColumns -> Complete
[ch7.nauu.com] 2020.03.24 21:17:18.207143 {910ebccd-6af9-4a3e-82f4-d2291686e319}
    [ 45 ] <Debug> executeQuery: Query pipeline:
Union
    Expression × 2
        Expression
            MergeTreeThread

[ch7.nauu.com] 2020.03.24 21:17:46.460028 {910ebccd-6af9-4a3e-82f4-d2291686e319}
    [ 45 ] <Trace> UnionBlockInputStream: Waiting for threads to finish
[ch7.nauu.com] 2020.03.24 21:17:46.463029 {910ebccd-6af9-4a3e-82f4-d2291686e319}
    [ 45 ] <Trace> UnionBlockInputStream: Waited for threads to finish
[ch7.nauu.com] 2020.03.24 21:17:46.466535 {910ebccd-6af9-4a3e-82f4-d2291686e319}
    [ 45 ] <Information> executeQuery: Read 8873910 rows, 8.50 GiB in 28.267 sec.,
    313928 rows/sec., 308.01 MiB/sec.
[ch7.nauu.com] 2020.03.24 21:17:46.466603 {910ebccd-6af9-4a3e-82f4-d2291686e319}
    [ 45 ] <Debug> MemoryTracker: Peak memory usage (for query): 340.03 MiB.
```

现在我们分析一下，从上述日志中能够得到什么信息。日志中打印了该SQL的执行计划：

```
Union
    Expression × 2
        Expression
            MergeTreeThread
```

这条查询语句使用了2个线程执行，并最终通过Union合并了结果集。

该查询语句没有使用主键索引，具体如下：

```
Key condition: unknown
```

该查询语句没有使用分区索引，具体如下：

```
MinMax index condition: unknown
```

该查询语句共扫描了12个分区目录，共计1098个MarkRange，具体如下：

```
Selected 12 parts by date, 12 parts by key, 1098 marks to read from 12 ranges
```

该查询语句总共读取了8 873 910行数据（全表），共8.50 GB，具体如下：

```
Read 8873910 rows, 8.50 GiB in 28.267 sec., 313928 rows/sec., 308.01 MiB/sec.
```

该查询语句消耗内存最大时为340 MB：

```
 MemoryTracker: Peak memory usage (for query): 340.03 MiB.
```

接下来尝试优化这条查询语句。

2. 单个字段、全表扫描

首先，还是全表扫描，但只访问1个字段：

```
SELECT WatchID FROM hits_v,
```

执行下面的语句：

```
clickhouse-client -h ch7.nauu.com --send_logs_level=trace <<< 'SELECT WatchID
    FROM hits_v1' > /dev/null
```

再次观察执行日志，会发现该查询语句仍然会扫描所有的12个分区，并读取8873910行数据，但结果集大小由之前的8.50 GB降低到了现在的67.70 MB：

```
Read 8873910 rows, 67.70 MiB in 0.195 sec., 45505217 rows/sec., 347.18 MiB/sec.
```

内存的峰值消耗也从先前的340 MB降低为现在的17.56 MB：

```
McmoryTracker: Peak memory usage (for query): 17.56 MiB.
```

3. 使用分区索引

继续修改SQL语句，增加WHERE子句，并将分区字段EventDate作为查询条件：

```
SELECT WatchID FROM hits_v1 WHERE EventDate = '2014-03-17',
```

执行下面的语句：

```
clickhouse-client -h ch7.nauu.com --send_logs_level=trace <<< "SELECT WatchID
    FROM hits_v1 WHERE EventDate = '2014-03-17'" > /dev/null
```

这一次会看到执行日志发生了一些变化。首先，WHERE子句被自动优化成了PREWHERE

子句：

```
InterpreterSelectQuery: MergeTreeWhereOptimizer: condition "EventDate = '2014-03-
    17'" moved to PREWHERE
```

其次，分区索引被启动了：

```
MinMax index condition: (column 0 in [16146, 16146])
```

借助分区索引，这次查询只需要扫描9个分区目录，剪枝了3个分区：

```
Selected 9 parts by date, 9 parts by key, 1095 marks to read from 9 ranges
```

由于仍然没有启用主键索引，所以该查询仍然需要扫描9个分区内，即所有的1095个MarkRange。所以，最终需要读取到内存的预估数据量为8892640行：

```
Reading approx. 8892640 rows with 2 streams
```

4. 使用主键索引

继续修改SQL语句，在WHERE子句中增加主键字段CounterID的过滤条件：

```
SELECT WatchID FROM hits_v1 WHERE EventDate = '2014-03-17'
AND CounterID = 67141
```

执行下面的语句：

```
clickhouse-client -h ch7.nauu.com --send_logs_level=trace <<< "SELECT WatchID
    FROM hits_v1 WHERE EventDate = '2014-03-17' AND CounterID = 67141 " > /dev/
    null
```

再次观察日志，会发现在上次的基础上主键索引也被启动了：

```
Key condition: (column 0 in [67141, 67141])
```

由于启用了主键索引，所以需要扫描的MarkRange由1095个降到了8个：

```
Selected 9 parts by date, 8 parts by key, 8 marks to read from 8 ranges
```

现在最终需要读取到内存的预估数据量只有65536行（8192 * 8）：

```
Reading approx. 65536 rows with 2 streams
```

好了，现在总结一下：

（1）通过将ClickHouse服务日志设置到DEBUG或者TRACE级别，可以变相实现EXPLAIN查询，以分析SQL的执行日志。

（2）需要真正执行了SQL查询，CH才能打印计划日志，所以如果表的数据量很大，最好借助LIMIT子句以减小查询返回的数据量。

（3）在日志中，分区过滤信息部分如下所示：

```
Selected xxx parts by date,
```

其中 by date 是固定的，无论我们的分区键是什么字段，这里都不会变。这是由于在早期版本中，MergeTree 分区键只支持日期字段。

（4）不要使用 SELECT * 全字段查询。

（5）尽可能利用各种索引（分区索引、一级索引、二级索引），这样可避免全表扫描。

9.16 本章小结

本章按照 ClickHouse 对 SQL 大致的解析顺序，依次介绍了各种查询子句的用法。包括用于简化 SQL 写法的 WITH 子句、用于数据采样的 SAMPLE 子句、能够优化查询的 PREWHERE 子句以及常用的 JOIN 和 GROUP BY 子句等。但是到目前为止，我们还是只介绍了 ClickHouse 的本地查询部分，当面对海量数据的时候，单节点服务是不足以支撑的，所以下一章将进一步介绍与 ClickHouse 分布式相关的知识。

Chapter 10 第 10 章

副本与分片

纵使单节点性能再强，也会有遇到瓶颈的那一天。业务量的持续增长、服务器的意外故障，都是 ClickHouse 需要面对的洪水猛兽。常言道，“一个篱笆三个桩，一个好汉三个帮”，而集群、副本与分片，就是 ClickHouse 的三个“桩”和三个“帮手”。

10.1 概述

集群是副本和分片的基础，它将 ClickHouse 的服务拓扑由单节点延伸到多个节点，但它并不像 Hadoop 生态的某些系统那样，要求所有节点组成一个单一的大集群。ClickHouse 的集群配置非常灵活，用户既可以将所有节点组成一个单一集群，也可以按照业务的诉求，把节点划分为多个小的集群。在每个小的集群区域之间，它们的节点、分区和副本数量可以各不相同，如图 10-1 所示。

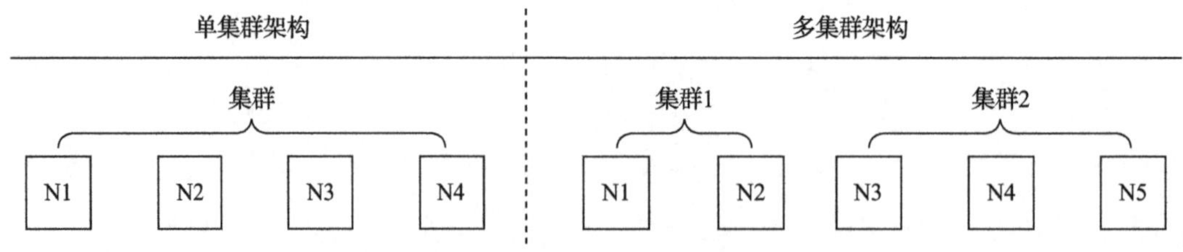

图 10-1 单集群和多集群的示意图

从作用来看，ClickHouse 集群的工作更多是针对逻辑层面的。集群定义了多个节点的拓扑关系，这些节点在后续服务过程中可能会协同工作，而执行层面的具体工作则交给了副本和分片来执行。

副本和分片这对双胞胎兄弟，有时候看起来泾渭分明，有时候又让人分辨不清。这里有两种区分的方法。一种是从数据层面区分，假设 ClickHouse 的 *N* 个节点组成了一个集群，在集群的各个节点上，都有一张结构相同的数据表 Y。如果 N1 的 Y 和 N2 的 Y 中的数据完全不同，则 N1 和 N2 互为分片；如果它们的数据完全相同，则它们互为副本。换言之，分片之间的数据是不同的，而副本之间的数据是完全相同的。所以抛开表引擎的不同，单纯从数据层面来看，副本和分片有时候只有一线之隔。

另一种是从功能作用层面区分，使用副本的主要目的是防止数据丢失，增加数据存储的冗余；而使用分片的主要目的是实现数据的水平切分，如图 10-2 所示。

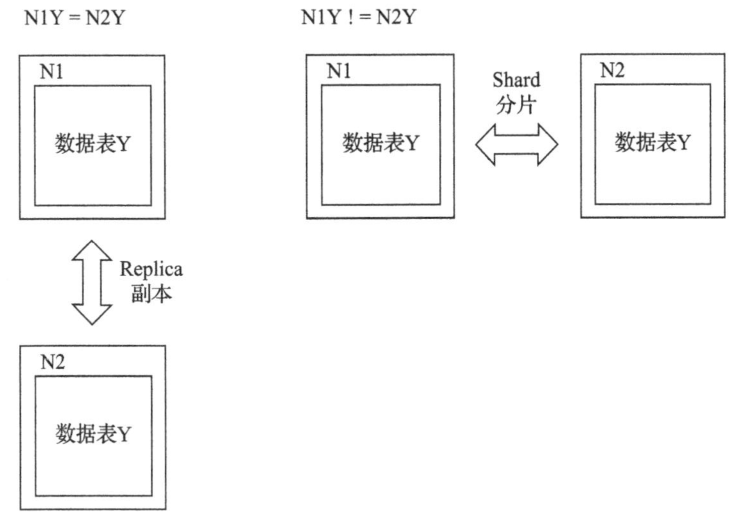

图 10-2　区分副本和分片的示意图

本章接下来会按照由易到难的方式介绍副本、分片和集群的使用方法。从数据表的初始形态 1 分片、0 副本开始介绍；接着介绍如何为它添加副本，从而形成 1 分片、1 副本的状态；再介绍如何引入分片，将其转换为多分片、1 副本的形态（多副本的形态以此类推），如图 10-3 所示。

这种形态的变化过程像极了企业内的业务发展过程。在业务初期，我们从单张数据表开始；在业务上线之后，可能会为它增加副本，以保证数据的安全，或者希望进行读写分离；随着业务量的发展，单张数据表可能会遇到瓶颈，此时会进一步为它增加分片，从而实现数据的水平切分。在接下来的示例中，也会遵循这样的演示路径进行说明。

10.2　数据副本

不知大家是否还记得，在介绍 MergeTree 的时候，曾经讲过它的命名规则。如果在 *MergeTree 的前面增加 Replicated 的前缀，则能够组合成一个新的变种引擎，即 ReplicatedMergeTree 复制表，如图 10-4 所示。

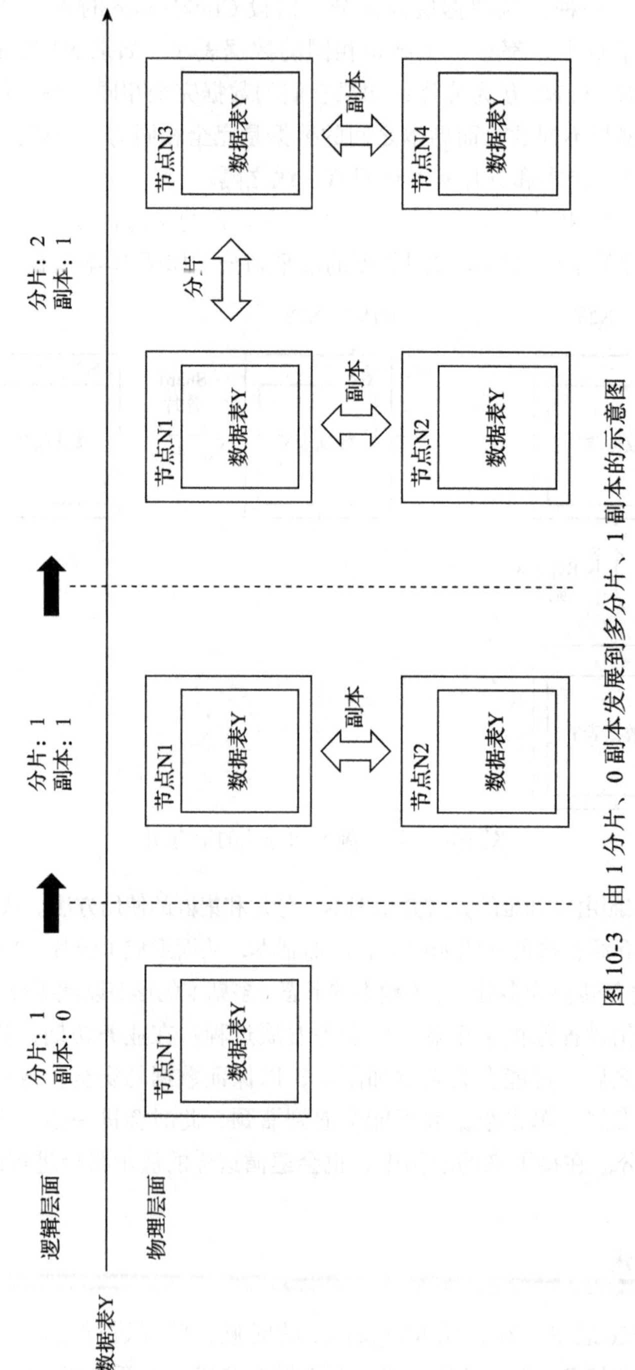

图 10-3 由 1 分片、0 副本发展到多分片、1 副本的示意图

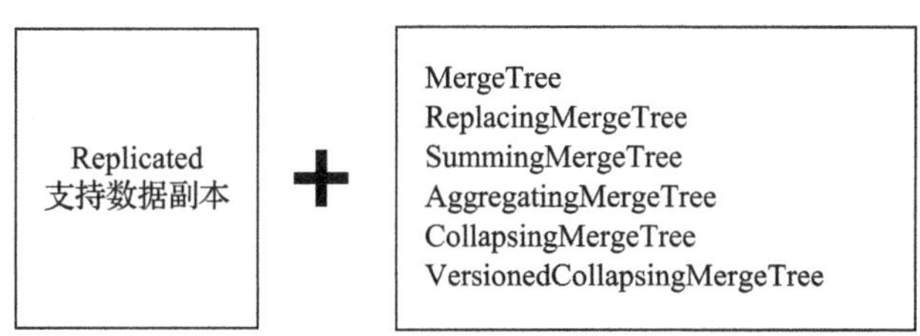

图 10-4 ReplicatedMergeTree 系列表引擎的命名规则示意图

换言之，只有使用了 ReplicatedMergeTree 复制表系列引擎，才能应用副本的能力（后面会介绍另一种副本的实现方式）。或者用一种更为直接的方式理解，即使用 ReplicatedMergeTree 的数据表就是副本。

ReplicatedMergeTree 是 MergeTree 的派生引擎，它在 MergeTree 的基础上加入了分布式协同的能力，如图 10-5 所示。

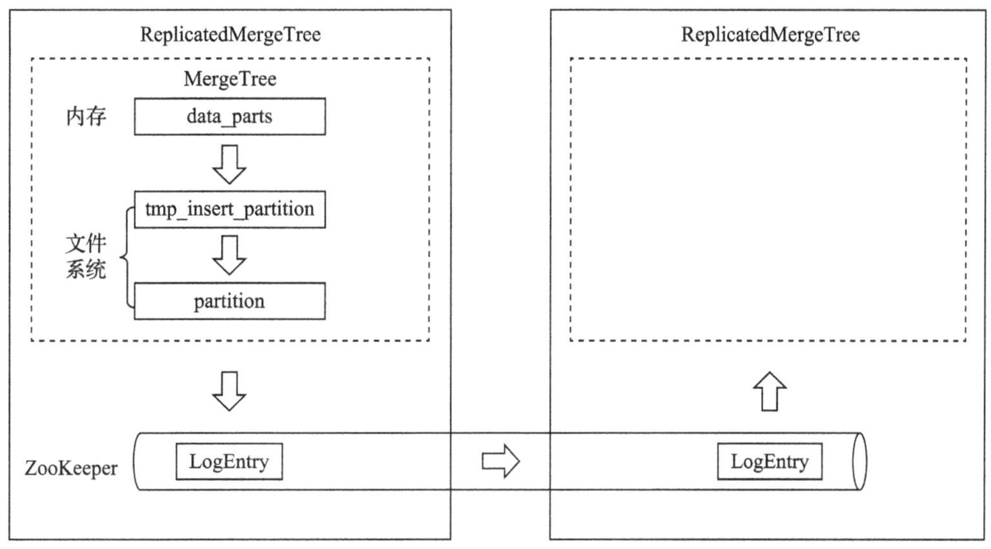

图 10-5 ReplicatedMergeTree 与 MergeTree 的逻辑关系示意

在 MergeTree 中，一个数据分区由开始创建到全部完成，会历经两类存储区域。

（1）内存：数据首先会被写入内存缓冲区。

（2）本地磁盘：数据接着会被写入 tmp 临时目录分区，待全部完成后再将临时目录重命名为正式分区。

ReplicatedMergeTree 在上述基础之上增加了 ZooKeeper 的部分，它会进一步在 ZooKeeper 内创建一系列的监听节点，并以此实现多个实例之间的通信。在整个通信过程中，ZooKeeper 并不会涉及表数据的传输。

10.2.1 副本的特点

作为数据副本的主要实现载体，ReplicatedMergeTree在设计上有一些显著特点。

- 依赖ZooKeeper：在执行INSERT和ALTER查询的时候，ReplicatedMergeTree需要借助ZooKeeper的分布式协同能力，以实现多个副本之间的同步。但是在查询副本的时候，并不需要使用ZooKeeper。关于这方面的更多信息，会在稍后详细介绍。
- 表级别的副本：副本是在表级别定义的，所以每张表的副本配置都可以按照它的实际需求进行个性化定义，包括副本的数量，以及副本在集群内的分布位置等。
- 多主架构（Multi Master）：可以在任意一个副本上执行INSERT和ALTER查询，它们的效果是相同的。这些操作会借助ZooKeeper的协同能力被分发至每个副本以本地形式执行。
- Block数据块：在执行INSERT命令写入数据时，会依据max_insert_block_size的大小（默认1048576行）将数据切分成若干个Block数据块。所以Block数据块是数据写入的基本单元，并且具有写入的原子性和唯一性。
- 原子性：在数据写入时，一个Block块内的数据要么全部写入成功，要么全部失败。
- 唯一性：在写入一个Block数据块的时候，会按照当前Block数据块的数据顺序、数据行和数据大小等指标，计算Hash信息摘要并记录在案。在此之后，如果某个待写入的Block数据块与先前已被写入的Block数据块拥有相同的Hash摘要（Block数据块内数据顺序、数据大小和数据行均相同），则该Block数据块会被忽略。这项设计可以预防由异常原因引起的Block数据块重复写入的问题。

如果只是单纯地看这些特点的说明，可能不够直观。没关系，接下来会逐步展开，并附带一系列具体的示例。

10.2.2 ZooKeeper的配置方式

在正式开始之前，还需要做一些准备工作，那就是安装并配置ZooKeeper，因为ReplicatedMergeTree必须对接到它才能工作。关于ZooKeeper的安装，此处不再赘述，使用3.4.5及以上版本均可。这里着重讲解如何在ClickHouse中增加ZooKeeper的配置。

ClickHouse使用一组zookeeper标签定义相关配置，默认情况下，在全局配置config.xml中定义即可。但是各个副本所使用的Zookeeper配置通常是相同的，为了便于在多个节点之间复制配置文件，更常见的做法是将这一部分配置抽离出来，独立使用一个文件保存。

首先，在服务器的/etc/clickhouse-server/config.d目录下创建一个名为metrika.xml的配置文件：

```
<?xml version="1.0"?>
```

```
<yandex>
    <zookeeper-servers> <!—ZooKeeper配置，名称自定义 -->
      <node index="1"> <!—节点配置，可以配置多个地址-->
         <host>hdp1.nauu.com</host>
         <port>2181</port>
      </node>
   </zookeeper-servers>
</yandex>
```

接着，在全局配置 config.xml 中使用 <include_from> 标签导入刚才定义的配置：

```
<include_from>/etc/clickhouse-server/config.d/metrika.xml</include_from>
```

并引用 ZooKeeper 配置的定义：

```
<zookeeper incl="zookeeper-servers" optional="false" />
```

其中，incl 与 metrika.xml 配置文件内的节点名称要彼此对应。至此，整个配置过程就完成了。

ClickHouse 在它的系统表中，颇为贴心地提供了一张名为 zookeeper 的代理表。通过这张表，可以使用 SQL 查询的方式读取远端 ZooKeeper 内的数据。有一点需要注意，在用于查询的 SQL 语句中，必须指定 path 条件，例如查询根路径：

```
SELECT * FROM system.zookeeper where path = '/'
┌─name─────────────────┬─value─┬─czxid─┐
│ dolphinscheduler     │       │  2627 │
│ clickhouse           │       │ 92875 │
└──────────────────────┴───────┴───────┘
```

进一步查询 clickhouse 目录：

```
SELECT name, value, czxid, mzxid FROM system.zookeeper where path = '/clickhouse'
┌─name──────────┬─value─┬──czxid─┬──mzxid─┐
│ tables        │       │ 134107 │ 134107 │
│ task_queue    │       │  92876 │  92876 │
└───────────────┴───────┴────────┴────────┘
```

10.2.3 副本的定义形式

正如前文所言，使用副本的好处甚多。首先，由于增加了数据的冗余存储，所以降低了数据丢失的风险；其次，由于副本采用了多主架构，所以每个副本实例都可以作为数据读、写的入口，这无疑分摊了节点的负载。

在使用副本时，不需要依赖任何集群配置（关于集群配置，在后续小节会详细介绍），ReplicatedMergeTree 结合 ZooKeeper 就能完成全部工作。

ReplicatedMergeTree 的定义方式如下：

```
ENGINE = ReplicatedMergeTree('zk_path', 'replica_name')
```

在上述配置项中，有 zk_path 和 replica_name 两项配置，首先介绍 zk_path 的作用。

zk_path 用于指定在 ZooKeeper 中创建的数据表的路径，路径名称是自定义的，并没有固定规则，用户可以设置成自己希望的任何路径。即便如此，ClickHouse 还是提供了一些约定俗成的配置模板以供参考，例如：

```
/clickhouse/tables/{shard}/table_name
```

其中：

- /clickhouse/tables/ 是约定俗成的路径固定前缀，表示存放数据表的根路径。
- {shard} 表示分片编号，通常用数值替代，例如 01、02、03。一张数据表可以有多个分片，而每个分片都拥有自己的副本。
- table_name 表示数据表的名称，为了方便维护，通常与物理表的名字相同（虽然 ClickHouse 并不强制要求路径中的表名称和物理表名相同）；而 replica_name 的作用是定义在 ZooKeeper 中创建的副本名称，该名称是区分不同副本实例的唯一标识。一种约定成俗的命名方式是使用所在服务器的域名称。

对于 zk_path 而言，同一张数据表的同一个分片的不同副本，应该定义相同的路径；而对于 replica_name 而言，同一张数据表的同一个分片的不同副本，应该定义不同的名称。

是不是有些绕口呢？下面列举几个示例。

1 个分片、1 个副本的情形：

```
//1分片，1副本. zk_path相同，replica_name不同
ReplicatedMergeTree('/clickhouse/tables/01/test_1, 'ch5.nauu.com')
ReplicatedMergeTree('/clickhouse/tables/01/test_1, 'ch6.nauu.com')
```

多个分片、1 个副本的情形：

```
//分片1
//2分片，1副本. zk_path相同，其中{shard}=01, replica_name不同
ReplicatedMergeTree('/clickhouse/tables/01/test_1, 'ch5.nauu.com')
ReplicatedMergeTree('/clickhouse/tables/01/test_1, 'ch6.nauu.com')
//分片2
//2分片，1副本. zk_path相同，其中{shard}=02, replica_name不同
ReplicatedMergeTree('/clickhouse/tables/02/test_1, 'ch7.nauu.com')
ReplicatedMergeTree('/clickhouse/tables/02/test_1, 'ch8.nauu.com')
```

10.3 ReplicatedMergeTree 原理解析

ReplicatedMergeTree 作为复制表系列的基础表引擎，涵盖了数据副本最为核心的逻辑，将它拿来作为副本的研究标本是最合适不过了。因为只要剖析了 ReplicatedMergeTree 的核心原理，就能掌握整个 ReplicatedMergeTree 系列表引擎的使用方法。

10.3.1 数据结构

在 ReplicatedMergeTree 的核心逻辑中，大量运用了 ZooKeeper 的能力，以实现多个 ReplicatedMergeTree 副本实例之间的协同，包括主副本选举、副本状态感知、操作日志分发、任务队列和 BlockID 去重判断等。在执行 INSERT 数据写入、MERGE 分区和 MUTATION 操作的时候，都会涉及与 ZooKeeper 的通信。但是在通信的过程中，并不会涉及任何表数据的传输，在查询数据的时候也不会访问 ZooKeeper，所以不必过于担心 ZooKeeper 的承载压力。

因为 ZooKeeper 对 ReplicatedMergeTree 非常重要，所以下面首先从它的数据结构开始介绍。

1. ZooKeeper 内的节点结构

ReplicatedMergeTree 需要依靠 ZooKeeper 的事件监听机制以实现各个副本之间的协同。所以，在每张 ReplicatedMergeTree 表的创建过程中，它会以 zk_path 为根路径，在 ZooKeeper 中为这张表创建一组监听节点。按照作用的不同，监听节点可以大致分成如下几类：

（1）元数据：

- /metadata：保存元数据信息，包括主键、分区键、采样表达式等。
- /columns：保存列字段信息，包括列名称和数据类型。
- /replicas：保存副本名称，对应设置参数中的 replica_name。

（2）判断标识：

- /leader_election：用于主副本的选举工作，主副本会主导 MERGE 和 MUTATION 操作（ALTER DELETE 和 ALTER UPDATE）。这些任务在主副本完成之后再借助 ZooKeeper 将消息事件分发至其他副本。
- /blocks：记录 Block 数据块的 Hash 信息摘要，以及对应的 partition_id。通过 Hash 摘要能够判断 Block 数据块是否重复；通过 partition_id，则能够找到需要同步的数据分区。
- /block_numbers：按照分区的写入顺序，以相同的顺序记录 partition_id。各个副本在本地进行 MERGE 时，都会依照相同的 block_numbers 顺序进行。
- /quorum：记录 quorum 的数量，当至少有 quorum 数量的副本写入成功后，整个写操作才算成功。quorum 的数量由 insert_quorum 参数控制，默认值为 0。

（3）操作日志：

- /log：常规操作日志节点（INSERT、MERGE 和 DROP PARTITION），它是整个工作机制中最为重要的一环，保存了副本需要执行的任务指令。log 使用了 ZooKeeper 的持久顺序型节点，每条指令的名称以 log- 为前缀递增，例如 log-0000000000、log-0000000001 等。每一个副本实例都会监听 /log 节点，当有新的指令加入时，它们会把指令加入副本各自的任务队列，并执行任务。关于这方面的执行逻辑，稍后会进一步展开。

- /mutations：MUTATION 操作日志节点，作用与 log 日志类似，当执行 ALER DELETE 和 ALER UPDATE 查询时，操作指令会被添加到这个节点。mutations 同样使用了 ZooKeeper 的持久顺序型节点，但是它的命名没有前缀，每条指令直接以递增数字的形式保存，例如 0000000000、0000000001 等。关于这方面的执行逻辑，同样稍后展开。
- /replicas/{replica_name}/*：每个副本各自的节点下的一组监听节点，用于指导副本在本地执行具体的任务指令，其中较为重要的节点有如下几个：
  - /queue：任务队列节点，用于执行具体的操作任务。当副本从 /log 或 /mutations 节点监听到操作指令时，会将执行任务添加至该节点下，并基于队列执行。
  - /log_pointer：log 日志指针节点，记录了最后一次执行的 log 日志下标信息，例如 log_pointer：4 对应了 /log/log-0000000003（从 0 开始计数）。
  - /mutation_pointer：mutations 日志指针节点，记录了最后一次执行的 mutations 日志名称，例如 mutation_pointer：0000000000 对应了 /mutations/000000000。

2. Entry 日志对象的数据结构

从上一小节的介绍中能够得知，ReplicatedMergeTree 在 ZooKeeper 中有两组非常重要的父节点，那就是 /log 和 /mutations。它们的作用犹如一座通信塔，是分发操作指令的信息通道，而发送指令的方式，则是为这些父节点添加子节点。所有的副本实例，都会监听父节点的变化，当有子节点被添加时，它们能实时感知。

这些被添加的子节点在 ClickHouse 中被统一抽象为 Entry 对象，而具体实现则由 LogEntry 和 MutationEntry 对象承载，分别对应 /log 和 /mutations 节点。

1）LogEntry

LogEntry 用于封装 /log 的子节点信息，它拥有如下几个核心属性：

- source replica：发送这条 Log 指令的副本来源，对应 replica_name。
- type：操作指令类型，主要有 get、merge 和 mutate 三种，分别对应从远程副本下载分区、合并分区和 MUTATION 操作。
- block_id：当前分区的 BlockID，对应 /blocks 路径下子节点的名称。
- partition_name：当前分区目录的名称。

2）MutationEntry

MutationEntry 用于封装 /mutations 的子节点信息，它同样拥有如下几个核心属性：

- source replica：发送这条 MUTATION 指令的副本来源，对应 replica_name。
- commands：操作指令，主要有 ALTER DELETE 和 ALTER UPDATE。
- mutation_id：MUTATION 操作的版本号。
- partition_id：当前分区目录的 ID。

以上就是 Entry 日志对象的数据结构信息，在接下来将要介绍的核心流程中，将会看到它们的身影。

10.3.2 副本协同的核心流程

副本协同的核心流程主要有 INSERT、MERGE、MUTATION 和 ALTER 四种，分别对应了数据写入、分区合并、数据修改和元数据修改。INSERT 和 ALTER 查询是分布式执行的。借助 ZooKeeper 的事件通知机制，多个副本之间会自动进行有效协同，但是它们不会使用 ZooKeeper 存储任何分区数据。而其他查询并不支持分布式执行，包括 SELECT、CREATE、DROP、RENAME 和 ATTACH。例如，为了创建多个副本，我们需要分别登录每个 ClickHouse 节点，在它们本地执行各自的 CREATE 语句（后面将会介绍如何利用集群配置简化这一操作）。接下来，会依次介绍上述流程的工作机理。为了便于理解，我先来整体认识一下各个流程的介绍方法。

首先，拟定一个演示场景，即使用 ReplicatedMergeTree 实现一张拥有 1 分片、1 副本的数据表，并以此来贯穿整个讲解过程（对于大于 1 个副本的场景，流程以此类推）。

接着，通过对 ReplicatedMergeTree 分别执行 INSERT、MERGE、MUTATION 和 ALTER 操作，以此来讲解相应的工作原理。与此同时，通过实际案例，论证工作原理。

1. INSERT 的核心执行流程

当需要在 ReplicatedMergeTree 中执行 INSERT 查询以写入数据时，即会进入 INSERT 核心流程，其整体示意如图 10-6 所示。

整个流程从上至下按照时间顺序进行，其大致可分成 8 个步骤。现在，根据图 10-6 所示编号讲解整个过程。

1）创建第一个副本实例

假设首先从 CH5 节点开始，对 CH5 节点执行下面的语句后，会创建第一个副本实例：

```
CREATE TABLE replicated_sales_1(
    id String,
    price Float64,
    create_time DateTime
) ENGINE =  ReplicatedMergeTree('/clickhouse/tables/01/replicated_sales_1','ch5.
    nauu.com')
PARTITION BY toYYYYMM(create_time)
ORDER BY id
```

在创建的过程中，ReplicatedMergeTree 会进行一些初始化操作，例如：

- 根据 zk_path 初始化所有的 ZooKeeper 节点。
- 在 /replicas/ 节点下注册自己的副本实例 ch5.nauu.com。
- 启动监听任务，监听 /log 日志节点。
- 参与副本选举，选举出主副本，选举的方式是向 /leader_election/ 插入子节点，第一个插入成功的副本就是主副本。

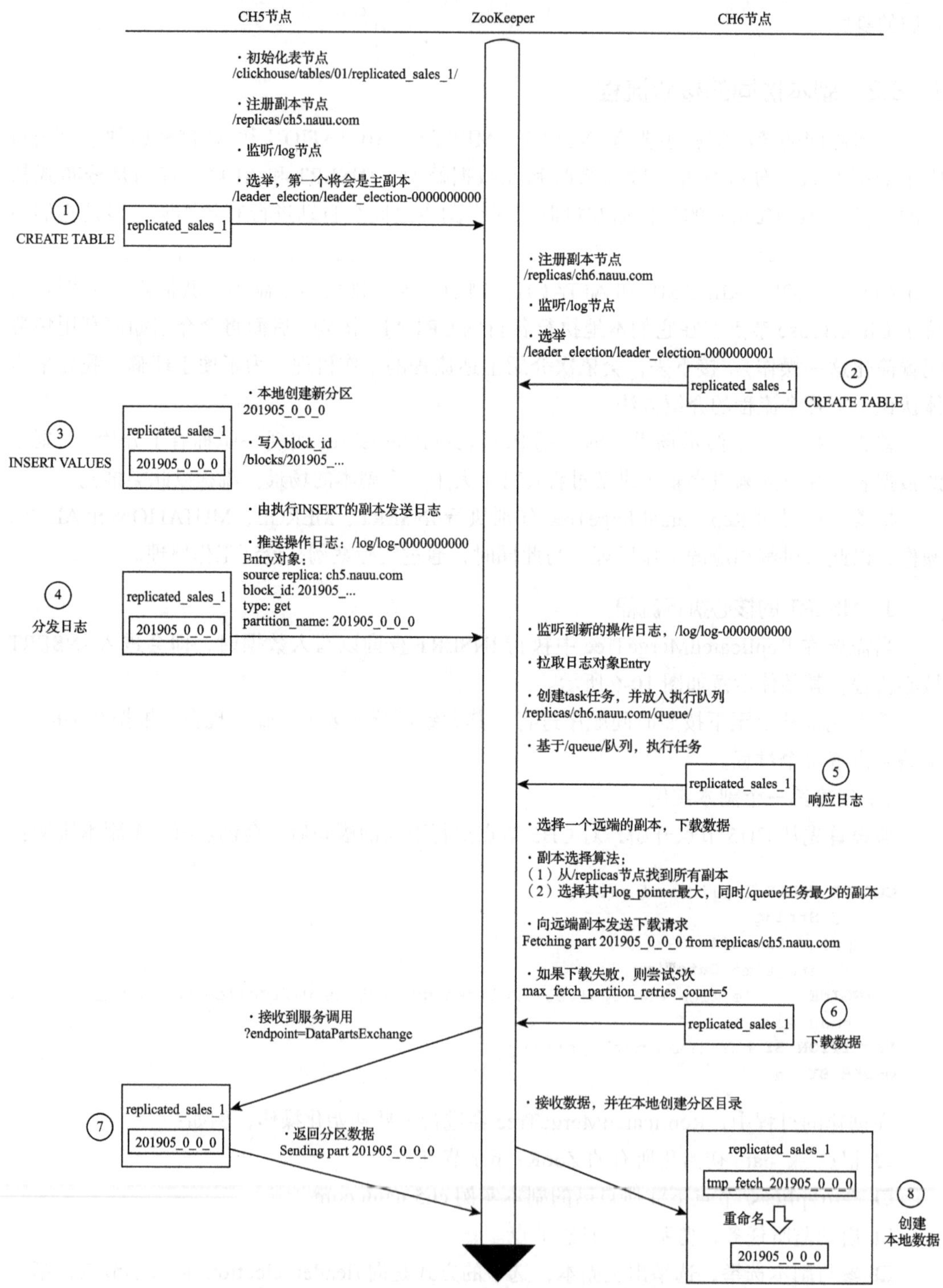

图 10-6 ReplicatedMergeTree 与其他副本协同的核心流程

2）创建第二个副本实例

接着，在 CH6 节点执行下面的语句，创建第二个副本实例。表结构和 zk_path 需要与第一个副本相同，而 replica_name 则需要设置成 CH6 的域名：

```
CREATE TABLE replicated_sales_1(
//相同结构
) ENGINE =  ReplicatedMergeTree('/clickhouse/tables/01/replicated_sales_1','ch6.
    nauu.com')
//相同结构
```

在创建过程中，第二个 ReplicatedMergeTree 同样会进行一些初始化操作，例如：

- 在 /replicas/ 节点下注册自己的副本实例 ch6.nauu.com。
- 启动监听任务，监听 /log 日志节点。
- 参与副本选举，选举出主副本。在这个例子中，CH5 副本成为主副本。

3）向第一个副本实例写入数据

现在尝试向第一个副本 CH5 写入数据。执行如下命令：

```
INSERT INTO TABLE replicated_sales_1 VALUES('A001',100,'2019-05-10 00:00:00')
```

上述命令执行之后，首先会在本地完成分区目录的写入：

```
Renaming temporary part tmp_insert_201905_1_1_0 to 201905_0_0_0
```

接着向 /blocks 节点写入该数据分区的 block_id：

```
Wrote block with ID '201905_2955817577822961065_12656761735954722499'
```

该 block_id 将作为后续去重操作的判断依据。如果此时再次执行刚才的 INSERT 语句，试图写入重复数据，则会出现如下提示：

```
Block with ID 201905_2955817577822961065_12656761735954722499 already exists;
    ignoring it.
```

即副本会自动忽略 block_id 重复的待写入数据。

此外，如果设置了 insert_quorum 参数（默认为 0），并且 insert_quorum>=2，则 CH5 会进一步监控已完成写入操作的副本个数，只有当写入副本个数大于或等于 insert_quorum 时，整个写入操作才算成功。

4）由第一个副本实例推送 Log 日志

在 3 步骤完成之后，会继续由执行了 INSERT 的副本向 /log 节点推送操作日志。在这个例子中，会由第一个副本 CH5 担此重任。日志的编号是 /log/log-0000000000，而 LogEntry 的核心属性如下：

```
/log/log-0000000000
 source replica: ch5.nauu.com
```

```
block_id:  201905_...
type :   get
partition_name :201905_0_0_0
```

从日志内容中可以看出，操作类型为get下载，而需要下载的分区是201905_0_0_0。其余所有副本都会基于Log日志以相同的顺序执行命令。

5）第二个副本实例拉取Log日志

CH6副本会一直监听/log节点变化，当CH5推送了/log/log-0000000000之后，CH6便会触发日志的拉取任务并更新log_pointer，将其指向最新日志下标：

```
/replicas/ch6.nauu.com/log_pointer : 0
```

在拉取了LogEntry之后，它并不会直接执行，而是将其转为任务对象放至队列：

```
/replicas/ch6.nauu.com/queue/
Pulling 1 entries to queue: log-0000000000 - log-0000000000
```

这是因为在复杂的情况下，考虑到在同一时段内，会连续收到许多个LogEntry，所以使用队列的形式消化任务是一种更为合理的设计。注意，拉取的LogEntry是一个区间，这同样也是因为可能会连续收到多个LogEntry。

6）第二个副本实例向其他副本发起下载请求

CH6基于/queue队列开始执行任务。当看到type类型为get的时候，ReplicatedMergeTree会明白此时在远端的其他副本中已经成功写入了数据分区，而自己需要同步这些数据。

CH6上的第二个副本实例会开始选择一个远端的其他副本作为数据的下载来源。远端副本的选择算法大致是这样的：

（1）从/replicas节点拿到所有的副本节点。

（2）遍历这些副本，选取其中一个。选取的副本需要拥有最大的log_pointer下标，并且/queue子节点数量最少。log_pointer下标最大，意味着该副本执行的日志最多，数据应该更加完整；而/queue最小，则意味着该副本目前的任务执行负担较小。

在这个例子中，算法选择的远端副本是CH5。于是，CH6副本向CH5发起了HTTP请求，希望下载分区201905_0_0_0：

```
Fetching part 201905_0_0_0 from replicas/ch5.nauu.com
Sending request to http://ch5.nauu.com:9009/?endpoint=DataPartsExchange
```

如果第一次下载请求失败，在默认情况下，CH6再尝试请求4次，一共会尝试5次（由max_fetch_partition_retries_count参数控制，默认为5）。

7）第一个副本实例响应数据下载

CH5的DataPartsExchange端口服务接收到调用请求，在得知对方来意之后，根据参数做出响应，将本地分区201905_0_0_0基于DataPartsExchang的服务响应发送回CH6：

```
Sending part 201905_0_0_0
```

8）第二个副本实例下载数据并完成本地写入

CH6 副本在收到 CH5 的分区数据后，首先将其写至临时目录：

```
tmp_fetch_201905_0_0_0
```

待全部数据接收完成之后，重命名该目录：

```
Renaming temporary part tmp_fetch_201905_0_0_0 to 201905_0_0_0
```

至此，整个写入流程结束。

可以看到，在 INSERT 的写入过程中，ZooKeeper 不会进行任何实质性的数据传输。本着谁执行谁负责的原则，在这个案例中由 CH5 首先在本地写入了分区数据。之后，也由这个副本负责发送 Log 日志，通知其他副本下载数据。如果设置了 insert_quorum 并且 insert_quorum>=2，则还会由该副本监控完成写入的副本数量。其他副本在接收到 Log 日志之后，会选择一个最合适的远端副本，点对点地下载分区数据。

2. MERGE 的核心执行流程

当 ReplicatedMergeTree 触发分区合并动作时，即会进入这个部分的流程，它的核心流程如图 10-7 所示。

无论 MERGE 操作从哪个副本发起，其合并计划都会交由主副本来制定。在 INSERT 的例子中，CH5 节点已经成功竞选为主副本，所以为了方便论证，这个案例就从 CH6 节点开始。整个流程从上至下按照时间顺序进行，其大致分成 5 个步骤。现在，根据图 10-7 中所示编号讲解整个过程。

1）创建远程连接，尝试与主副本通信

首先在 CH6 节点执行 OPTIMIZE，强制触发 MERGE 合并。这个时候，CH6 通过 /replicas 找到主副本 CH5，并尝试建立与它的远程连接。

```
optimize table replicated_sales_1
Connection (ch5.nauu.com:9000): Connecting. Database: default. User: default
```

2）主副本接收通信

主副本 CH5 接收并建立来自远端副本 CH6 的连接。

```
Connected ClickHouse Follower replica version 19.17.0, revision: 54428, database:
    default, user: default.
```

3）由主副本制定 MERGE 计划并推送 Log 日志

由主副本 CH5 制定 MERGE 计划，并判断哪些分区需要被合并。在选定之后，CH5 将合并计划转换为 Log 日志对象并推送 Log 日志，以通知所有副本开始合并。日志的核心信息如下：

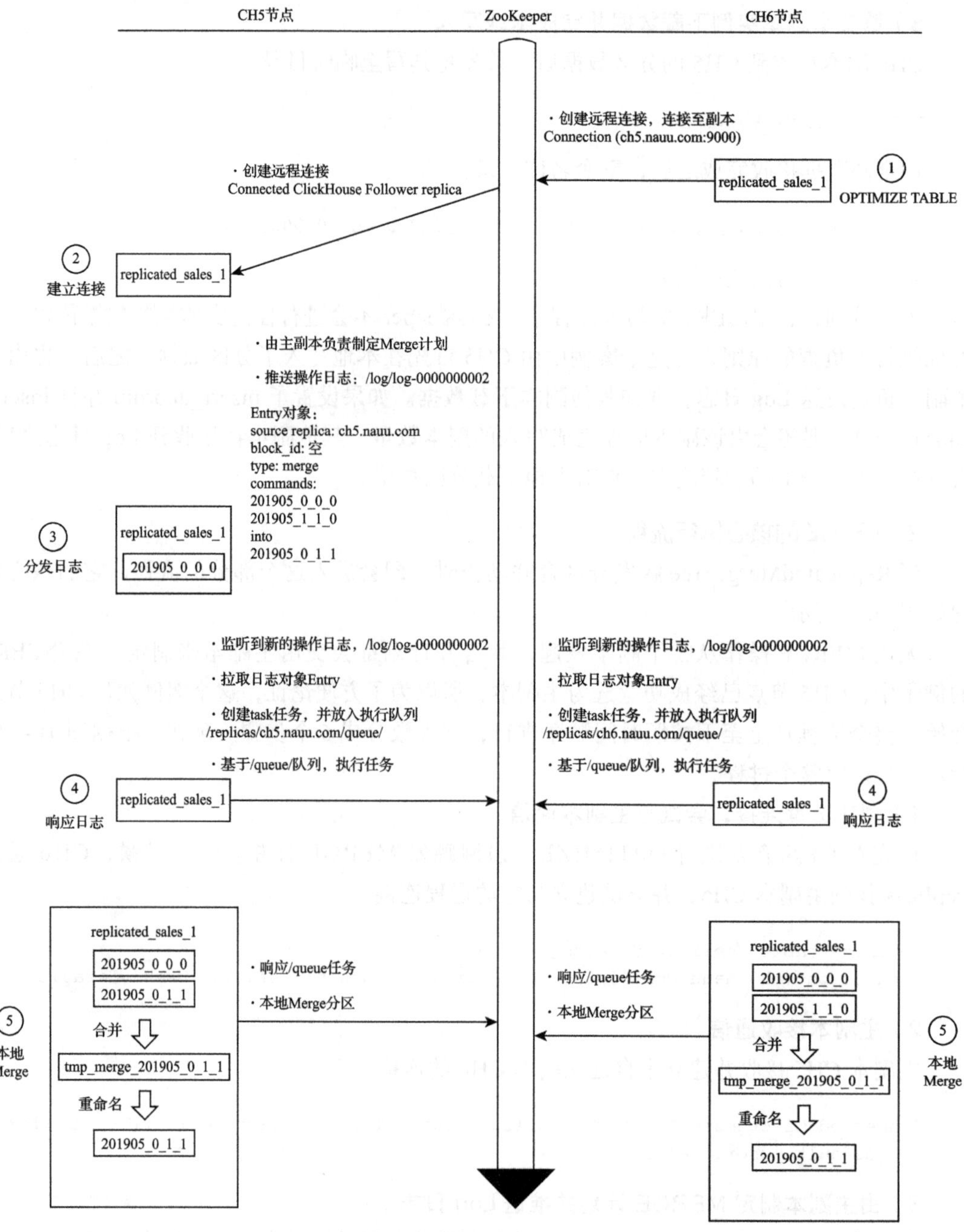

图 10-7 ReplicatedMergeTree 与其他副本协同的核心流程

```
/log/log-0000000002
 source replica: ch5.nauu.com
 block_id:
```

```
type :   merge
201905_0_0_0
201905_1_1_0
into
201905_0_1_1
```

从日志内容中可以看出，操作类型为 Merge 合并，而这次需要合并的分区目录是 201905_0_0_0 和 201905_1_1_0。

与此同时，主副本还会锁住执行线程，对日志的接收情况进行监听：

```
Waiting for queue-0000000002 to disappear from ch5.nauu.com queue
```

其监听行为由 replication_alter_partitions_sync 参数控制，默认值为 1。当此参数为 0 时，不做任何等待；为 1 时，只等待主副本自身完成；为 2 时，会等待所有副本拉取完成。

4）各个副本分别拉取 Log 日志

CH5 和 CH6 两个副本实例将分别监听 /log/log-0000000002 日志的推送，它们也会分别拉取日志到本地，并推送到各自的 /queue 任务队列：

```
Pulling 1 entries to queue: log-0000000002 - log-0000000002
```

5）各个副本分别在本地执行 MERGE

CH5 和 CH6 基于各自的 /queue 队列开始执行任务：

```
Executing log entry to merge parts 201905_0_0_0, 201905_1_1_0 to 201905_0_1_1
```

各个副本开始在本地执行 MERGE：

```
Merged 2 parts: from 201905_0_0_0 to 201905_1_1_0
```

至此，整个合并流程结束。

可以看到，在 MERGE 的合并过程中，ZooKeeper 也不会进行任何实质性的数据传输，所有的合并操作，最终都是由各个副本在本地完成的。而无论合并动作在哪个副本被触发，都会首先被转交至主副本，再由主副本负责合并计划的制定、消息日志的推送以及对日志接收情况的监控。

3. MUTATION 的核心执行流程

当对 ReplicatedMergeTree 执行 ALTER DELETE 或者 ALTER UPDATE 操作的时候，即会进入 MUTATION 部分的逻辑，它的核心流程如图 10-8 所示。

与 MERGE 类似，无论 MUTATION 操作从哪个副本发起，首先都会由主副本进行响应。所以为了方便论证，这个案例还是继续从 CH6 节点开始（因为 CH6 不是主副本）。整个流程从上至下按照时间顺序进行，其大致分成 5 个步骤。现在根据图 10-8 中所示编号讲解整个过程。

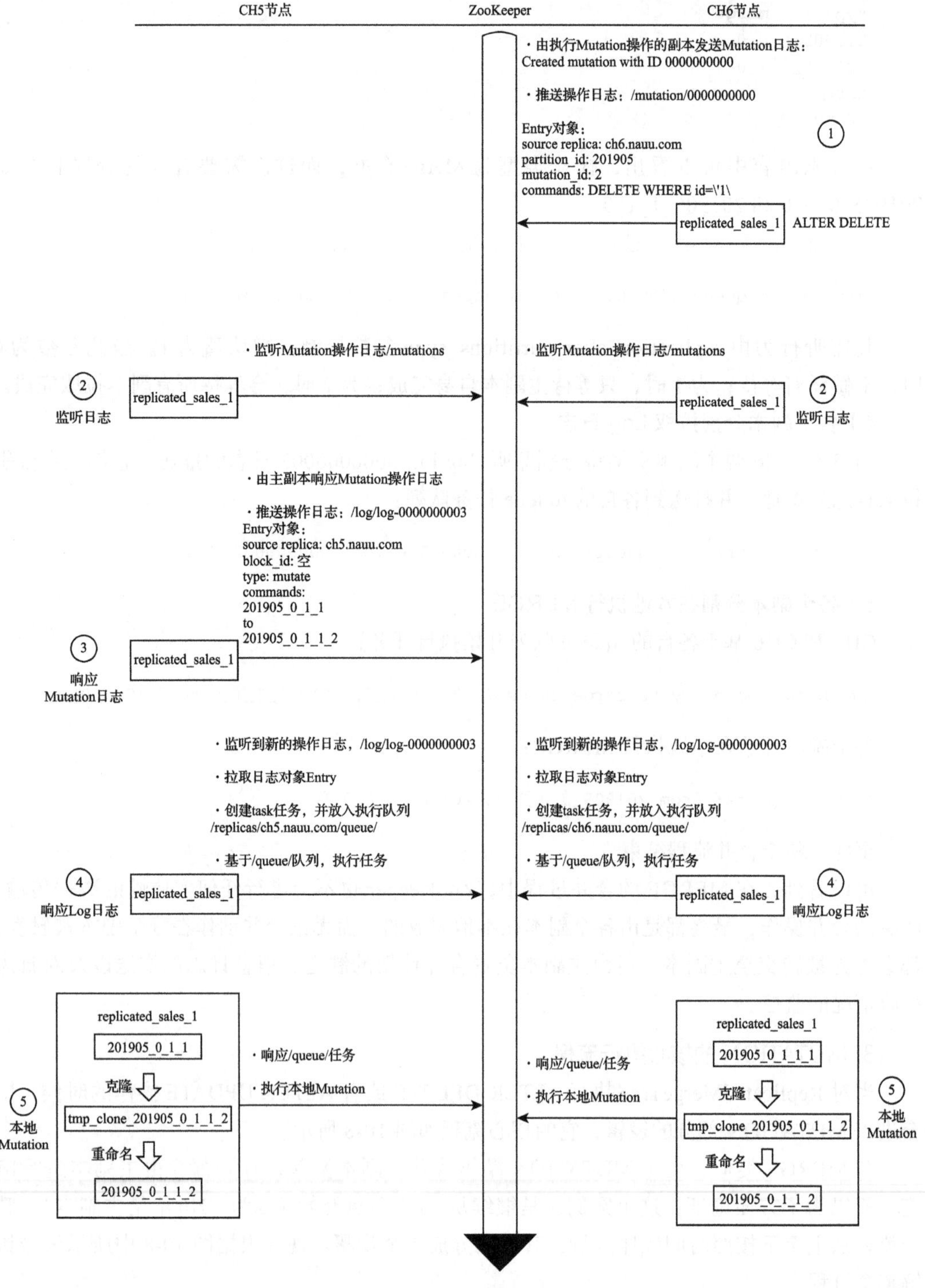

图 10-8 ReplicatedMergeTree 与其他副本协同的核心流程

1）推送 MUTATION 日志

在 CH6 节点尝试通过 DELETE 来删除数据（执行 UPDATE 的效果与此相同），执行如下命令：

```
ALTER TABLE replicated_sales_1 DELETE WHERE id = '1'
```

执行之后，该副本会接着进行两个重要事项：

- 创建 MUTATION ID：

```
Created mutation with ID 0000000000
```

- 将 MUTATION 操作转换为 MutationEntry 日志，并推送到 /mutations/0000000000。MutationEntry 的核心属性如下：

```
/mutations/0000000000
 source replica: ch6.nauu.com
 mutation_id:  2
 partition_id: 201905
 commands: DELETE WHERE id = \'1\'
```

由此也能知晓，MUTATION 的操作日志是经由 /mutations 节点分发至各个副本的。

2）所有副本实例各自监听 MUTATION 日志

CH5 和 CH6 都会监听 /mutations 节点，所以一旦有新的日志子节点加入，它们都能实时感知：

```
Loading 1 mutation entries: 0000000000 – 0000000000
```

当监听到有新的 MUTATION 日志加入时，并不是所有副本都会直接做出响应，它们首先会判断自己是否为主副本。

3）由主副本实例响应 MUTATION 日志并推送 Log 日志

只有主副本才会响应 MUTATION 日志，在这个例子中主副本为 CH5，所以 CH5 将 MUTATION 日志转换为 LogEntry 日志并推送至 /log 节点，以通知各个副本执行具体的操作。日志的核心信息如下：

```
/log/log-0000000003
 source replica: ch5.nauu.com
 block_id:
 type :   mutate
 201905_0_1_1
 to
 201905_0_1_1_2
```

从日志内容中可以看出，上述操作的类型为 mutate，而这次需要将 201905_0_1_1 分区修改为 201905_0_1_1_2(201905_0_1_1 +" _" + mutation_id)。

4）各个副本实例分别拉取Log日志

CH5和CH6两个副本分别监听/log/log-0000000003日志的推送，它们也会分别拉取日志到本地，并推送到各自的/queue任务队列：

```
Pulling 1 entries to queue: log-0000000003 - log-0000000003
```

5）各个副本实例分别在本地执行MUTATION

CH5和CH6基于各自的/queue队列开始执行任务：

```
Executing log entry to mutate part 201905_0_1_1 to 201905_0_1_1_2
```

各个副本，开始在本地执行MUTATION：

```
Cloning part 201905_0_1_1 to tmp_clone_201905_0_1_1_2
Renaming temporary part tmp_clone_201905_0_1_1_2 to 201905_0_1_1_2.
```

至此，整个MUTATION流程结束。

可以看到，在MUTATION的整个执行过程中，ZooKeeper同样不会进行任何实质性的数据传输。所有的MUTATION操作，最终都是由各个副本在本地完成的。而MUTATION操作是经过/mutations节点实现分发的。本着谁执行谁负责的原则，在这个案例中由CH6负责了消息的推送。但是无论MUTATION动作从哪个副本被触发，之后都会被转交至主副本，再由主副本负责推送Log日志，以通知各个副本执行最终的MUTATION逻辑。同时也由主副本对日志接收的情况实行监控。

4. ALTER的核心执行流程

当对ReplicatedMergeTree执行ALTER操作进行元数据修改的时候，即会进入ALTER部分的逻辑，例如增加、删除表字段等。而ALTER的核心流程如图10-9所示。

与之前的几个流程相比，ALTET的流程会简单很多，其执行过程中并不会涉及/log日志的分发。整个流程从上至下按照时间顺序进行，其大致分成3个步骤。现在根据图10-9所示编号讲解整个过程。

1）修改共享元数据

在CH6节点尝试增加一个列字段，执行如下语句：

```
ALTER TABLE replicated_sales_1 ADD COLUMN id2 String
```

执行之后，CH6会修改ZooKeeper内的共享元数据节点：

```
/metadata, /columns
Updated shared metadata nodes in ZooKeeper. Waiting for replicas to apply changes.
```

数据修改后，节点的版本号也会同时提升：

```
Version of metadata nodes in ZooKeeper changed. Waiting for structure write lock.
```

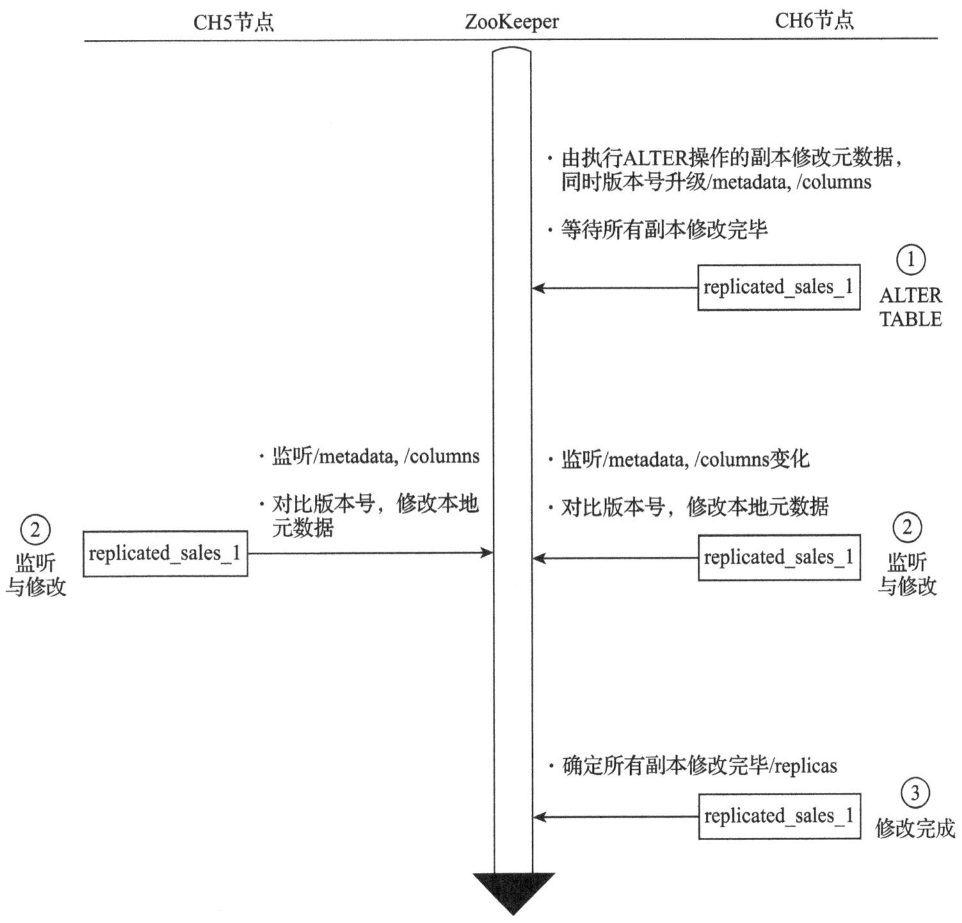

图 10-9　ReplicatedMergeTree 与其他副本协同的核心流程

与此同时，CH6 还会负责监听所有副本的修改完成情况：

```
Waiting for ch5.nauu.com to apply changes
Waiting for ch6.nauu.com to apply changes
```

2）监听共享元数据变更并各自执行本地修改

CH5 和 CH6 两个副本分别监听共享元数据的变更。之后，它们会分别对本地的元数据版本号与共享版本号进行对比。在这个案例中，它们会发现本地版本号低于共享版本号，于是它们开始在各自的本地执行更新操作：

```
Metadata changed in ZooKeeper. Applying changes locally.
Applied changes to the metadata of the table.
```

3）确认所有副本完成修改

CH6 确认所有副本均已完成修改：

```
ALTER finished
Done processing query
```

至此，整个 ALTER 流程结束。

可以看到，在 ALTER 整个的执行过程中，ZooKeeper 不会进行任何实质性的数据传输。所有的 ALTER 操作，最终都是由各个副本在本地完成的。本着谁执行谁负责的原则，在这个案例中由 CH6 负责对共享元数据的修改以及对各个副本修改进度的监控。

10.4 数据分片

通过引入数据副本，虽然能够有效降低数据的丢失风险（多份存储），并提升查询的性能（分摊查询、读写分离），但是仍然有一个问题没有解决，那就是数据表的容量问题。到目前为止，每个副本自身，仍然保存了数据表的全量数据。所以在业务量十分庞大的场景中，依靠副本并不能解决单表的性能瓶颈。想要从根本上解决这类问题，需要借助另外一种手段，即进一步将数据水平切分，也就是我们将要介绍的数据分片。

ClickHouse 中的每个服务节点都可称为一个 shard（分片）。从理论上来讲，假设有 *N*(*N* >= 1) 张数据表 A，分布在 *N* 个 ClickHouse 服务节点，而这些数据表彼此之间没有重复数据，那么就可以说数据表 A 拥有 *N* 个分片。然而在工程实践中，如果只有这些分片表，那么整个 Sharding（分片）方案基本是不可用的。对于一个完整的方案来说，还需要考虑数据在写入时，如何被均匀地写至各个 shard，以及数据在查询时，如何路由到每个 shard，并组合成结果集。所以，ClickHouse 的数据分片需要结合 Distributed 表引擎一同使用，如图 10-10 所示。

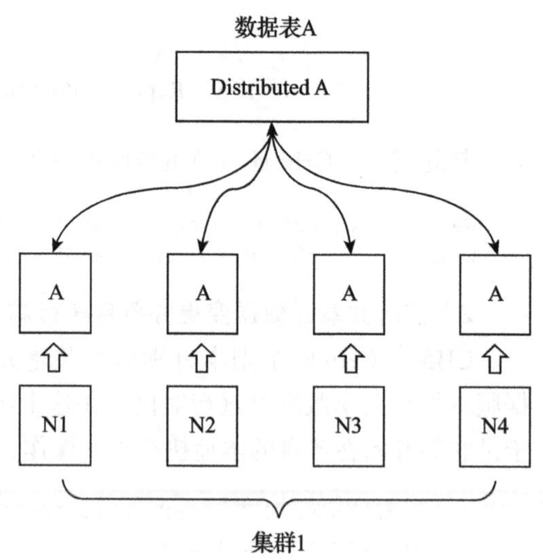

图 10-10 Distributed 分布式表引擎与分片的关系示意图

Distributed 表引擎自身不存储任何数据，它能够作为分布式表的一层透明代理，在集群内部自动开展数据的写入、分发、查询、路由等工作。

10.4.1 集群的配置方式

在 ClickHouse 中，集群配置用 shard 代表分片、用 replica 代表副本。那么在逻辑层面，表示 1 分片、0 副本语义的配置如下所示：

```
<shard> <!-- 分片 -->
    <replica><!—副本 -->
    </replica>
</shard>
```

而表示 1 分片、1 副本语义的配置则是：

```
<shard> <!-- 分片 -->
    <replica><!—副本 -->
    </replica>
    <replica>
    </replica>
</shard>
```

可以看到，这样的配置似乎有些反直觉，shard 更像是逻辑层面的分组，而无论是副本还是分片，它们的载体都是 replica，所以从某种角度来看，副本也是分片。关于这方面的详细介绍会在后续展开，现在先回到之前的话题。

由于 Distributed 表引擎需要读取集群的信息，所以首先必须为 ClickHouse 添加集群的配置。找到前面在介绍 ZooKeeper 配置时增加的 metrika.xml 配置文件，将其加入集群的配置信息。

集群有两种配置形式，下面分别介绍。

1. 不包含副本的分片

如果直接使用 node 标签定义分片节点，那么该集群将只包含分片，不包含副本。以下面的配置为例：

```
<yandex>
    <!--自定义配置名，与config.xml配置的incl属性对应即可 -->
    <clickhouse_remote_servers>
        <shard_2><!--自定义集群名称-->
            <node><!--定义ClickHouse节点-->
                <host>ch5.nauu.com</host>
                <port>9000</port>
                <!--选填参数
                <weight>1</weight>
                <user></user>
                <password></password>
                <secure></secure>
                compression></compression>
                -->
            </node>
            <node>
                <host>ch6.nauu.com</host>
                <port>9000</port>
            </node>
        </shard_2>
        ……
    </clickhouse_remote_servers>
```

该配置定义了一个名为 shard_2 的集群，其包含了 2 个分片节点，它们分别指向了 CH5 和 CH6 服务器。现在分别对配置项进行说明：

- shard_2 表示自定义的集群名称，全局唯一，是后续引用集群配置的唯一标识。在一个配置文件内，可以定义任意组集群。

- node 用于定义分片节点，不包含副本。
- host 指定部署了 ClickHouse 节点的服务器地址。
- port 指定 ClickHouse 服务的 TCP 端口。

接下来介绍选填参数：

- weight 分片权重默认为 1，在后续小节中会对其详细介绍。
- user 为 ClickHouse 用户，默认为 default。
- password 为 ClickHouse 的用户密码，默认为空字符串。
- secure 为 SSL 连接的端口，默认为 9440。
- compression 表示是否开启数据压缩功能，默认为 true。

2. 自定义分片与副本

集群配置支持自定义分片和副本的数量，这种形式需要使用 shard 标签代替先前的 node，除此之外的配置完全相同。在这种自定义配置的方式下，分片和副本的数量完全交由配置者掌控。其中，shard 表示逻辑上的数据分片，而物理上的分片则用 replica 表示。如果在 1 个 shard 标签下定义 $N(N >= 1)$ 组 replica，则该 shard 的语义表示 1 个分片和 $N - 1$ 个副本。接下来用几组配置示例进行说明。

1）不包含副本的分片

下面所示的这组集群配置的效果与先前介绍的 shard_2 集群相同：

```
<!-- 2个分片、0个副本 -->
<sharding_simple> <!-- 自定义集群名称 -->
    <shard> <!-- 分片 -->
        <replica> <!-- 副本 -->
            <host>ch5.nauu.com</host>
            <port>9000</port>
        </replica>
    </shard>
    <shard>
        <replica>
            <host>ch6.nauu.com</host>
            <port>9000</port>
        </replica>
    </shard>
</sharding_simple>
```

sharding_simple 集群的语义为 2 分片、0 副本（1 分片、0 副本，再加上 1 分片、0 副本）。

2）N 个分片和 N 个副本

这种形式可以按照实际需求自由组合，例如下面的这组配置，集群 sharding_simple_1 拥有 1 个分片和 1 个副本：

```
<!-- 1个分片 1个副本-->
<sharding_simple_1>
```

```
    <shard>
        <replica>
            <host>ch5.nauu.com</host>
            <port>9000</port>
        </replica>
        <replica>
            <host>ch6.nauu.com</host>
            <port>9000</port>
        </replica>
    </shard>
</sharding_simple_1>
```

下面所示集群 sharding_ha 拥有 2 个分片，而每个分片拥有 1 个副本：

```
<sharding_ha>
    <shard>
        <replica>
            <host>ch5.nauu.com</host>
            <port>9000</port>
        </replica>
        <replica>
            <host>ch6.nauu.com</host>
            <port>9000</port>
        </replica>
    </shard>
    <shard>
        <replica>
            <host>ch7.nauu.com</host>
            <port>9000</port>
        </replica>
        <replica>
            <host>ch8.nauu.com</host>
            <port>9000</port>
        </replica>
    </shard>
</sharding_ha>
```

从上面的配置信息中能够得出结论，集群中 replica 数量的上限是由 ClickHouse 节点的数量决定的，例如为了部署集群 sharding_ha，需要 4 个 ClickHouse 服务节点作为支撑。

在完成上述配置之后，可以查询系统表验证集群配置是否已被加载：

```
SELECT cluster, host_name FROM system.clusters
┌─cluster──────────────────┬─host_name────┐
│ shard_2                  │ ch5.nauu.com │
│ shard_2                  │ ch6.nauu.com │
│ sharding_simple          │ ch5.nauu.com │
│ sharding_simple          │ ch6.nauu.com │
│ sharding_simple_1        │ ch5.nauu.com │
│ sharding_simple_1        │ ch6.nauu.com │
└──────────────────────────┴──────────────┘
```

10.4.2 基于集群实现分布式 DDL

不知道大家是否还记得，在前面介绍数据副本时为了创建多张副本表，我们需要分别登录到每个 ClickHouse 节点，在它们本地执行各自的 CREATE 语句。这是因为在默认的情况下，CREATE、DROP、RENAME 和 ALTER 等 DDL 语句并不支持分布式执行。而在加入集群配置后，就可以使用新的语法实现分布式 DDL 执行了，其语法形式如下：

```
CREATE/DROP/RENAME/ALTER TABLE  ON CLUSTER cluster_name
```

其中，cluster_name 对应了配置文件中的集群名称，ClickHouse 会根据集群的配置信息顺藤摸瓜，分别去各个节点执行 DDL 语句。

下面是在 10.2.3 节中使用的多副本示例：

```
//1分片，2副本. zk_path相同，replica_name不同。
ReplicatedMergeTree('/clickhouse/tables/01/test_1, 'ch5.nauu.com')
ReplicatedMergeTree('/clickhouse/tables/01/test_1, 'ch6.nauu.com')
```

现在将它改写为分布式 DDL 的形式：

```
CREATE TABLE test_1_local ON CLUSTER shard_2(
    id UInt64
--这里可以使用任意其他表引擎,
)ENGINE = ReplicatedMergeTree('/clickhouse/tables/{shard}/test_1', '{replica}')
ORDER BY id
┌─host──────────┬─port─┬─status─┬─error─┬─num_hosts_active─┐
│ ch6.nauu.com  │ 9000 │      0 │       │                0 │
│ ch5.nauu.com  │ 9000 │      0 │       │                0 │
└───────────────┴──────┴────────┴───────┴──────────────────┘
```

在执行了上述语句之后，ClickHouse 会根据集群 shard_2 的配置信息，分别在 CH5 和 CH6 节点本地创建 test_1_local。

如果要删除 test_1_local，则执行下面的分布式 DROP：

```
DROP TABLE test_1_local ON CLUSTER shard_2
┌─host──────────┬─port─┬─status─┬─error─┬─num_hosts_active─┐
│ ch6.nauu.com  │ 9000 │      0 │       │                0 │
│ ch5.nauu.com  │ 9000 │      0 │       │                0 │
└───────────────┴──────┴────────┴───────┴──────────────────┘
```

值得注意的是，在改写的 CREATE 语句中，用 {shard} 和 {replica} 两个动态宏变量代替了先前的硬编码方式。执行下面的语句查询系统表，能够看到当前 ClickHouse 节点中已存在的宏变量：

```
--ch5节点
SELECT * FROM system.macros
┌─macro───┬─substitution─┐
│ replica │ ch5.nauu.com │
│ shard   │ 01           │
└─────────┴──────────────┘
```

```
--ch6节点
SELECT * FROM remote('ch6.nauu.com:9000', 'system', 'macros', 'default')
┌─macro───┬─substitution─┐
│ replica │ ch6.nauu.com │
│ shard   │ 02           │
└─────────┴──────────────┘
```

这些宏变量是通过配置文件的形式预先定义在各个节点的配置文件中的，配置文件如下所示。

在 CH5 节点的 config.xml 配置中预先定义了分区 01 的宏变量：

```
<macros>
    <shard>01</shard>
    <replica>ch5.nauu.com</replica>
</macros>
```

在 CH6 节点的 config.xml 配置中预先定义了分区 02 的宏变量：

```
<macros>
    <shard>02</shard>
    <replica>ch6.nauu.com</replica>
</macros>
```

1. 数据结构

与 ReplicatedMergeTree 类似，分布式 DDL 语句在执行的过程中也需要借助 ZooKeeper 的协同能力，以实现日志分发。

1）ZooKeeper 内的节点结构

在默认情况下，分布式 DDL 在 ZooKeeper 内使用的根路径为：

```
/clickhouse/task_queue/ddl
```

该路径由 config.xml 内的 distributed_ddl 配置指定：

```
<distributed_ddl>
    <!-- Path in ZooKeeper to queue with DDL queries -->
    <path>/clickhouse/task_queue/ddl</path>
</distributed_ddl>
```

在此根路径之下，还有一些其他的监听节点，其中包括 /query-[seq]，其是 DDL 操作日志，每执行一次分布式 DDL 查询，在该节点下就会新增一条操作日志，以记录相应的操作指令。当各个节点监听到有新日志加入的时候，便会响应执行。DDL 操作日志使用 ZooKeeper 的持久顺序型节点，每条指令的名称以 query- 为前缀，后面的序号递增，例如 query-0000000000、query-0000000001 等。在每条 query-[seq] 操作日志之下，还有两个状态节点：

（1）/query-[seq]/active：用于状态监控等用途，在任务的执行过程中，在该节点下会临时保存当前集群内状态为active的节点。

（2）/query-[seq]/finished：用于检查任务完成情况，在任务的执行过程中，每当集群内的某个host节点执行完毕之后，便会在该节点下写入记录。例如下面的语句。

```
/query-000000001/finished
ch5.nauu.com:9000 : 0
ch6.nauu.com:9000 : 0
```

上述语句表示集群内的CH5和CH6两个节点已完成任务。

2）DDLLogEntry日志对象的数据结构

在/query-[seq]下记录的日志信息由DDLLogEntry承载，它拥有如下几个核心属性：

（1）query记录了DDL查询的执行语句，例如：

```
query: DROP TABLE default.test_1_local ON CLUSTER shard_2
```

（2）hosts记录了指定集群的hosts主机列表，集群由分布式DDL语句中的ON CLUSTER指定，例如：

```
hosts: ['ch5.nauu.com:9000','ch6.nauu.com:9000']
```

在分布式DDL的执行过程中，会根据hosts列表逐个判断它们的执行状态。

（3）initiator记录初始化host主机的名称，hosts主机列表的取值来自于初始化host节点上的集群，例如：

```
initiator: ch5.nauu.com:9000
```

hosts主机列表的取值来源等同于下面的查询：

```
--从initiator节点查询cluster信息
SELECT host_name FROM
remote('ch5.nauu.com:9000', 'system', 'clusters', 'default')
WHERE cluster = 'shard_2'
┌─host_name────┐
│ ch5.nauu.com │
│ ch6.nauu.com │
└──────────────┘
```

2. 分布式DDL的核心执行流程

与副本协同的核心流程类似，接下来，就以10.4.2节中介绍的创建test_1_local的过程为例，解释分布式DDL的核心执行流程。整个流程如图10-11所示。

整个流程从上至下按照时间顺序进行，其大致分成3个步骤。现在，根据图10-11所示编号讲解整个过程。

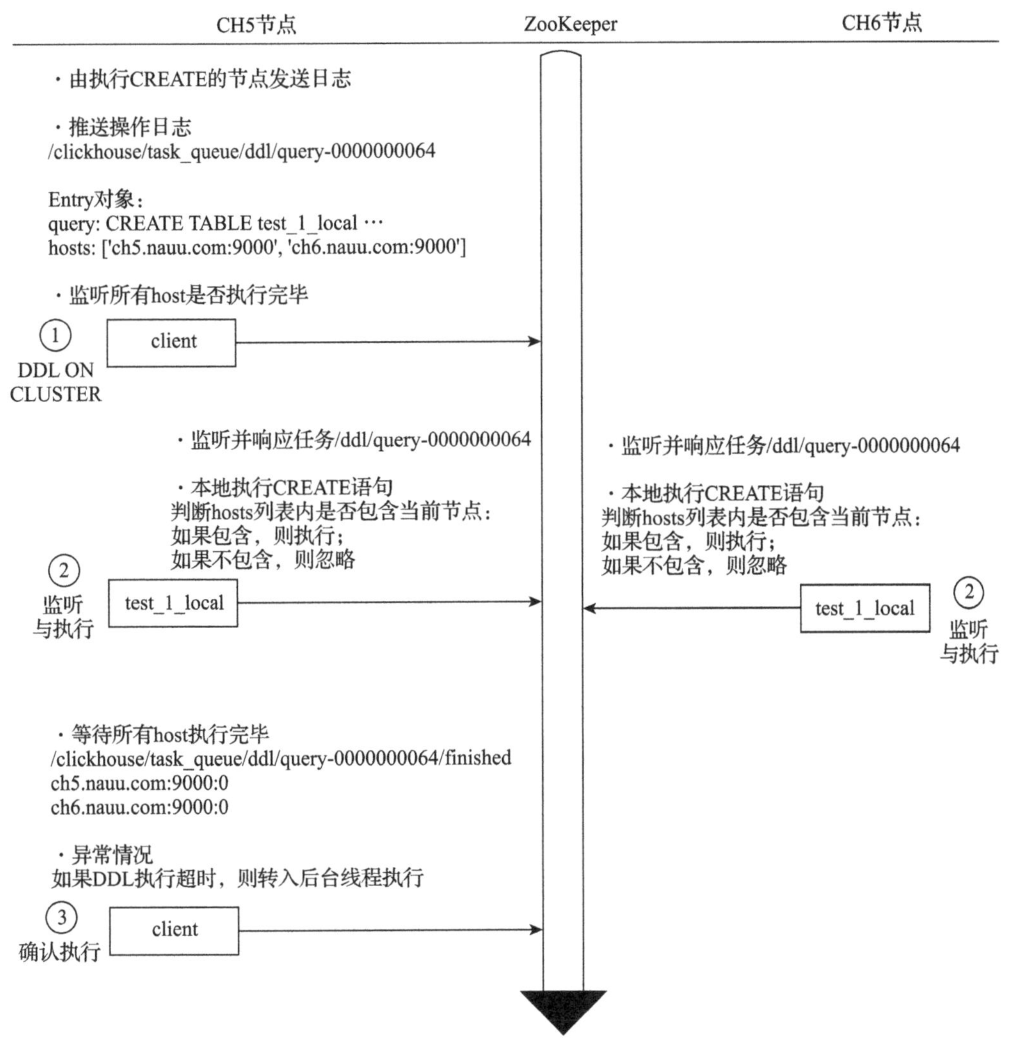

图 10-11 分布式 CREATE 查询的核心流程示意图（其他 DDL 语句与此类似）

（1）推送 DDL 日志：首先在 CH5 节点执行 CREATE TABLE ON CLUSTER，本着谁执行谁负责的原则，在这个案例中将会由 CH5 节点负责创建 DDLLogEntry 日志并将日志推送到 ZooKeeper，同时也会由这个节点负责监控任务的执行进度。

（2）拉取日志并执行：CH5 和 CH6 两个节点分别监听 /ddl/query-0000000064 日志的推送，于是它们分别拉取日志到本地。首先，它们会判断各自的 host 是否被包含在 DDLLog-Entry 的 hosts 列表中。如果包含在内，则进入执行流程，执行完毕后将状态写入 finished 节点；如果不包含，则忽略这次日志的推送。

（3）确认执行进度：在步骤 1 执行 DDL 语句之后，客户端会阻塞等待 180 秒，以期望所有host执行完毕。如果等待时间大于180秒，则会转入后台线程继续等待（等待时间由distributed_ddl_task_timeout参数指定，默认为180秒）。

10.5 Distributed原理解析

Distributed表引擎是分布式表的代名词，它自身不存储任何数据，而是作为数据分片的透明代理，能够自动路由数据至集群中的各个节点，所以Distributed表引擎需要和其他数据表引擎一起协同工作，如图10-12所示。

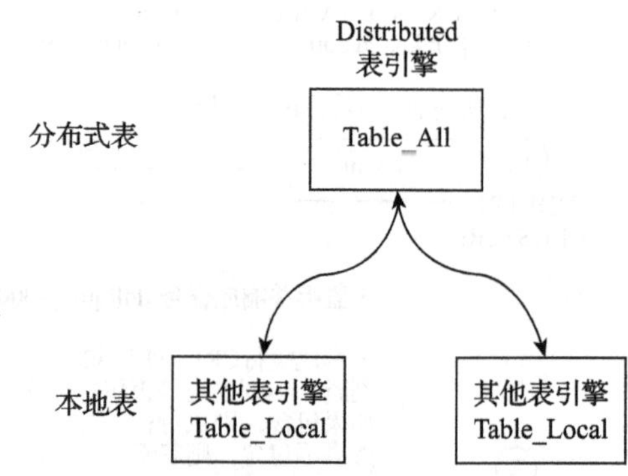

图10-12 分布式表与本地表一对多的映射关系示意图

从实体表层面来看，一张分片表由两部分组成：

- 本地表：通常以_local为后缀进行命名。本地表是承接数据的载体，可以使用非Distributed的任意表引擎，一张本地表对应了一个数据分片。
- 分布式表：通常以_all为后缀进行命名。分布式表只能使用Distributed表引擎，它与本地表形成一对多的映射关系，日后将通过分布式表代理操作多张本地表。

对于分布式表与本地表之间表结构的一致性检查，Distributed表引擎采用了读时检查的机制，这意味着如果它们的表结构不兼容，只有在查询时才会抛出错误，而在创建表时并不会进行检查。不同ClickHouse节点上的本地表之间，使用不同的表引擎也是可行的，但是通常不建议这么做，保持它们的结构一致，有利于后期的维护并避免造成不可预计的错误。

10.5.1 定义形式

Distributed表引擎的定义形式如下所示：

```
ENGINE = Distributed(cluster, database, table [,sharding_key])
```

其中，各个参数的含义分别如下：

- cluster：集群名称，与集群配置中的自定义名称相对应。在对分布式表执行写入和查询的过程中，它会使用集群的配置信息来找到相应的host节点。
- database和table：分别对应数据库和表的名称，分布式表使用这组配置映射到本地表。
- sharding_key：分片键，选填参数。在数据写入的过程中，分布式表会依据分片键的规则，将数据分布到各个host节点的本地表。

现在用示例说明 Distributed 表的声明方式，建表语句如下所示：

```
CREATE TABLE test_shard_2_all ON CLUSTER sharding_simple (
    id UInt64
)ENGINE = Distributed(sharding_simple, default, test_shard_2_local,rand())
```

上述表引擎参数的语义可以理解为，代理的本地表为 default.test_shard_2_local，它们分布在集群 sharding_simple 的各个 shard，在数据写入时会根据 rand() 随机函数的取值决定数据写入哪个分片。值得注意的是，此时此刻本地表还未创建，所以从这里也能看出，Distributed 表运用的是读时检查的机制，对创建分布式表和本地表的顺序并没有强制要求。同样值得注意的是，在上面的语句中使用了 ON CLUSTER 分布式 DDL，这意味着在集群的每个分片节点上，都会创建一张 Distributed 表，如此一来便可以从其中任意一端发起对所有分片的读、写请求，如图 10-13 所示。

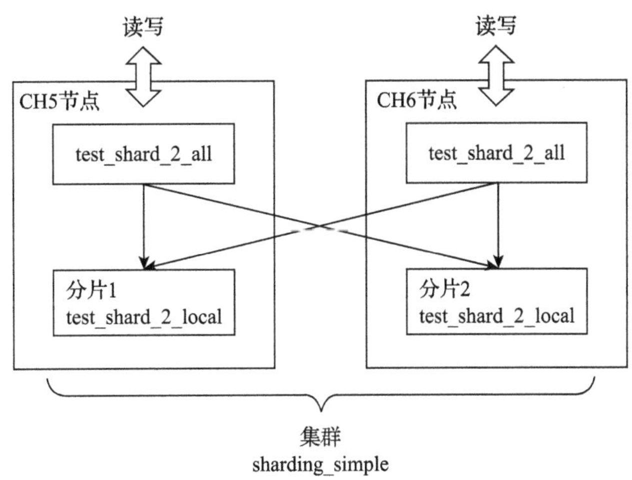

图 10-13　示例中分布式表与本地表的关系拓扑图

接着需要创建本地表，一张本地表代表着一个数据分片。这里同样可以利用先前已经配置好的集群配置，使用分布式 DDL 语句迅速的在各个节点创建相应的本地表：

```
CREATE TABLE test_shard_2_local ON CLUSTER sharding_simple (
    id UInt64
)ENGINE = MergeTree()
ORDER BY id
PARTITION BY id
```

至此，拥有两个数据分片的分布式表 test_shard_2 就建好了。

10.5.2　查询的分类

Distributed 表的查询操作可以分为如下几类：

- 会作用于本地表的查询：对于INSERT和SELECT查询，Distributed将会以分布式的方式作用于local本地表。而对于这些查询的具体执行逻辑，将会在后续小节介绍。
- 只会影响Distributed自身，不会作用于本地表的查询：Distributed支持部分元数据操作，包括CREATE、DROP、RENAME和ALTER，其中ALTER并不包括分区的操作（ATTACH PARTITION、REPLACE PARTITION等）。这些查询只会修改Distributed表自身，并不会修改local本地表。例如要彻底删除一张分布式表，则需要分别删除分布式表和本地表，示例如下。

```
--删除分布式表
DROP TABLE test_shard_2_all ON CLUSTER sharding_simple
--删除本地表
DROP TABLE test_shard_2_local ON CLUSTER sharding_simple
```

- 不支持的查询：Distributed表不支持任何MUTATION类型的操作，包括ALTER DELETE和ALTER UPDATE。

10.5.3 分片规则

关于分片的规则这里将做进一步的展开说明。分片键要求返回一个整型类型的取值，包括Int系列和UInt系列。例如分片键可以是一个具体的整型列字段：

```
按照用户id的余数划分
Distributed(cluster, database, table ,userid)
```

也可以是一个返回整型的表达式：

```
--按照随机数划分
Distributed(cluster, database, table ,rand())
--按照用户id的散列值划分
Distributed(cluster, database, table , intHash64(userid))
```

如果不声明分片键，那么分布式表只能包含一个分片，这意味着只能映射一张本地表，否则，在写入数据时将会得到如下异常：

```
Method write is not supported by storage Distributed with more than one shard and
    no sharding key provided
```

如果一张分布式表只包含一个分片，那就意味着其失去了使用的意义了。所以虽然分片键是选填参数，但是通常都会按照业务规则进行设置。

那么数据具体是如何被划分的呢？想要讲清楚这部分逻辑，首先需要明确几个概念。

1. 分片权重（weight）

在集群的配置中，有一项weight（分片权重）的设置：

```
<sharding_simple><!-- 自定义集群名称 -->
    <shard><!-- 分片 -->
        <weight>10</weight><!-- 分片权重 -->
            ……
    </shard>
    <shard>
        <weight>20</weight>
            ……
    </shard>
…
```

weight 默认为 1，虽然可以将它设置成任意整数，但官方建议应该尽可能设置成较小的值。分片权重会影响数据在分片中的倾斜程度，一个分片权重值越大，那么它被写入的数据就会越多。

2. slot（槽）

slot 可以理解成许多小的水槽，如果把数据比作是水的话，那么数据之水会顺着这些水槽流进每个数据分片。slot 的数量等于所有分片的权重之和，假设集群 sharding_simple 有两个 Shard 分片，第一个分片的 weight 为 10，第二个分片的 weight 为 20，那么 slot 的数量则等于 30。slot 按照权重元素的取值区间，与对应的分片形成映射关系。在这个示例中，如果 slot 值落在 [0, 10) 区间，则对应第一个分片；如果 slot 值落在 [10, 20] 区间，则对应第二个分片。

3. 选择函数

选择函数用于判断一行待写入的数据应该被写入哪个分片，整个判断过程大致分成两个步骤：

（1）它会找出 slot 的取值，其计算公式如下：

```
slot = shard_value % sum_weight
```

其中，shard_value 是分片键的取值；sum_weight 是所有分片的权重之和；slot 等于 shard_value 和 sum_weight 的余数。假设某一行数据的 shard_value 是 10，sum_weight 是 30（两个分片，第一个分片权重为 10，第二个分片权重为 20），那么 slot 值等于 10（10%30 = 10）。

（2）基于 slot 值找到对应的数据分片。当 slot 值等于 10 的时候，它属于 [10, 20) 区间，所以这行数据会对应到第二个 Shard 分片。

整个过程的示意如图 10-14 所示。

10.5.4　分布式写入的核心流程

在向集群内的分片写入数据时，通常有两种思路：一种是借助外部计算系统，事先将数据均匀分片，再借由计算系统直接将数据写入 ClickHouse 集群的各个本地表，如图 10-15 所示。

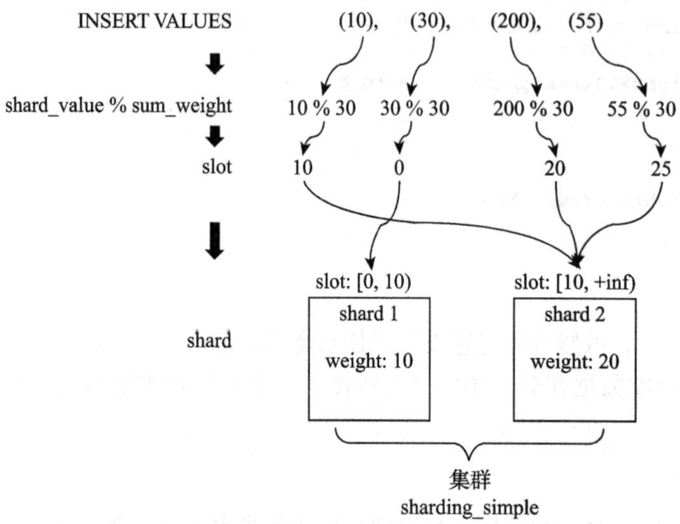

图 10-14　基于选择函数实现数据分片的逻辑示意图

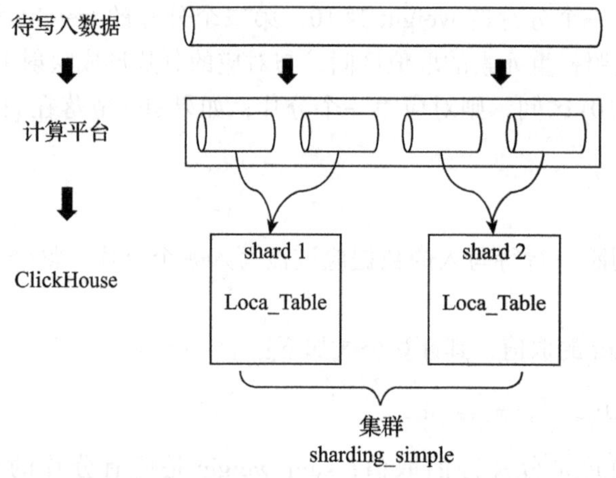

图 10-15　由外部系统将数据写入本地表

上述这种方案通常拥有更好的写入性能，因为分片数据是被并行点对点写入的。但是这种方案的实现主要依赖于外部系统，而不在于 ClickHouse 自身，所以这里主要会介绍第二种思路。

第二种思路是通过 Distributed 表引擎代理写入分片数据的，接下来开始介绍数据写入的核心流程。

为了便于理解整个过程，这里会将分片写入、副本复制拆分成两个部分进行讲解。在讲解过程中，会使用两个特殊的集群分别进行演示：第一个集群拥有 2 个分片和 0 个副本，通过这个示例向大家讲解分片写入的核心流程；第二个集群拥有 1 个分片和 1 个副本，通过这个示例向大家讲解副本复制的核心流程。

1. 将数据写入分片的核心流程

在对 Distributed 表执行 INSERT 查询的时候，会进入数据写入分片的执行逻辑，它的核心流程如图 10-16 所示。

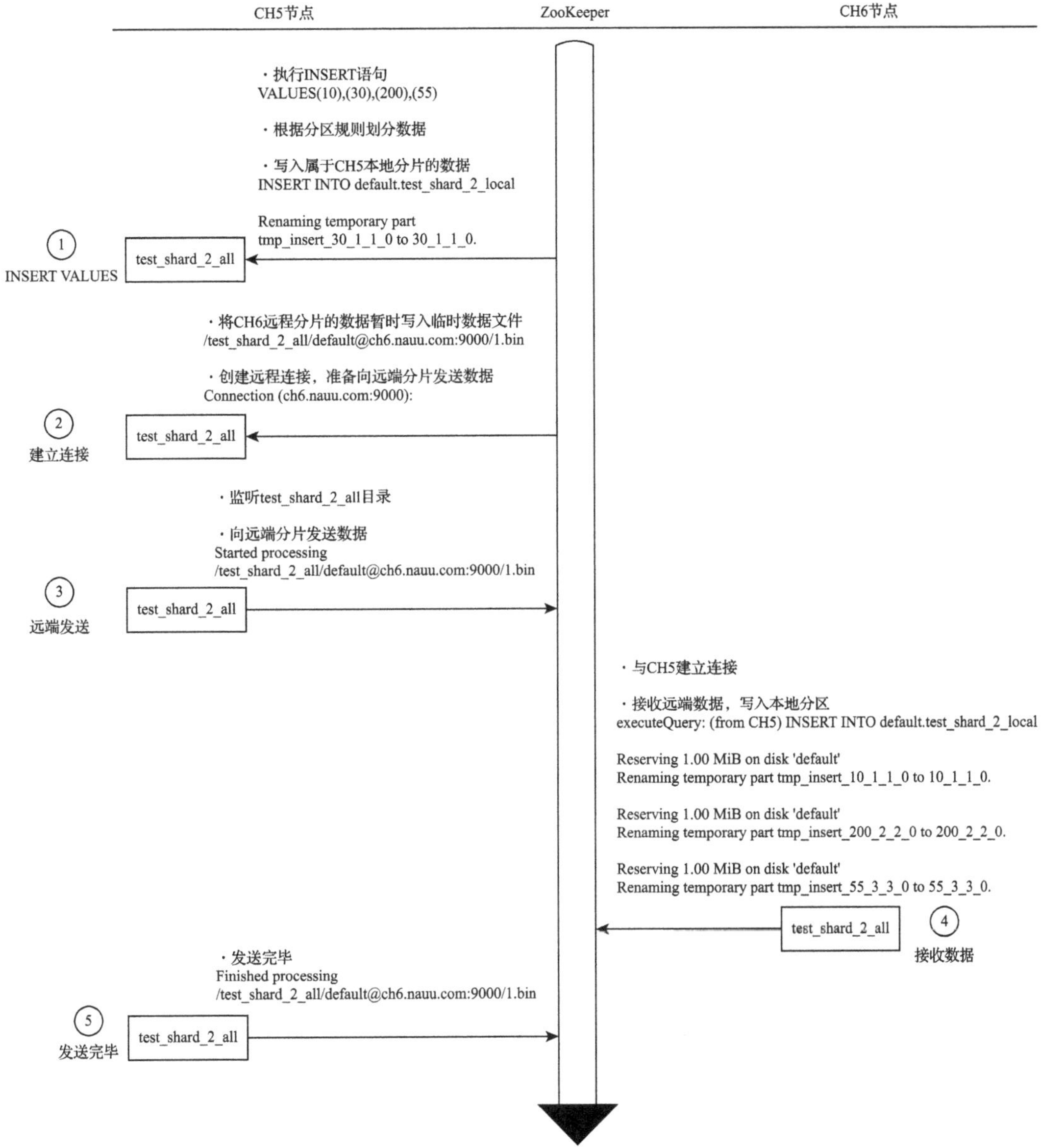

图 10-16　由 Distributed 表将数据写入多个分片

在这个流程中，继续使用集群 sharding_simple 的示例，该集群由 2 个分片和 0 个副本组成。整个流程从上至下按照时间顺序进行，其大致分成 5 个步骤。现在根据图 10-16 所示编号讲解整个过程。

1）在第一个分片节点写入本地分片数据

首先在 CH5 节点，对分布式表 test_shard_2_all 执行 INSERT 查询，尝试写入 10、30、200 和 55 四行数据。执行之后分布式表主要会做两件事情：第一，根据分片规则划分数据，在这个示例中，30 会归至分片 1，而 10、200 和 55 则会归至分片 2；第二，将属于当前分片的数据直接写入本地表 test_shard_2_local。

2）第一个分片建立远端连接，准备发送远端分片数据

将归至远端分片的数据以分区为单位，分别写入 test_shard_2_all 存储目录下的临时 bin 文件，数据文件的命名规则如下：

```
/database@host:port/[increase_num].bin
```

由于在这个示例中只有一个远端分片 CH6，所以它的临时数据文件如下所示：

```
/test_shard_2_all/default@ch6.nauu.com:9000/1.bin
```

10、200 和 55 三行数据会被写入上述这个临时数据文件。接着，会尝试与远端 CH6 分片建立连接：

```
Connection (ch6.nauu.com:9000): Connected to ClickHouse server
```

3）第一个分片向远端分片发送数据

此时，会有另一组监听任务负责监听 /test_shard_2_all 目录下的文件变化，这些任务负责将目录数据发送至远端分片：

```
test_shard_2_all.Distributed.DirectoryMonitor:
Started processing /test_shard_2_all/default@ch6.nauu.com:9000/1.bin
```

其中，每份目录将会由独立的线程负责发送，数据在传输之前会被压缩。

4）第二个分片接收数据并写入本地

CH6 分片节点确认建立与 CH5 的连接：

```
TCPHandlerFactory: TCP Request. Address: CH5:45912
TCPHandler: Connected ClickHouse server
```

在接收到来自 CH5 发送的数据后，将它们写入本地表：

```
executeQuery: (from CH5) INSERT INTO default.test_shard_2_local
--第一个分区
Reserving 1.00 MiB on disk 'default'
Renaming temporary part tmp_insert_10_1_1_0 to 10_1_1_0.
--第二个分区
Reserving 1.00 MiB on disk 'default'
Renaming temporary part tmp_insert_200_2_2_0 to 200_2_2_0.
--第三个分区
```

```
Reserving 1.00 MiB on disk 'default'
Renaming temporary part tmp_insert_55_3_3_0 to 55_3_3_0.
```

5）由第一个分片确认完成写入

最后，还是由 CH5 分片确认所有的数据发送完毕：

```
Finished processing /test_shard_2_all/default@ch6.nauu.com:9000/1.bin
```

至此，整个流程结束。

可以看到，在整个过程中，Distributed 表负责所有分片的写入工作。本着谁执行谁负责的原则，在这个示例中，由 CH5 节点的分布式表负责切分数据，并向所有其他分片节点发送数据。

在由 Distributed 表负责向远端分片发送数据时，有异步写和同步写两种模式：如果是异步写，则在 Distributed 表写完本地分片之后，INSERT 查询就会返回成功写入的信息；如果是同步写，则在执行 INSERT 查询之后，会等待所有分片完成写入。使用何种模式由 insert_distributed_sync 参数控制，默认为 false，即异步写。如果将其设置为 true，则可以一进步通过 insert_distributed_timeout 参数控制同步等待的超时时间。

2. 副本复制数据的核心流程

如果在集群的配置中包含了副本，那么除了刚才的分片写入流程之外，还会触发副本数据的复制流程。数据在多个副本之间，有两种复制实现方式：一种是继续借助 Distributed 表引擎，由它将数据写入副本；另一种则是借助 ReplicatedMergeTree 表引擎实现副本数据的分发。两种方式的区别如图 10-17 所示。

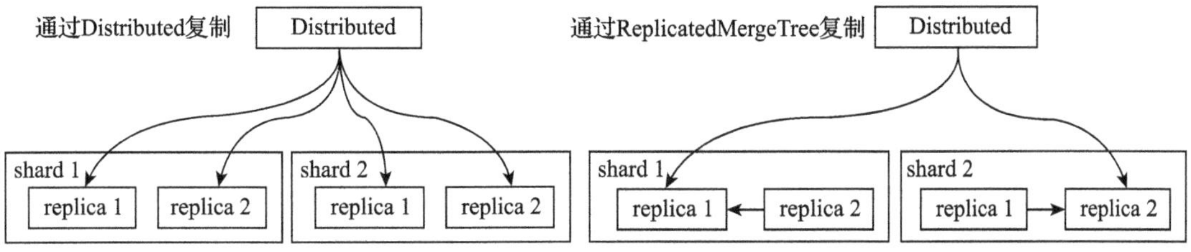

图 10-17 使用 Distributed 与 ReplicatedMergeTree 分发副本数据的对比示意图

1）通过 Distributed 复制数据

在这种实现方式下，即使本地表不使用 ReplicatedMergeTree 表引擎，也能实现数据副本的功能。Distributed 会同时负责分片和副本的数据写入工作，而副本数据的写入流程与分片逻辑相同，详情参见 10.5.4 节。现在用一个简单示例说明。首先让我们再重温一下集群 sharding_simple_1 的配置，它的配置如下：

```
<!-- 1个分片 1个副本-->
<sharding_simple_1>
    <shard>
```

```
        <replica>
            <host>ch5.nauu.com</host>
            <port>9000</port>
        </replica>
        <replica>
            <host>ch6.nauu.com</host>
            <port>9000</port>
        </replica>
    </shard>
</sharding_simple_1>
```

现在，尝试在这个集群内创建数据表，首先创建本地表：

```
CREATE TABLE test_sharding_simple1_local ON CLUSTER sharding_simple_1(
    id UInt64
)ENGINE = MergeTree()
ORDER BY id
```

接着创建 Distributed 分布式表：

```
CREATE TABLE test_sharding_simple1_all
(
    id UInt64
)ENGINE = Distributed(sharding_simple_1, default, test_sharding_simple1_local,rand())
```

之后，向 Distributed 表写入数据，它会负责将数据写入集群内的每个 replica。

细心的朋友应该能够发现，在这种实现方案下，Distributed 节点需要同时负责分片和副本的数据写入工作，它很有可能会成为写入的单点瓶颈，所以就有了接下来将要说明的第二种方案。

2）通过 ReplicatedMergeTree 复制数据

如果在集群的 shard 配置中增加 internal_replication 参数并将其设置为 true（默认为 false），那么 Distributed 表在该 shard 中只会选择一个合适的 replica 并对其写入数据。此时，如果使用 ReplicatedMergeTree 作为本地表的引擎，则在该 shard 内，多个 replica 副本之间的数据复制会交由 ReplicatedMergeTree 自己处理，不再由 Distributed 负责，从而为其减负。

在 shard 中选择 replica 的算法大致如下：首选，在 ClickHouse 的服务节点中，拥有一个全局计数器 errors_count，当服务出现任何异常时，该计数累积加 1；接着，当一个 shard 内拥有多个 replica 时，选择 errors_count 错误最少的那个。

加入 internal_replication 配置后示例如下所示：

```
<shard>
    <!-- 由ReplicatedMergeTree复制表自己负责数据分发 -->
    <internal_replication>true</internal_replication>
    <replica>
        <host>ch5.nauu.com</host>
        <port>9000</port>
    </replica>
```

```
    <replica>
        <host>ch6.nauu.com</host>
        <port>9000</port>
    </replica>
</shard>
```

关于 Distributed 表引擎如何将数据写入分片，请参见 10.5.4 节；而关于 ReplicatedMergeTree 表引擎如何复制分发数据，请参见 10.3.2 节。

10.5.5　分布式查询的核心流程

与数据写入有所不同，在面向集群查询数据的时候，只能通过 Distributed 表引擎实现。当 Distributed 表接收到 SELECT 查询的时候，它会依次查询每个分片的数据，再合并汇总返回。接下来将对数据查询时的重点逻辑进行介绍。

1. 多副本的路由规则

在查询数据的时候，如果集群中的一个 shard，拥有多个 replica，那么 Distributed 表引擎需要面临副本选择的问题。它会使用负载均衡算法从众多 replica 中选择一个，而具体使用何种负载均衡算法，则由 load_balancing 参数控制：

```
load_balancing = random/nearest_hostname/in_order/first_or_random
```

有如下四种负载均衡算法：

1）random

random 是默认的负载均衡算法，正如前文所述，在 ClickHouse 的服务节点中，拥有一个全局计数器 errors_count，当服务发生任何异常时，该计数累积加 1。而 random 算法会选择 errors_count 错误数量最少的 replica，如果多个 replica 的 errors_count 计数相同，则在它们之中随机选择一个。

2）nearest_hostname

nearest_hostname 可以看作 random 算法的变种，首先它会选择 errors_count 错误数量最少的 replica，如果多个 replica 的 errors_count 计数相同，则选择集群配置中 host 名称与当前 host 最相似的一个。而相似的规则是以当前 host 名称为基准按字节逐位比较，找出不同字节数最少的一个，例如 CH5-1-1 和 CH5-1-2.nauu.com 有一个字节不同：

```
CH5-1-1
CH5-1-2.nauu.com
```

而 CH5-1-1 和 CH5-2-2 则有两个字节不同：

```
CH5-1-1
CH5-2-2
```

3）in_order

in_order 同样可以看作 random 算法的变种，首先它会选择 errors_count 错误数量最少的 replica，如果多个 replica 的 errors_count 计数相同，则按照集群配置中 replica 的定义顺序逐个选择。

4）first_or_random

first_or_random 可以看作 in_order 算法的变种，首先它会选择 errors_count 错误数量最少的 replica，如果多个 replica 的 errors_count 计数相同，它首先会选择集群配置中第一个定义的 replica，如果该 replica 不可用，则进一步随机选择一个其他的 replica。

2. 多分片查询的核心流程

分布式查询与分布式写入类似，同样本着谁执行谁负责的原则，它会由接收 SELECT 查询的 Distributed 表，并负责串联起整个过程。首先它会将针对分布式表的 SQL 语句，按照分片数量将查询拆分成若干个针对本地表的子查询，然后向各个分片发起查询，最后再汇总各个分片的返回结果。如果对分布式表按如下方式发起查询：

```
SELECT * FROM distributed_table
```

那么它会将其转为如下形式之后，再发送到远端分片节点来执行：

```
SELECT * FROM local_table
```

以 sharding_simple 集群的 test_shard_2_all 为例，假设在 CH5 节点对分布式表发起查询：

```
SELECT COUNT(*) FROM test_shard_2_all
```

那么，Distributed 表引擎会将查询计划转换为多个分片的 UNION 联合查询，如图 10-18 所示。

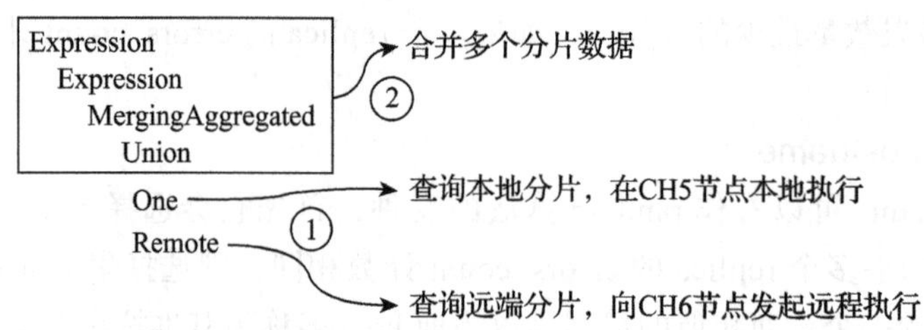

图 10-18 对分布式表执行 COUNT 查询的执行计划

整个执行计划从下至上大致分成两个步骤：

1）查询各个分片数据

在图 10-18 所示执行计划中，One 和 Remote 步骤是并行执行的，它们分别负责了本地和远端分片的查询动作。其中，在 One 步骤会将 SQL 转换成对本地表的查询：

```
SELECT COUNT() FROM default.test_shard_2_local
```

而在 Remote 步骤中，会建立与 CH6 节点的连接，并向其发起远程查询：

```
Connection (ch6.nauu.com:9000): Connecting. Database: …
```

CH6 节点在接收到来自 CH5 的查询请求后，开始在本地执行。同样，SQL 会转换成对本地表的查询：

```
executeQuery: (from CH5:45992, initial_query_id: 4831b93b-5ae6-4b18-bac9-
    e10cc9614353) WITH toUInt32(2) AS _shard_num
SELECT COUNT() FROM default.test_shard_2_local
```

2）合并返回结果

多个分片数据均查询返回后，按如下方法在 CH5 节点将它们合并：

```
Read 2 blocks of partially aggregated data, total 2 rows.
Aggregator: Converting aggregated data to blocks
……
```

3. 使用 Global 优化分布式子查询

如果在分布式查询中使用子查询，可能会面临两难的局面。下面来看一个示例。假设有这样一张分布式表 test_query_all，它拥有两个分片，而表内的数据如下所示：

```
CH5节点test_query_local
┌─id─┬─repo─┐
│  1 │  100 │
│  2 │  100 │
│  3 │  100 │
└────┴──────┘
CH6节点test_query_local
┌─id─┬─repo─┐
│  3 │  200 │
│  4 │  200 │
└────┴──────┘
```

其中，id 代表用户的编号，repo 代表仓库的编号。如果现在有一项查询需求，要求找到同时拥有两个仓库的用户，应该如何实现？对于这类交集查询的需求，可以使用 IN 子查询，此时你会面临两难的选择：IN 查询的子句应该使用本地表还是分布式表？（使用 JOIN 面临的情形与 IN 类似）。

1）使用本地表的问题

如果在 IN 查询中使用本地表，例如下面的语句：

```
SELECT uniq(id) FROM test_query_all WHERE repo = 100
AND id IN (SELECT id FROM test_query_local WHERE repo = 200)
┌─uniq(id)─┐
│        0 │
└──────────┘
```

那么你会发现返回的结果是错误的。这是为什么呢？这是因为分布式表在接收到查询之后，会将上述 SQL 替换成本地表的形式，再发送到每个分片进行执行：

```sql
SELECT uniq(id) FROM test_query_local WHERE repo = 100
AND id IN (SELECT id FROM test_query_local WHERE repo = 200)
```

注意，IN 查询的子句使用的是本地表：

```sql
SELECT id FROM test_query_local WHERE repo = 200
```

由于在单个分片上只保存了部分的数据，所以该 SQL 语句没有匹配到任何数据，如图 10-19 所示。

SELECT uniq(id) FROM test_query_all WHERE repo = 100
AND id IN (SELECT id FROM test_query_local WHERE repo = 200)

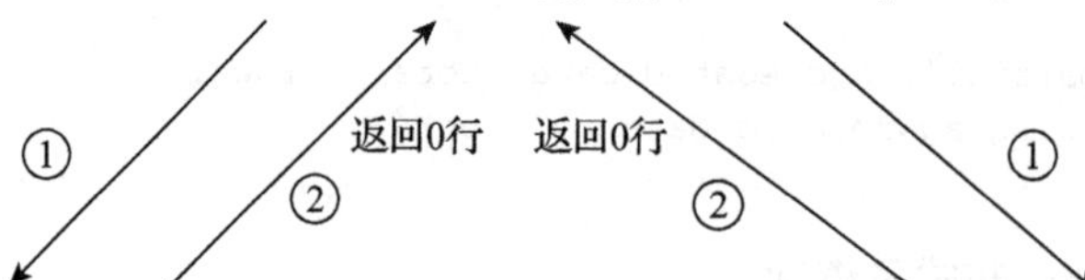
①
返回0行
②
返回0行
②
①
SELECT uniq(id) FROM test_query_local WHERE repo = 100
AND id IN (SELECT id FROM test_query_local WHERE repo = 200)
SELECT uniq(id) FROM test_query_local WHERE repo = 100
AND id IN (SELECT id FROM test_query_local WHERE repo = 200)
找到0行
返回0行
返回0行
找到0行

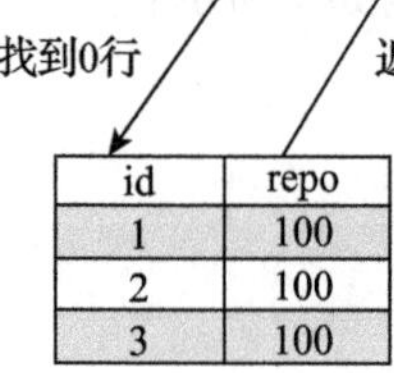

id	repo
1	100
2	100
3	100

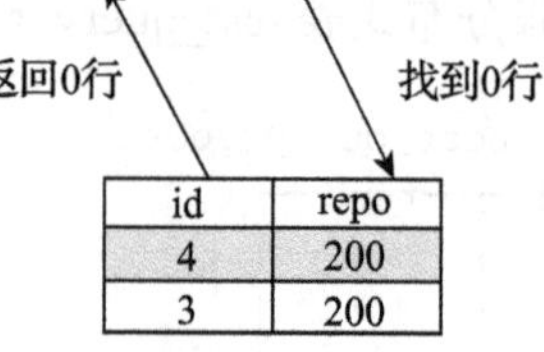

id	repo
4	200
3	200

图 10-19　使用本地表作为 IN 查询子句的执行逻辑

从上图中可以看到，单独在分片 1 或分片 2 内均无法找到 repo 同时等于 100 和 200 的数据。

2）使用分布式表的问题

为了解决返回结果错误的问题，现在尝试在 IN 查询子句中使用分布式表：

```sql
SELECT uniq(id) FROM test_query_all WHERE repo = 100
AND id IN (SELECT id FROM test_query_all WHERE repo = 200)
┌─uniq(id)─┐
│        1 │
└──────────┘
```

这次返回了正确的查询结果。那是否意味着使用这种方案就万无一失了呢？通过进一步观察执行日志会发现，情况并非如此，该查询的请求被放大了两倍。

这是由于在 IN 查询子句中，同样也使用了分布式表查询：

```sql
SELECT id FROM test_query_all WHERE repo = 200
```

所以在 CH6 节点接收到这条 SQL 之后，它将再次向其他分片发起远程查询，如图 10-20 所示。

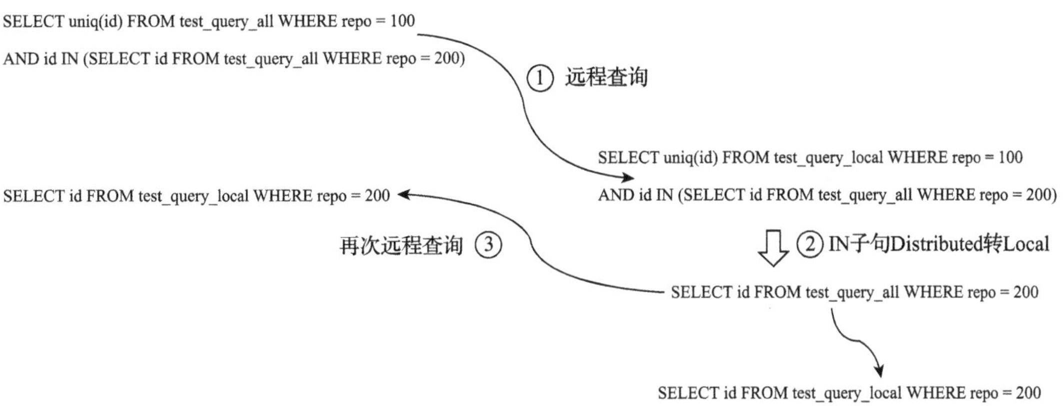
CH5 | Shard 1
CH6 | Shard 2
SELECT uniq(id) FROM test_query_all WHERE repo = 100
AND id IN (SELECT id FROM test_query_all WHERE repo = 200)
① 远程查询
SELECT uniq(id) FROM test_query_local WHERE repo = 100
AND id IN (SELECT id FROM test_query_all WHERE repo = 200)
② IN子句Distributed转Local
SELECT id FROM test_query_local WHERE repo = 200
再次远程查询 ③
SELECT id FROM test_query_all WHERE repo = 200
SELECT id FROM test_query_local WHERE repo = 200

图 10-20　IN 查询子句查询放大原因示意

因此可以得出结论，在 IN 查询子句使用分布式表的时候，查询请求会被放大 N 的平方倍，其中 N 等于集群内分片节点的数量，假如集群内有 10 个分片节点，则在一次查询的过程中，会最终导致 100 次的查询请求，这显然是不可接受的。

3）使用 GLOBAL 优化查询

为了解决查询放大的问题，可以使用 GLOBAL IN 或 JOIN 进行优化。现在对刚才的 SQL 进行改造，为其增加 GLOBAL 修饰符：

```
SELECT uniq(id) FROM test_query_all WHERE repo = 100
AND id GLOBAL IN (SELECT id FROM test_query_all WHERE repo = 200)
```

再次分析查询的核心过程，如图 10-21 所示。

整个过程由上至下大致分成 5 个步骤：

（1）将 IN 子句单独提出，发起了一次分布式查询。

（2）将分布式表转 local 本地表后，分别在本地和远端分片执行查询。

（3）将 IN 子句查询的结果进行汇总，并放入一张临时的内存表进行保存。

（4）将内存表发送到远端分片节点。

（5）将分布式表转为本地表后，开始执行完整的 SQL 语句，IN 子句直接使用临时内存表的数据。

至此，整个核心流程结束。可以看到，在使用 GLOBAL 修饰符之后，ClickHouse 使用内存表临时保存了 IN 子句查询到的数据，并将其发送到远端分片节点，以此到达了数据共享的目的，从而避免了查询放大的问题。由于数据会在网络间分发，所以需要特别注意临时表的大小，IN 或者 JOIN 子句返回的数据不宜过大。如果表内存在重复数据，也可以事先在子句 SQL 中增加 DISTINCT 以实现去重。

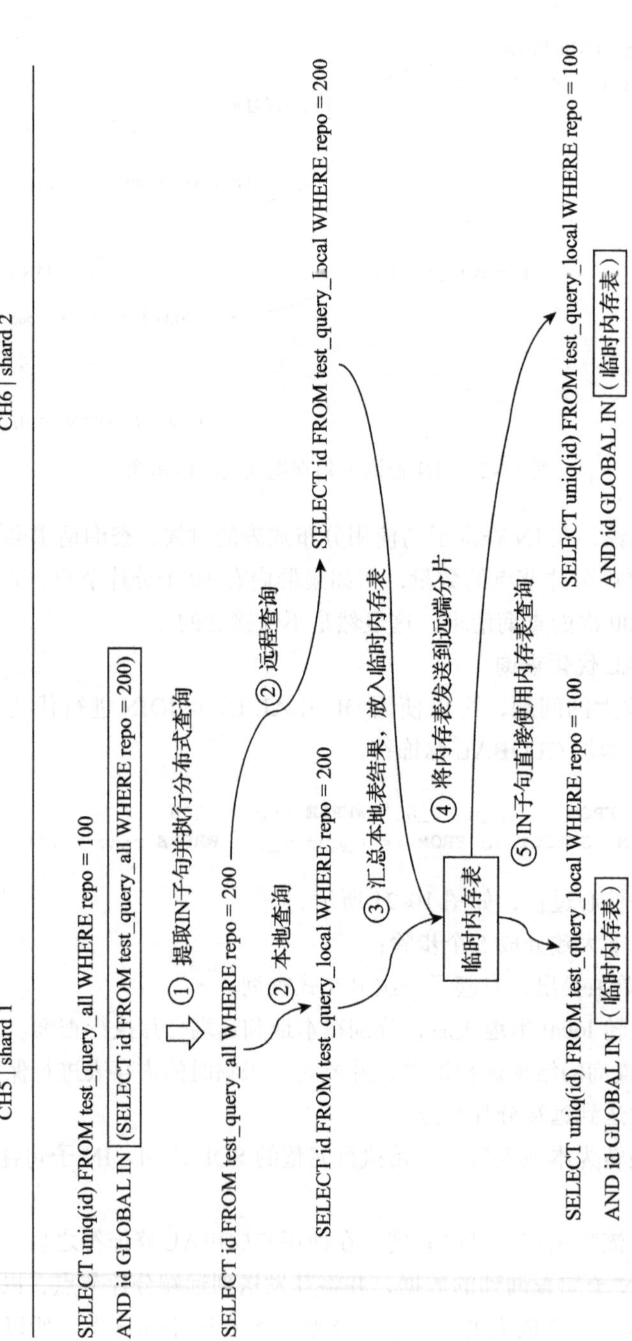
CH5 | shard 1
CH6 | shard 2
SELECT uniq(id) FROM test_query_all WHERE repo = 100
AND id GLOBAL IN (SELECT id FROM test_query_all WHERE repo = 200)
① 提取IN子句并执行分布式查询
SELECT id FROM test_query_all WHERE repo = 200
② 本地查询
② 远程查询
SELECT id FROM test_query_local WHERE repo = 200
SELECT id FROM test_query_local WHERE repo = 200
③ 汇总本地表结果，放入临时内存表
临时内存表
④ 将内存表发送到远端分片
⑤ IN子句直接使用内存表查询
SELECT uniq(id) FROM test_query_local WHERE repo = 100
AND id GLOBAL IN（临时内存表）
SELECT uniq(id) FROM test_query_local WHERE repo = 100
AND id GLOBAL IN（临时内存表）

图 10-21 使用 GLOBAL IN 查询的流程示意图

10.6　本章小结

本章全方面介绍了副本、分片和集群的使用方法，并且详细介绍了它们的作用以及核心工作流程。

首先我们介绍了数据副本的特点，并详细介绍了 ReplicatedMergeTree 表引擎，它是 MergeTree 表引擎的变种，同时也是数据副本的代名词；接着又介绍了数据分片的特点及作用，同时在这个过程中引入了 ClickHouse 集群的概念，并讲解了它的工作原理；最后介绍了 Distributed 表引擎的核心功能与工作流程，借助它的能力，可以实现分布式写入与查询。

下一章将介绍与 ClickHouse 管理与运维相关的内容。

Chapter 11 第 11 章

管理与运维

本章将对 ClickHouse 管理与运维相关的知识进行介绍，通过对本章所学知识的运用，大家在实际工作中能够让 ClickHouse 变得更加安全与健壮。在先前的演示案例中，为求简便，我们一直在使用默认的 default 用户，且采用无密码登录方式，这显然不符合生产环境的要求。所以在接下来的内容中，将会介绍 ClickHouse 的权限、熔断机制、数据备份和服务监控等知识。

11.1 用户配置

user.xml 配置文件默认位于 /etc/clickhouse-server 路径下，ClickHouse 使用它来定义用户相关的配置项，包括系统参数的设定、用户的定义、权限以及熔断机制等。

11.1.1 用户 profile

用户 profile 的作用类似于用户角色。可以预先在 user.xml 中为 ClickHouse 定义多组 profile，并为每组 profile 定义不同的配置项，以实现配置的复用。以下面的配置为例：

```
<yandex>
    <profiles><!-- 配置profile -->

        <default> <!-- 自定义名称，默认角色-->
            <max_memory_usage>10000000000</max_memory_usage>
            <use_uncompressed_cache>0</use_uncompressed_cache>
        </default>

        <test1> <!-- 自定义名称，默认角色-->
```

```
            <allow_experimental_live_view>1</allow_experimental_live_view>
            <distributed_product_mode>allow</distributed_product_mode>
        </test1>
    </profiles>
……
```

在这组配置中，预先定义了 default 和 test1 两组 profile。引用相应的 profile 名称，便会获得相应的配置。我们可以在 CLI 中直接切换到想要的 profile：

```
SET profile = test1
```

或是在定义用户的时候直接引用（在 11.1.3 节进行演示）。

在所有的 profile 配置中，名称为 default 的 profile 将作为默认的配置被加载，所以它必须存在。如果缺失了名为 default 的 profile，在登录时将会出现如下错误提示：

```
DB::Exception: There is no profile 'default' in configuration file..
```

profile 配置支持继承，实现继承的方式是在定义中引用其他的 profile 名称，例如下面的例子所示：

```
<normal_inherit> <!-- 只有read查询权限-->
    <profile>test1</profile>
    <profile>test2</profile>
    <distributed_product_mode>deny</distributed_product_mode>
</normal_inherit>
```

这个名为 normal_inherit 的 profile 继承了 test1 和 test2 的所有配置项，并且使用新的参数值覆盖了 test1 中原有的 distributed_product_mode 配置项。

11.1.2　配置约束

constraints 标签可以设置一组约束条件，以保障 profile 内的参数值不会被随意修改。约束条件有如下三种规则：

- Min：最小值约束，在设置相应参数的时候，取值不能小于该阈值。
- Max：最大值约束，在设置相应参数的时候，取值不能大于该阈值。
- Readonly：只读约束，该参数值不允许被修改。

现在举例说明：

```
<profiles><!-- 配置profiles -->

    <default> <!-- 自定义名称，默认角色-->
        <max_memory_usage>10000000000</max_memory_usage>
        <distributed_product_mode>allow</distributed_product_mode>

        <constraints><!-- 配置约束-->
            <max_memory_usage>
```

```
            <min>5000000000</min>
            <max>20000000000</max>
        </max_memory_usage>
        <distributed_product_mode>
            <readonly/>
        </distributed_product_mode>
    </constraints>

</default>
```

从上面的配置定义中可以看出，在 default 默认的 profile 内，给两组参数设置了约束。其中，为 max_memory_usage 设置了 min 和 max 阈值；而为 distributed_product_mode 设置了只读约束。现在尝试修改 max_memory_usage 参数，将它改为 50：

```
SET max_memory_usage = 50
DB::Exception: Setting max_memory_usage shouldn't be less than 5000000000.
```

可以看到，最小值约束阻止了这次修改。

接着继续修改 distributed_product_mode 参数的取值：

```
SET distributed_product_mode = 'deny'
DB::Exception: Setting distributed_product_mode should not be changed.
```

同样，配置约束成功阻止了预期外的修改。

还有一点需要特别明确，在 default 中默认定义的 constraints 约束，将作为默认的全局约束，自动被其他 profile 继承。

11.1.3 用户定义

使用 users 标签可以配置自定义用户。如果打开 user.xml 配置文件，会发现已经默认配置了 default 用户，在此之前的所有示例中，一直使用的正是这个用户。定义一个新用户，必须包含以下几项属性。

1. username

username 用于指定登录用户名，这是全局唯一属性。该属性比较简单，这里就不展开介绍了。

2. password

password 用于设置登录密码，支持明文、SHA256 加密和 double_sha1 加密三种形式，可以任选其中一种进行设置。现在分别介绍它们的使用方法。

（1）明文密码：在使用明文密码的时候，直接通过 password 标签定义，例如下面的代码。

```
<password>123</password>
```

如果 password 为空，则表示免密码登录：

```
<password></password>
```

（2）SHA256 加密：在使用 SHA256 加密算法的时候，需要通过 password_sha256_hex 标签定义密码，例如下面的代码。

```
<password_sha256_hex>a665a45920422f9d417e4867efdc4fb8a04a1f3fff1fa07e998e86f7f7a
    27ae3</password_sha256_hex>
```

可以执行下面的命令获得密码的加密串，例如对明文密码 123 进行加密：

```
# echo -n 123 | openssl dgst -sha256
(stdin)= a665a45920422f9d417e4867efdc4fb8a04a1f3fff1fa07e998e86f7f7a27ae3
```

（3）double_sha1 加密：在使用 double_sha1 加密算法的时候，则需要通过 password_double_sha1_hex 标签定义密码，例如下面的代码。

```
<password_double_sha1_hex>23ae809ddacaf96af0fd78ed04b6a265e05aa257</password_
    double_sha1_hex>
```

可以执行下面的命令获得密码的加密串，例如对明文密码 123 进行加密：

```
# echo -n 123 | openssl dgst -sha1 -binary | openssl dgst -sha1
(stdin)= 23ae809ddacaf96af0fd78ed04b6a265e05aa257
```

3. networks

networks 表示被允许登录的网络地址，用于限制用户登录的客户端地址，关于这方面的介绍将会在 11.2 节展开。

4. profile

用户所使用的 profile 配置，直接引用相应的名称即可，例如：

```
<default>
    <profile>default</profile>
</default>
```

该配置的语义表示，用户 default 使用了名为 default 的 profile。

5. quota

quota 用于设置该用户能够使用的资源限额，可以理解成一种熔断机制。关于这方面的介绍将会在 11.3 节展开。

现在用一个完整的示例说明用户的定义方法。首先创建一个使用明文密码的用户 user_plaintext：

```
<yandex>
    <profiles>
```

```
        ……
    </profiles>
    <users>
            <default><!—默认用户 -->
            ……
            </default>
        <user_plaintext>
                <password>123</password>
                <networks>
                    <ip>::/0</ip>
                </networks>
                <profile>normal_1</profile>
                <quota>default</quota>
        </user_plaintext>
```

由于配置了密码，所以在登录的时候需要附带密码参数：

```
# clickhouse-client -h 10.37.129.10 -u user_plaintext --password 123
Connecting to 10.37.129.10:9000 as user user_plaintext.
```

接下来是两组使用了加密算法的用户，首先是用户user_sha256：

```
<user_sha256>
    <!-- echo -n 123 | openssl dgst -sha256 !-->
    <password_sha256_hex>a665a45920422f9d417e4867efdc4fb8a04a1f3fff1fa07e998e86f
        7f7a27ae3</password_sha256_hex>
        <networks>
            <ip>::/0</ip>
        </networks>
        <profile>default</profile>
        <quota>default</quota>
</user_sha256>
```

然后是用户user_double_sha1：

```
<user_double_sha1>
    <!-- echo -n 123 | openssl dgst -sha1 -binary | openssl dgst -sha1 !-->
    <password_double_sha1_hex>23ae809ddacaf96af0fd78ed04b6a265e05aa257</pass-
        word_double_sha1_hex>
        <networks>
            <ip>::/0</ip>
        </networks>
        <profile>default</profile>
        <quota>limit_1</quota>
</user_double_sha1>
```

这些用户在登录时同样需要附带加密前的密码，例如：

```
# clickhouse-client -h 10.37.129.10 -u user_sha256 --password 123
Connecting to 10.37.129.10:9000 as user user_sha256.
```

11.2 权限管理

权限管理是一个始终都绕不开的话题，ClickHouse 分别从访问、查询和数据等角度出发，层层递进，为我们提供了一个较为立体的权限体系。

11.2.1 访问权限

访问层控制是整个权限体系的第一层防护，它又可进一步细分成两类权限。

1. 网络访问权限

网络访问权限使用 networks 标签设置，用于限制某个用户登录的客户端地址，有 IP 地址、host 主机名称以及正则匹配三种形式，可以任选其中一种进行设置。

（1）IP 地址：直接使用 IP 地址进行设置。

```
<ip>127.0.0.1</ip>
```

（2）host 主机名称：通过 host 主机名称设置。

```
<host>ch5.nauu.com</host>
```

（3）正则匹配：通过表达式来匹配 host 名称。

```
<host>^ch\d.nauu.com$</host>
```

现在用一个示例说明：

```
<user_normal>
    <password></password>
    <networks>
        <ip>10.37.129.13</ip>
    </networks>
    <profile>default</profile>
    <quota>default</quota>
</user_normal>
```

用户 user_normal 限制了客户端 IP，在设置之后，该用户将只能从指定的地址登录。此时如果从非指定 IP 的地址进行登录，例如：

```
--从10.37.129.10登录
# clickhouse-client -u user_normal
```

则将会得到如下错误：

```
DB::Exception: User user_normal is not allowed to connect from address
    10.37.129.10.
```

2. 数据库与字典访问权限

在客户端连入服务之后，可以进一步限制某个用户数据库和字典的访问权限，它们分别通过 allow_databases 和 allow_dictionaries 标签进行设置。如果不进行任何定义，则表示不进行限制。现在继续在用户 user_normal 的定义中增加权限配置：

```
<user_normal>
    ……
    <allow_databases>
        <database>default</database>
        <database>test_dictionaries</database>
    </allow_databases>
    <allow_dictionaries>
        <dictionary>test_flat_dict</dictionary>
    </allow_dictionaries>
</user_normal>
```

通过上述操作，该用户在登录之后，将只能看到为其开放了访问权限的数据库和字典。

11.2.2 查询权限

查询权限是整个权限体系的第二层防护，它决定了一个用户能够执行的查询语句。查询权限可以分成以下四类：

- 读权限：包括 SELECT、EXISTS、SHOW 和 DESCRIBE 查询。
- 写权限：包括 INSERT 和 OPTIMIZE 查询。
- 设置权限：包括 SET 查询。
- DDL 权限：包括 CREATE、DROP、ALTER、RENAME、ATTACH、DETACH 和 TRUNCATE 查询。
- 其他权限：包括 KILL 和 USE 查询，任何用户都可以执行这些查询。

上述这四类权限，通过以下两项配置标签控制：

（1）readonly：读权限、写权限和设置权限均由此标签控制，它有三种取值。

- 当取值为 0 时，不进行任何限制（默认值）。
- 当取值为 1 时，只拥有读权限（只能执行 SELECT、EXISTS、SHOW 和 DESCRIBE）。
- 当取值为 2 时，拥有读权限和设置权限（在读权限基础上，增加了 SET 查询）。

（2）allow_ddl：DDL 权限由此标签控制，它有两种取值。

- 当取值为 0 时，不允许 DDL 查询。
- 当取值为 1 时，允许 DDL 查询（默认值）。

现在继续用一个示例说明。与刚才的配置项不同，readonly 和 allow_ddl 需要定义在用户 profiles 中，例如：

```
<profiles>
    <normal> <!-- 只有read读权限-->
        <readonly>1</readonly>
        <allow_ddl>0</allow_ddl>
    </normal>
```

```
<normal_1> <!-- 有读和设置参数权限-->
    <readonly>2</readonly>
    <allow_ddl>0</allow_ddl>
</normal_1>
```

继续在先前的 profiles 配置中追加了两个新角色。其中，normal 只有读权限，而 normal_1 则有读和设置参数的权限，它们都没有 DDL 查询的权限。

再次修改用户的 user_normal 的定义，将它的 profile 设置为刚追加的 normal，这意味着该用户只有读权限。现在开始验证权限的设置是否生效。使用 user_normal 登录后尝试写操作：

```
--登录
# clickhouse-client -h 10.37.129.10 -u user_normal
--写操作
:) INSERT INTO TABLE test_ddl VALUES (1)
DB::Exception: Cannot insert into table in readonly mode.
```

可以看到，写操作如期返回了异常。接着执行 DDL 查询，会发现该操作同样会被限制执行：

```
:) CREATE DATABASE test_3
DB::Exception: Cannot create database in readonly mode.
```

至此，权限设置已然生效。

11.2.3 数据行级权限

数据权限是整个权限体系中的第三层防护，它决定了一个用户能够看到什么数据。数据权限使用 databases 标签定义，它是用户定义中的一项选填设置。database 通过定义用户级别的查询过滤器来实现数据的行级粒度权限，它的定义规则如下所示：

```
<databases>
        <database_name><!--数据库名称-->
            <table_name><!--表名称-->
                <filter> id < 10</filter><!--数据过滤条件-->
            </table_name>
    </database_name>
```

其中，database_name 表示数据库名称；table_name 表示表名称；而 filter 则是权限过滤的关键所在，它等同于定义了一条 WHERE 条件子句，与 WHERE 子句类似，它支持组合条件。现在用一个示例说明。这里还是用 user_normal，为它追加 databases 定义：

```
<user_normal>
    ……
    <databases>
            <default><!--默认数据库-->
                    <test_row_level><!—表名称-->
```

```
                <filter>id < 10</filter>
            </test_row_level>

            <!—支持组合条件
            <test_query_all>
                <filter>id <= 100 or repo >= 100</filter>
            </test_query_all> -->
        </default>
    </databases>
```

基于上述配置，通过为user normal用户增加全局过滤条件，实现了该用户在数据表default.test_row_level的行级粒度数据上的权限设置。test_row_level的表结构如下所示：

```
CREATE TABLE test_row_level(
    id UInt64,
    name UInt64
)ENGINE = MergeTree()
ORDER BY id
```

下面验证权限是否生效。首先写入测试数据：

```
INSERT INTO TABLE test_row_level VALUES (1,100),(5,200),(20,200),(30,110)
```

写入之后，登录user_normal用户并查询这张数据表：

```
SELECT * FROM test_row_level
┌─id─┬─name─┐
│  1 │  100 │
│  5 │  200 │
└────┴──────┘
```

可以看到，在返回的结果数据中，只包含<filter> id < 10 </filter>的部分，证明权限设置生效了。

那么数据权限的设定是如何实现的呢？进一步分析它的执行日志：

```
Expression
    Expression
        Filter –增加了过滤的步骤
            MergeTreeThread
```

可以发现，上述代码在普通查询计划的基础之上自动附加了Filter过滤的步骤。

对于数据权限的使用有一点需要明确，在使用了这项功能之后，PREWHERE优化将不再生效，例如执行下面的查询语句：

```
SELECT * FROM test_row_level where name = 5
```

此时如果使用了数据权限，那么这条SQL将不会进行PREWHERE优化；反之，如果没有设置数据权限，则会进行PREWHERE优化，例如：

```
InterpreterSelectQuery: MergeTreeWhereOptimizer: condition "name = 5" moved to
    PREWHERE
```

所以，是直接利用 ClickHouse 的内置过滤器，还是通过拼接 WHERE 查询条件的方式实现行级数据权限，需要用户在具体的使用场景中进行权衡。

11.3 熔断机制

熔断是限制资源被过度使用的一种自我保护机制，当使用的资源数量达到阈值时，那么正在进行的操作会被自动中断。按照使用资源统计方式的不同，熔断机制可以分为两类。

1. 根据时间周期的累积用量熔断

在这种方式下，系统资源的用量是按照时间周期累积统计的，当累积量达到阈值，则直到下个计算周期开始之前，该用户将无法继续进行操作。这种方式通过 users.xml 内的 quotas 标签来定义资源配额。以下面的配置为例：

```
<quotas>
    <default> <!-- 自定义名称 -->
        <interval>
            <duration>3600</duration><!-- 时间周期 单位：秒 -->
            <queries>0</queries>
            <errors>0</errors>
            <result_rows>0</result_rows>
            <read_rows>0</read_rows>
            <execution_time>0</execution_time>
        </interval>
    </default>
</quotas>
```

其中，各配置项的含义如下：

- default：表示自定义名称，全局唯一。
- duration：表示累积的时间周期，单位是秒。
- queries：表示在周期内允许执行的查询次数，0 表示不限制。
- errors：表示在周期内允许发生异常的次数，0 表示不限制。
- result_row：表示在周期内允许查询返回的结果行数，0 表示不限制。
- read_rows：表示在周期内在分布式查询中，允许远端节点读取的数据行数，0 表示不限制。
- execution_time：表示周期内允许执行的查询时间，单位是秒，0 表示不限制。

由于上述示例中各配置项的值均为 0，所以对资源配额不做任何限制。现在继续声明另外一组资源配额：

```
<limit_1>
```

```
        <interval>
            <duration>3600</duration>
            <queries>100</queries>
            <errors>100</errors>
            <result_rows>100</result_rows>
            <read_rows>2000</read_rows>
            <execution_time>3600</execution_time>
        </interval>
    </limit_1>
```

为了便于演示，在这个名为limit_1的配额中，在1小时（3600秒）的周期内只允许100次查询。继续修改用户user_normal的配置，为它添加limit_1配额的引用：

```
<user_normal>
    <password></password>
    <networks>
        <ip>10.37.129.13</ip>
    </networks>
    <profile>normal</profile>
    <quota>limit_1</quota>
</user_normal>
```

最后使用user_normal用户登录，测试配额是否生效。在执行了若干查询以后，会发现之后的任何一次查询都将会得到如下异常：

```
Quota for user 'user_normal' for 1 hour has been exceeded. Total result rows:
    149, max: 100. Interval will end at 2019-08-29 22:00:00. Name of quota
    template: 'limit_1'..
```

上述结果证明熔断机制已然生效。

2. 根据单次查询的用量熔断

在这种方式下，系统资源的用量是按照单次查询统计的，而具体的熔断规则，则是由许多不同配置项组成的，这些配置项需要定义在用户profile中。如果某次查询使用的资源用量达到了阈值，则会被中断。以配置项max_memory_usage为例，它限定了单次查询可以使用的内存用量，在默认的情况下其规定不得超过10 GB，如果一次查询的内存用量超过10 GB，则会得到异常。需要注意的是，在单次查询的用量统计中，ClickHouse是以分区为最小单元进行统计的（不是数据行的粒度），这意味着单次查询的实际内存用量是有可能超过阈值的。

由于篇幅所限，完整的熔断配置请参阅官方手册，这里只列举个别的常用配置项。

首先介绍一组针对普通查询的熔断配置。

（1）max_memory_usage：在单个ClickHouse服务进程中，运行一次查询限制使用的最大内存量，默认值为10 GB，其配置形式如下。

```
<max_memory_usage>10000000000</max_memory_usage>
```

该配置项还有 max_memory_usage_for_user 和 max_memory_usage_for_all_queries 两个变种版本。

（2）max_memory_usage_for_user：在单个 ClickHouse 服务进程中，以用户为单位进行统计，单个用户在运行查询时限制使用的最大内存量，默认值为 0，即不做限制。

（3）max_memory_usage_for_all_queries：在单个 ClickHouse 服务进程中，所有运行的查询累加在一起所限制使用的最大内存量，默认为 0，即不做限制。

接下来介绍的是一组与数据写入和聚合查询相关的熔断配置。

（1）max_partitions_per_insert_block：在单次 INSERT 写入的时候，限制创建的最大分区个数，默认值为 100 个。如果超出这个阈值，将会出现如下异常：

```
Too many partitions for single INSERT block ……
```

（2）max_rows_to_group_by：在执行 GROUP BY 聚合查询的时候，限制去重后聚合 KEY 的最大个数，默认值为 0，即不做限制。当超过阈值时，其处理方式由 group_by_overflow_mode 参数决定。

（3）group_by_overflow_mode：当 max_rows_to_group_by 熔断规则触发时，group_by_overflow_mode 将会提供三种处理方式。

- throw：抛出异常，此乃默认值。
- break：立即停止查询，并返回当前数据。
- any：仅根据当前已存在的聚合 KEY 继续完成聚合查询。

（4）max_bytes_before_external_group_by：在执行 GROUP BY 聚合查询的时候，限制使用的最大内存量，默认值为 0，即不做限制。当超过阈值时，聚合查询将会进一步借用本地磁盘。

11.4　数据备份

在先前的章节中，我们已经知道了数据副本的使用方法，可能有的读者心中会有这样的疑问：既然已经有了数据副本，那么还需要数据备份吗？数据备份自然是需要的，因为数据副本并不能处理误删数据这类行为。ClickHouse 自身提供了多种备份数据的方法，根据数据规模的不同，可以选择不同的形式。

11.4.1　导出文件备份

如果数据的体量较小，可以通过 dump 的形式将数据导出为本地文件。例如执行下面的语句将 test_backup 的数据导出：

```
#clickhouse-client --query="SELECT * FROM test_backup" > /chbase/test_backup.tsv
```

将备份数据再次导入，则可以执行下面的语句：

```
# cat /chbase/test_backup.tsv | clickhouse-client --query "INSERT INTO test_
    backup FORMAT TSV"
```

上述这种dump形式的优势在于，可以利用SELECT查询并筛选数据，然后按需备份。如果是备份整个表的数据，也可以直接复制它的整个目录文件，例如：

```
# mkdir -p /chbase/backup/default/ & cp -r /chbase/data/default/test_backup /
    chbase/backup/default/
```

11.4.2 通过快照表备份

快照表实质上就是普通的数据表，它通常按照业务规定的备份频率创建，例如按天或者按周创建。所以首先需要建立一张与原表结构相同的数据表，然后再使用INSERT INTO SELECT句式，点对点地将数据从原表写入备份表。假设数据表test_backup需要按日进行备份，现在为它创建当天的备份表：

```
CREATE TABLE test_backup_0206 AS test_backup
```

有了备份表之后，就可以点对点地备份数据了，例如：

```
INSERT INTO TABLE test_backup_0206 SELECT * FROM test_backup
```

如果考虑到容灾问题，也可以将备份表放置在不同的ClickHouse节点上，此时需要将上述SQL语句改成远程查询的形式：

```
INSERT INTO TABLE test_backup_0206 SELECT * FROM remote('ch5.nauu.com:9000',
    'default', 'test_backup', 'default')
```

11.4.3 按分区备份

基于数据分区的备份，ClickHouse目前提供了FREEZE与FETCH两种方式，现在分别介绍它们的使用方法。

1. 使用FREEZE备份

FREEZE的完整语法如下所示：

```
ALTER TABLE tb_name FREEZE PARTITION partition_expr
```

分区在被备份之后，会被统一保存到ClickHouse根路径/shadow/N子目录下。其中，N是一个自增长的整数，它的含义是备份的次数（FREEZE执行过多少次），具体次数由shadow子目录下的increment.txt文件记录。而分区备份实质上是对原始目录文件进行硬链接操作，所以并不会导致额外的存储空间。整个备份的目录会一直向上追溯至data根路径的整个链路：

```
/data/[database]/[table]/[partition_folder]
```

例如执行下面的语句，会对数据表 partition_v2 的 201908 分区进行备份：

```
:) ALTER TABLE partition_v2 FREEZE PARTITION 201908
```

进入 shadow 子目录，即能够看到刚才备份的分区目录：

```
# pwd
/chbase/data/shadow/1/data/default/partition_v2
# ll
total 4
drwxr-x---. 2 clickhouse clickhouse 4096 Sep  1 00:22 201908_5_5_0
```

对于备份分区的还原操作，则需要借助 ATTACH 装载分区的方式来实现。这意味着如果要还原数据，首先需要主动将 shadow 子目录下的分区文件复制到相应数据表的 detached 目录下，然后再使用 ATTACH 语句装载。

2. 使用 FETCH 备份

FETCH 只支持 ReplicatedMergeTree 系列的表引擎，它的完整语法如下所示：

```
ALTER TABLE tb_name FETCH PARTITION partition_id FROM zk_path
```

其工作原理与 ReplicatedMergeTree 同步数据的原理类似，FETCH 通过指定的 zk_path 找到 ReplicatedMergeTree 的所有副本实例，然后从中选择一个最合适的副本，并下载相应的分区数据。例如执行下面的语句：

```
ALTER TABLE test_fetch FETCH PARTITION 2019 FROM '/clickhouse/tables/01/test_
    fetch'
```

表示指定将 test_fetch 的 2019 分区下载到本地，并保存到对应数据表的 detached 目录下，目录如下所示：

```
data/default/test_fetch/detached/2019_0_0_0
```

与 FREEZE 一样，对于备份分区的还原操作，也需要借助 ATTACH 装载分区来实现。

FREEZE 和 FETCH 虽然都能实现对分区文件的备份，但是它们并不会备份数据表的元数据。所以说如果想做到万无一失的备份，还需要对数据表的元数据进行备份，它们是 /data/metadata 目录下的 [table].sql 文件。目前这些元数据需要用户通过复制的形式单独备份。

11.5 服务监控

基于原生功能对 ClickHouse 进行监控，可以从两方面着手——系统表和查询日志。接下来分别介绍它们的使用方法。

11.5.1 系统表

在众多的SYSTEM系统表中，主要由以下三张表支撑了对ClickHouse运行指标的查询，它们分别是metrics、events和asynchronous_metrics。

1. metrics

metrics表用于统计ClickHouse服务在运行时，当前正在执行的高层次的概要信息，包括正在执行的查询总次数、正在发生的合并操作总次数等。该系统表的查询方法如下所示：

```
SELECT * FROM system.metrics LIMIT 5
┌─metric──────────────┬─value─┬─description──────────────────────────────────┐
│ Query               │     1 │ Number of executing queries                  │
│ Merge               │     0 │ Number of executing background merges        │
│ PartMutation        │     0 │ Number of mutations (ALTER DELETE/UPDATE)    │
│ ReplicatedFetch     │     0 │ Number of data parts being fetched from replica │
│ ReplicatedSend      │     0 │ Number of data parts being sent to replicas  │
└─────────────────────┴───────┴──────────────────────────────────────────────┘
```

2. events

events用于统计ClickHouse服务在运行过程中已经执行过的高层次的累积概要信息，包括总的查询次数、总的SELECT查询次数等，该系统表的查询方法如下所示：

```
SELECT event, value FROM system.events LIMIT 5
┌─event─────────────────────────────────┬─value─┐
│ Query                                 │   165 │
│ SelectQuery                           │    92 │
│ InsertQuery                           │    14 │
│ FileOpen                              │  3525 │
│ ReadBufferFromFileDescriptorRead      │  6311 │
└───────────────────────────────────────┴───────┘
```

3. asynchronous_metrics

asynchronous_metrics用于统计ClickHouse服务运行过程时，当前正在后台异步运行的高层次的概要信息，包括当前分配的内存、执行队列中的任务数量等。该系统表的查询方法如下所示：

```
SELECT * FROM system.asynchronous_metrics LIMIT 5
┌─metric─────────────────────────────────────┬─────value─┐
│ jemalloc.background_thread.run_interval    │         0 │
│ jemalloc.background_thread.num_runs        │         0 │
│ jemalloc.background_thread.num_threads     │         0 │
│ jemalloc.retained                          │  79454208 │
│ jemalloc.mapped                            │ 531341312 │
└────────────────────────────────────────────┴───────────┘
```

11.5.2　查询日志

查询日志目前主要有 6 种类型，它们分别从不同角度记录了 ClickHouse 的操作行为。所有查询日志在默认配置下都是关闭状态，需要在 config.xml 配置中进行更改，接下来分别介绍它们的开启方法。在配置被开启之后，ClickHouse 会为每种类型的查询日志自动生成相应的系统表以供查询。

1. query_log

query_log 是最常用的查询日志，它记录了 ClickHouse 服务中所有已经执行的查询记录，它的全局定义方式如下所示：

```
<query_log>
    <database>system</database>
    <table>query_log</table>
    <partition_by>toYYYYMM(event_date)</partition_by>
    <!—刷新周期-->
    <flush_interval_milliseconds>7500</flush_interval_milliseconds>
</query_log>
```

如果只需要为某些用户单独开启 query_log，也可以在 user.xml 的 profile 配置中按照下面的方式定义：

```
<log_queries> 1</log_queries>
```

query_log 开启后，即可以通过相应的系统表对记录进行查询：

```
SELECT type,concat(substr(query,1,20),'...')query,read_rows,
query_duration_ms AS duration FROM system.query_log LIMIT 6
┌─type─────────────────┬─query──────────────────┬─read_rows─┬─duration─┐
│ QueryStart           │ SELECT DISTINCT arra... │         0 │        0 │
│ QueryFinish          │ SELECT DISTINCT arra... │      2432 │       11 │
│ QueryStart           │ SHOW DATABASES...       │         0 │        0 │
│ QueryFinish          │ SHOW DATABASES...       │         3 │        1 │
│ ExceptionBeforeStart │ SELECT * FROM test_f... │         0 │        0 │
│ ExceptionBeforeStart │ SELECT * FROM test_f... │         0 │        0 │
└──────────────────────┴─────────────────────────┴───────────┴──────────┘
```

如上述查询结果所示，query_log 日志记录的信息十分完善，涵盖了查询语句、执行时间、执行用户返回的数据量和执行用户等。

2. query_thread_log

query_thread_log 记录了所有线程的执行查询的信息，它的全局定义方式如下所示：

```
<query_thread_log>
    <database>system</database>
    <table>query_thread_log</table>
    <partition_by>toYYYYMM(event_date)</partition_by>
```

```
    <flush_interval_milliseconds>7500</flush_interval_milliseconds>
</query_thread_log>
```

同样，如果只需要为某些用户单独开启该功能，可以在user.xml的profile配置中按照下面的方式定义：

```
<log_query_threads> 1</log_query_threads>
```

query_thread_log开启后，即可以通过相应的系统表对记录进行查询：

```
SELECT thread_name,concat(substr(query,1,20),'...')query,query_duration_ms AS
    duration,memory_usage AS memory FROM system.query_thread_log LIMIT 6
┌─thread_name────────┬─query────────────────────┬─duration─┬─memory─┐
│ ParalInputsProc    │ SELECT DISTINCT arra...  │        2 │ 210888 │
│ ParalInputsProc    │ SELECT DISTINCT arra...  │        3 │ 252648 │
│ AsyncBlockInput    │ SELECT DISTINCT arra...  │        3 │ 449544 │
│ TCPHandler         │ SELECT DISTINCT arra...  │       11 │      0 │
│ TCPHandler         │ SHOW DATABASES...        │        2 │      0 │
└────────────────────┴──────────────────────────┴──────────┴────────┘
```

如上述查询结果所示，query_thread_log日志记录的信息涵盖了线程名称、查询语句、执行时间和内存用量等。

3. part_log

part_log日志记录了MergeTree系列表引擎的分区操作日志，其全局定义方式如下所示：

```
<part_log>
    <database>system</database>
    <table>part_log</table>
    <flush_interval_milliseconds>7500</flush_interval_milliseconds>
</part_log>
```

part_log开启后，即可以通过相应的系统表对记录进行查询：

```
SELECT event_type AS type,table,partition_id,event_date FROM system.part_log
┌─type────────┬─table──────────────────────┬─partition_id─┬─event_date─┐
│ NewPart     │ summing_table_nested_v1    │ 201908       │ 2020-01-29 │
│ NewPart     │ summing_table_nested_v1    │ 201908       │ 2020-01-29 │
│ MergeParts  │ summing_table_nested_v1    │ 201908       │ 2020-01-29 │
│ RemovePart  │ ttl_table_v1               │ 201505       │ 2020-01-29 │
│ RemovePart  │ summing_table_nested_v1    │ 201908       │ 2020-01-29 │
│ RemovePart  │ summing_table_nested_v1    │ 201908       │ 2020-01-29 │
└─────────────┴────────────────────────────┴──────────────┴────────────┘
```

如上述查询结果所示，part_log日志记录的信息涵盖了操纵类型、表名称、分区信息和执行时间等。

4. text_log

text_log 日志记录了 ClickHouse 运行过程中产生的一系列打印日志，包括 INFO、DEBUG 和 Trace，它的全局定义方式如下所示：

```
<text_log>
    <database>system</database>
    <table>text_log</table>
    <flush_interval_milliseconds>7500</flush_interval_milliseconds>
</text_log>
```

text_log 开启后，即可以通过相应的系统表对记录进行查询：

```
SELECT thread_name,
concat(substr(logger_name,1,20),'...')logger_name,
concat(substr(message,1,20),'...')message
FROM system.text_log LIMIT 5
┌─thread_name───┬─logger_name──────────────┬─message─────────────────┐
│ SystemLogFlush │ SystemLog (system.me... │ Flushing system log...   │
│ SystemLogFlush │ SystemLog (system.te... │ Flushing system log...   │
│ SystemLogFlush │ SystemLog (system.te... │ Creating new table s...  │
│ SystemLogFlush │ system.text_log...      │ Loading data parts...    │
│ SystemLogFlush │ system.text_log...      │ Loaded data parts (0...  │
└────────────────┴─────────────────────────┴──────────────────────────┘
```

如上述查询结果所示，text_log 日志记录的信息涵盖了线程名称、日志对象、日志信息和执行时间等。

5. metric_log

metric_log 日志用于将 system.metrics 和 system.events 中的数据汇聚到一起，它的全局定义方式如下所示：

```
<metric_log>
        <database>system</database>
        <table>metric_log</table>
        <flush_interval_milliseconds>7500</flush_interval_milliseconds>
        <collect_interval_milliseconds>1000</collect_interval_milliseconds>
    </metric_log>
```

其中，collect_interval_milliseconds 表示收集 metrics 和 events 数据的时间周期。metric_log 开启后，即可以通过相应的系统表对记录进行查询。

除了上面介绍的系统表和查询日志外，ClickHouse 还能够与众多的第三方监控系统集成，限于篇幅这里就不再展开了。

11.6 本章小结

通过对本章的学习，大家可进一步了解ClickHouse的安全性和健壮性。本章首先站在安全的角度介绍了用户的定义方法和权限的设置方法。在权限设置方面，ClickHouse分别从连接访问、资源访问、查询操作和数据权限等几个维度出发，提供了一个较为立体的权限控制体系。接着站在系统运行的角度介绍了如何通过熔断机制保护ClickHouse系统资源不会被过度使用。最后站在运维的角度介绍了数据的多种备份方法以及如何通过系统表和查询日志，实现对日常运行情况的监控。